FISIOLOGIA GERAL INTEGRATIVA

VOLUME 1

Fundamentos

FISIOLOGIA GERAL INTEGRATIVA

VOLUME 1

Fundamentos

José Guilherme
Chaui-Berlinck

manole
editora

Produção editorial: Sônia Midori Fujiyoshi
Projeto gráfico: Departamento Editorial da Editora Manole
Diagramação: R. G. Passo
Ilustrações do miolo: Sirio José Braz Cançado
Capa: Ricardo Yoshiaki Nitta Rodrigues

CIP-BRASIL. CATALOGAÇÃO NA PUBLICAÇÃO
SINDICATO NACIONAL DOS EDITORES DE LIVROS, RJ

B437f

Chaui-Berlinck, José Guilherme
Fisiologia geral integrativa : fundamentos, vol. 1 / José Guilherme Chaui-Berlinck. - 1. ed. - Barueri [SP] : Manole, 2024.

il. (Fisiologia geral integrativa ; 1)

Inclui índice
ISBN 9788520461846

1. Fisiologia. I. Título. II. Série.

24-94087 CDD: 612
CDU: 612

Gabriela Faray Ferreira Lopes - Bibliotecária - CRB-7/6643

1ª edição – 2024

Editora Manole Ltda.
Alameda Rio Negro, 967 – cj. 717
Alphaville – Barueri – SP – Brasil
CEP: 06454-000
Fone: (11) 4196-6000
www.manole.com.br | https://atendimento.manole.com.br/

Impresso no Brasil
Printed in Brazil

Sobre o autor

José Guilherme Chaui-Berlinck. Possui graduação em Medicina (1987) pela Universidade de São Paulo (USP), mestrado (1993) e doutorado (1997) em Fisiologia Comparativa do Metabolismo Energético pelo Instituto de Biociências da Universidade de São Paulo (IB-USP) e doutorado (2006) em Engenharia Elétrica pela Escola Politécnica da Universidade de São Paulo (Poli-USP). É professor livre-docente do Departamento de Fisiologia do IB-USP, onde coordena o Laboratório de Energética e Fisiologia Teórica. Tem experiência nas áreas de Fisiologia Geral, Comparativa, Cardiovascular e do Metabolismo Energético, com ênfase nos seguintes temas: modelagem matemática, sistemas dinâmicos, geração de entropia em processos biológicos, escala biológica, efeitos da temperatura, métodos de medição e estimativa. É faixa preta de Kung Fu estilo Tang Lang (2018).

Para D&G

Agradecimentos

Escrever esta obra não seria possível sem a formação e a experiência que tive durante décadas, e o papel exercido pelo meu então orientador José Eduardo Pereira Wilken Bicudo foi essencial nessa formação e nessa experiência. Seu laboratório sempre foi um espaço aberto para discussões científicas e acadêmicas, e sua formação com grandes nomes da Fisiologia Comparativa, como Knut Schmidt-Nielsen e Kjell Johansen, foi muito bem trazida para dentro desse ambiente. Assim, desfrutei de um local no qual pude não somente fazer como também conhecer o que tinha sido feito, de primeira mão. Hoje, Zé Eduardo é meu colega e grande amigo, e mantemos colaborações ativas, tanto científicas quanto gastronômicas.

Já contratado como docente do Instituto de Biociências, conheci, por acaso, José Roberto Castilho Piqueira, professor na Engenharia Elétrica da Escola Politécnica, quando ele apresentou uma palestra sobre sistemas dinâmicos. Procurei-o para um eventual novo mestrado, que se efetivou como um doutorado sob orientação de Luiz Henrique Alves Monteiro. Assim, durante outros tantos anos mantive contato bastante próximo com Piqueira e, obviamente, com Luiz, que se tornaram meus amigos e me possibilitaram um entendimento bem mais aprimorado acerca de sistemas dinâmicos e nuances da "matemática". Nesses, o conhecimento de Luiz é imbatível e muitíssimo do que hoje eu (acho que) domino se deve ao que ele me ensinou.

Durante meu doutorado na Escola Politécnica, conheci Silvio de Oliveria Junior, do Departamento de Engenharia Mecânica, professor da disciplina Termodinâmica Avançada I, a qual cursei. Silvio me proporcionou um entendimento real dessa área, a qual percebi que eu não entendia nada, de fato. Nesse "pacote", conheci Carlos Eduardo Keutenedjian Mady, então doutorando no laboratório de Silvio, e hoje professor do Instituto de Energia e Ambiente. Formou-se, então, outro círculo de amizades, com Silvio e Cadu, do qual tirei muito proveito para tentar aprender as inúmeras sutilezas da termodinâmica. Se tive sucesso nessa empreitada, caberá aos leitores julgarem... nas amizades, nessas sei que tive.

No processo interminável do aprendizado tanto científico quanto didático sobre Fisiologia, muitas outras pessoas tiveram papéis na jornada. Erasmo Garcia Mendes, Professor Emérito e já aposentado na época quando o conheci, tinha seu escritório junto ao laboratório de Zé Eduardo, e com seu amplo conhecimento na área sempre foi um grande incentivador para todos nós. Participando da primeira turma da disciplina Fundamentos Matemáticos em Fisiologia, durante meu mestrado, meus amigos Marcus Vinícius Baldo e Ronald Ranvaud me mostraram o caminho da modelagem matemática como ferramenta importantíssima na vida científica. E como não lembrar das contribuições feitas por meus amigos de infortúnio (ou de departamento, alguns diriam) que, por diferentes caminhos, se fizeram presentes na minha formação. Assim, Gilberto Fernando Xavier, Silvia Cristina Ribeiro de Souza, Marilene Camponez Bianconcini e Luiz Carlos Salomão são pessoas às quais somente tenho agradecimentos.

Os alunos que passaram pelo Laboratório de Energética e Fisiologia Teórica, sob minha coordenação, foram, sem a menor sombra de dúvidas, essenciais para o desenvolvimento do conjunto de conhecimentos que tenho hoje. E tão importante quanto isso é o fato de que se tornaram amigos, tanto entre si quanto meus. Assim, todos têm minha gratidão e meu reconhecimento pelo que fizeram junto a mim, e são elas e eles, Ana Paula Dantas Passos, Breno Teixeira Santos, Eric Cito Becman, Fernando Silveira Marques, Gabriel Pato, Gustavo Bueno Romero, Ingrid El-Dash, José Eduardo Soubhia Natali, Kátia Iadocicco, Paulo Nogueira Starzynski, Pedro Goes Nogueira de Sá, Ricardo Alves Martins, Ricardo Gabriel Oliveira Maia, Sergio Rhein Schirato, Talita Sebrian, Thiago Paes de Barros de Luccia, Vitor Hugo Rodrigues, Vitor Rodrigues da Silva e Vivian El-Dash.

Finalmente, aquilo que para muitos já é claro e evidente, não tenho como retribuir tudo o que me foi dado pela minha mãe, a começar por um óvulo. O que poderia ter terminado nessa doação única, porém essencial, se estende por mais de seis décadas nas mais diferentes formas. Para o presente interesse desta obra, o ambiente crítico e aberto da minha criação foi, e é, impagável.

José Guilherme
04 de setembro de 2024

Sumário

Sobre o autor V
Agradecimentos IX
Apresentação XIII

1. **Homeostase e ritmos** 1
   Introdução 1
   Homeostase 2
   Ritmos 8
   Referências 20

2. **Modelos genéricos básicos** 22
   Introdução 22
   Modelos básicos 25
   Relação linear 32
   Polinômios 35
   Modelos avançados 70
   Apêndice – a área da função $f(x) = x^2$ 122

3. **Processos celulares** 124
   Introdução 124
   A membrana celular 125
   Canais 130
   Transportadores 134
   Sinalização 136
   O metabolismo da glicose como exemplo integrador dos processos celulares 141

4. **Difusão e potenciais** 147
   Introdução 147
   Difusão 149
   Potenciais termodinâmicos – aspectos probabilísticos 157

Potenciais termodinâmicos – formalização 167
Potenciais termodinâmicos – aspectos biológicos 181
A mitocôndria 217

Índice remissivo 221

Apresentação

O costume acadêmico é a escrita na 1ª pessoa do plural, ou indefinido, de maneira a manter a impessoalidade do texto. Nessa apresentação, contudo, irei utilizar a 1ª pessoa do singular, ou seja, eu, e também me referirei às leitoras e aos leitores por "você". Afinal, aqui, é algo pessoal. Assim...

Esta é uma coleção sobre Fisiologia. Mais especificamente, ou talvez menos dependendo do ponto de vista, sobre Fisiologia Geral, ou seja, não diz respeito a um sistema orgânico particular. Também não é uma coleção voltada à Fisiologia Comparativa, isto é, as adaptações que os sistemas orgânicos apresentam nas diferentes linhagens de animais em decorrência do processo evolutivo da seleção natural. Como podemos perceber, então, estas duas negativas acerca do que esta obra não é nos levam a um paradoxo: todos os sistemas orgânicos que hoje observamos são fruto do processo evolutivo, e, portanto, refletem as adaptações filogenéticas originadas pela seleção natural, e, é claro, o estudo se dá sobre tais sistemas e, portanto, falaremos sobre sistemas particulares. Dessa forma, curiosamente, o adjetivo "geral" acaba sendo definido, nesse contexto, mais por aquilo que não será do que por aquilo que é. Além disso, o título da coleção ainda tem um outro adjetivo: Integrativa. Então, em que pé estamos?

Bem, com o "integrativa" eu pretendo dizer aquilo que o texto será. Ou seja, apesar de não me ater a um sistema específico, esses serão, na medida do possível, apresentados dentro de uma perspectiva de seus funcionamentos interconectados. Mais ainda, também na medida do possível, apresentarei uma perspectiva evolutiva desses sistemas. Dessa maneira, o "geral" termina por indicar que os conceitos apresentados podem ser, a partir da perspectiva proposta, aplicados a uma grande parte dos animais, ou ao menos dos Vertebrados, em termos de operação de seus sistemas orgânicos.

Nem todos os capítulos dizem respeito a sistemas específicos. E nem todos os capítulos, ou parte desses, dizem respeito à "fisiologia" diretamente.

Do ponto de vista científico, as observações empíricas e experimentais são interpretadas a partir de modelos teóricos, e os modelos teóricos são aquilo que criam a possibilidade do entendimento dos processos e da geração de previsões. Assim, há um capítulo dedicado à modelagem teórica básica, pois o entendimento atual que temos dos processos relacionados aos sistemas orgânicos depende de conhecermos essas bases teóricas de intepretação.

Escrevi, também, um capítulo dedicado a questões físico-químicas mais diretamente. Por quê? Porque essas questões são o substrato dos fenômenos orgânicos. Não há mágica nos processos vitais.

Como disse há poucas linhas atrás, há capítulos que não tratam de sistemas específicos. Assim, em "Energética", as questões abordadas têm um cunho termodinâmico embutido e apresentam o organismo de um ponto de vista de suas interações energéticas com o meio ambiente, do controle da temperatura corpórea e das vias moleculares do metabolismo energético. Além disso, nesse capítulo, apresento algumas ideias relacionadas a questões de escala, isto é, dos efeitos do tamanho corpóreo nos processos orgânicos.

Ainda falando sobre capítulos não específicos, a regulação ácido-básica tem um capítulo dedicado a ela. Nesse capítulo, tenho a pretensão de mostrar a abordagem quantitativa criada por Peter Stewart, por volta de 1980. Em um primeiro momento, essa abordagem parecerá muito mais complicada que a direta e tradicional "equação de Henderson-Hasselbach". Contudo, veremos que ela não somente contém e explica a abordagem tradicional como, ainda, termina por simplificar o nosso entendimento acerca da regulação ácido-básica.

Na segunda metade do século XX, criou-se a impressão, tanto no público leigo quanto no acadêmico, que para entendermos o funcionamento orgânico deveríamos entender suas "moléculas", por assim dizer. Em certos níveis de abordagem e em certas situações, isso é fato. Em vários outros níveis e situações, porém, isso não poderia estar mais longe da verdade. Assim, por exemplo, se você quer entender o funcionamento do sistema circulatório de nada adianta conhecer as proteínas e os genes expressos ou reprimidos no coração ou nos vasos sanguíneos. Você terá de entender mecânica de fluidos, ponto.

Dessa maneira, ao mesmo tempo em que não darei uma abordagem microscópica e molecular na maior parte dos processos, é fato que as unidades básicas da vida são as células. Isso torna inexorável falarmos sobre como as diversas funções orgânicas estão relacionadas às células que compõem os respectivos órgãos. De tal modo, há um capítulo acerca de processos celulares no qual faço um apanhado não específico acerca dos eventos celulares que me parecem mais relevantes para o estudo das operações dos sistemas orgânicos no decorrer da coleção.

Sem ter nenhuma pretensão histórica ou filosófica, podemos considerar que o estudo das funções orgânicas se faz de três modos: (1) o da subtração, no qual determinada estrutura é eliminada ou tornada inoperante e observam-se as consequências para o sistema ou o organismo como um todo; (2) o da mensuração direta, no qual uma ou mais propriedades que se julgam relevantes para a operação de um sistema são medidas em diferentes condições de operação; (3) o da abordagem via princípio de Krogh,[1] no

1 August Krogh (1874-1949; Prêmio Nobel de Fisiologia ou Medicina de 1920). Em uma tradução livre, o princípio de Krogh diz que "para todo problema fisiológico há um animal no qual este pode ser mais convenientemente estudado". Dessa forma, esse princípio reflete uma perspectiva evolutiva/adaptativa dos organismos.

qual, em determinada espécie animal, se observa uma função exacerbada pela adaptação ao ambiente.

O primeiro modo citado corre o risco de criar um desvio ou uma distração acerca da fisiologia. Utilizamos, muitas vezes, uma patologia para exemplificar a fisiologia de um sistema. Considere uma crise de broncoconstrição (diminuição de calibre das vias aéreas terminais, como em uma exacerbação de um quadro asmático). A dificuldade ventilatória se encontra não na inspiração, mas na expiração,[2] o que exemplifica o regime de pressões no sistema respiratório em um ciclo ventilatório e explica sua relação com as vias aéreas. Dessa maneira, muitas vezes, a linha que separa o estudo da patologia do estudo da fisiologia pode parecer tênue. Não é. E os objetos de estudo não devem ser confundidos.

Com isso, chegamos àquilo que, para muitos, seria esperado como o 1° ou 2° parágrafo de uma apresentação sobre Fisiologia Geral Integrativa: o que é "Fisiologia". Fisiologia é o estudo da função, ou seja, o estudo do funcionamento de órgãos ou sistemas para a manutenção da vida do organismo. Contudo, você poderia abrir um dicionário e facilmente encontrar essa definição, sem necessidade do que acabei de fazer. Assim, muito mais importante é definir qual é o objeto de estudo da fisiologia...

O objeto de estudo da Fisiologia se tornou claramente definido a partir das ideias de Claude Bernard (1813-1878) e Walter Bradford Cannon (1871-1945) e diz respeito à *homoiostasis*. Sim, parece que escrevi errado pois você conhece "homeostase". Contudo, esse que você conhece é uma deturpação linguística, e conceitual, do que foi concebido originalmente. A *homoiostasis* de Cannon/Bernard significa a manutenção de condições similares que preservam a vida do organismo. Esse é o objeto central do estudo da Fisiologia, e, então, começo a coleção justamente por esse assunto...

JGC-B
São Paulo, 04 de setembro de 2024.

2 É claro que, em casos extremos, tanto a ins quanto a expiração serão dificultados.

1

Homeostase e ritmos

INTRODUÇÃO

Os séculos XVIII e XIX foram marcantes no desenvolvimento da físico-química, da termodinâmica e da biologia, esta última como um ramo progressivamente próprio nas ciências naturais. Considerem, então, as seguintes frases, uma escrita por Antoine Lavoisier (1743-1794)[1] e a outra enunciada por Jean-Baptiste-André Dumas (1800-1884),[2] respectivamente: "A vida é um processo químico"; e "[...] a respiração nada mais é que uma combustão constante [...]". Esses tipos de constatações, impensáveis em uma época anterior, fazem parte de uma progressiva aproximação e entendimento dos fenômenos biológicos como parte integrante do mundo físico.[3] Tomando-as em conjunto, temos "a vida nada mais é que uma combustão", o que sintetiza as necessidades dos organismos e os coloca dentro de uma perspectiva de estudo e entendimento em um universo não mágico, um universo lógico com leis dedutíveis a partir da experimentação e da modelagem teórica.

Voltando às frases citadas, estar vivo significa estar fora de equilíbrio,[4] estar em uma constante queima de combustíveis. Essa combustão é, obviamente, um processo regulado, e não uma fogueira descontrolada que consome tudo em alguns instantes e se apaga. É preciso buscar os combustíveis e é preciso regular seu uso. E, na verdade, basicamente todos os processos de um ser vivo terminam passando por regulações. É

---

1 Fonte: https://www.goodreads.com/author/quotes/369557.Antoine_Lavoisier. Lavoisier foi um químico importante, tendo descoberto o papel do oxigênio na combustão (foi ele quem nomeou esse composto como "oxigênio", significando "ácido", por seu papel corrosivo). Na verdade, a descoberta do oxigênio é bem mais controversa do que esta breve síntese, mas não vamos nos estender neste tópico.

2 "[...] *la respiration n'est en effet qu'une combustion constante* [...]" (*Revue de Paris: Journal Critique, Politique et Littéraire*). Jean-Baptiste-André Dumas foi um químico francês que, entre outros feitos, aperfeiçoou o método de determinação de pesos atômicos.

3 E vice-versa: Clausius cunha o termo "entropia" na termodinâmica, tendo a seleção natural de Darwin como pressuposto da evolução de sistemas.

4 Vale ler, sobre esse assunto, o clássico livro de Schrodinger *O que é vida*.

nesse contexto que vem a concepção de homeostase, os processos de regulação orgânica a partir de uma perspectiva física e química da vida.

HOMEOSTASE

Homeostase e homeostasia são conceitos fundamentais na Fisiologia. Esses conceitos **dizem respeito a mecanismos orgânicos de regulação para a manutenção da vida**. Contudo, apesar de simples em suas concepções (e, hoje em dia, até óbvios quanto à sua necessidade), homeostase e homeostasia geram, muitas vezes, interpretações equivocadas. Nosso objetivo, aqui, é procurar deixar estabelecido tanto o significado quanto o uso que faremos desses termos ao longo do livro, mas sem entrar nas minúcias das discussões que existem na literatura mais especializada.

Por volta da década de 1920, Walter Cannon cunha o termo homeostase. **Esse termo é composto a partir do grego *stasis* (στασιζ), combinado com o prefixo *homoio*** (ομοιοζ) (Cannon, 1929). Contudo, por uma apropriação indevida dos termos, historicamente se passou a considerar que o prefixo seria derivado de *homo* ("o mesmo"), e que *stasis*, significando "estagnado", resultaria em homeostase, sendo "a manutenção de um estado (interno do organismo) fixo".

Mas será que é isso o que Cannon pretendia estabelecer com o termo? Walter Cannon iniciou sua carreira científica no laboratório de Henry Pickering Bowditch, em Harvard, em 1892. Bowditch, por sua vez, havia trabalhado com Claude Bernard, que criara, por volta de 1878, o conceito de "meio interno" (*milieu interne*), uma matriz fluida, feita e controlada pelo próprio organismo: "É a manutenção fixa do *milieu intérieur* a condição para a vida livre e independente [...] todos os mecanismos vitais, sejam esses quão variáveis forem, têm apenas um objetivo, o de preservar constantes as condições de vida no ambiente interno"[5] (Claude Bernard, 1878, citado em Cannon, 1929).[6]

É importante que se note: **"preservar constantes as condições", não o meio interno.**

Dessa forma, como se percebe na concepção de Claude Bernard, a "manutenção do meio interno" não implica uma constância dele, mas a preservação de condições de vida. Claramente, **Cannon era bastante ciente dessa óbvia distinção, e, como ele mesmo explica, o prefixo *homoio* significa "similar", que admite variações, e o termo *stasis* é usado no seu sentido de "condição"** (Cannon, 1929).

Portanto, o termo homeostase não deve ser entendido como "manutenção de um meio interno fixo", mas, pelo contrário, como "manutenção de condições similares" que preservam a vida do organismo. Dessa maneira, devemos entender esse conceito central na Fisiologia como os mecanismos reguladores das funções orgânicas que, em última instância, preservam a vida do ser.

---

5 Esta frase de Claude Bernard é referenciada por John Scott Haldane como "Nenhuma sentença assim tão fértil já foi dita por um fisiologista" (*No more pregnant sentence was ever framed by a physiologist*) (Cannon, 1929).

6 Cannon cita, ainda, Pfluger (1877), Fredericq (1885) e Richet (1900) como autores que descrevem os seres vivos com mecanismos de autorregulação diante de distúrbios.

Assim, por exemplo, se surge a pergunta "Qual é a pressão arterial 'normal' de um indivíduo?", a resposta não é "120 por 80 mmHg". A resposta correta é "Qual indivíduo e em qual situação?". Uma criança tem uma faixa de pressão arterial diferente da de um adulto. Se, durante o sono, a pressão arterial do indivíduo se encontra nos tais "120 × 80", esse indivíduo tem sua pressão arterial elevada, pois, durante o sono, a resposta fisiológica da pressão arterial é tê-la diminuída em relação aos valores da fase de vigília. Por sua vez, se a pessoa vai atravessar uma rua, sendo quase atropelada, e sua pressão arterial não se eleva, existe uma disfunção na resposta pressórica. Assim, com esses simples exemplos relacionados à pressão arterial, podemos entender que a manutenção do meio interno deve ser dinâmica e ajustada a condições tanto externas quanto internas do organismo a cada instante.

A próxima questão lógica que surge é, portanto, "Como ocorre tal manutenção ajustada?". A resposta se encontra no que vamos denominar, sem maiores pretensões, "alças de controle". Existem sistemas orgânicos que recebem informações, as processam e devolvem comandos de ações que resultam, se tudo der certo, no ajuste necessário a dada situação (ver Figura 1). A ideia básica é que um conjunto de informações acerca do estado atual do organismo e do entorno é recebido e comparado a um conjunto de valores ditos de referência, gerando o que se denomina sinais de erro. Esses sinais de erro são, então, utilizados para corrigir os sistemas orgânicos de modo a manter o estado interno. Essa é uma versão bastante simplificada do processo, e alças de controle pertinentes a cada sistema específico serão mais bem exploradas nos capítulos correspondentes.

Uma aparente limitação do termo homeostasia se encontraria no fato de que os organismos apresentam respostas antecipatórias a uma gama de alterações ambientais. Ou seja, existem respostas que são evocadas antes de o evento de distúrbio ocorrer. São exemplos clássicos a migração sazonal e a preparação para a hibernação. Em ambos os casos, existem alterações de valores de referência que levam a modificações no depósito de gorduras corpóreas, pelagem, termorregulação, entre outros, e essas alterações nos valores de referência ocorrem previamente a um distúrbio. Nesses contextos, as alças de controle como as que estão esquematizadas na Figura 1 não dão conta de explicar a resposta orgânica em curso. Um termo que surge, então, no final do século XX, é

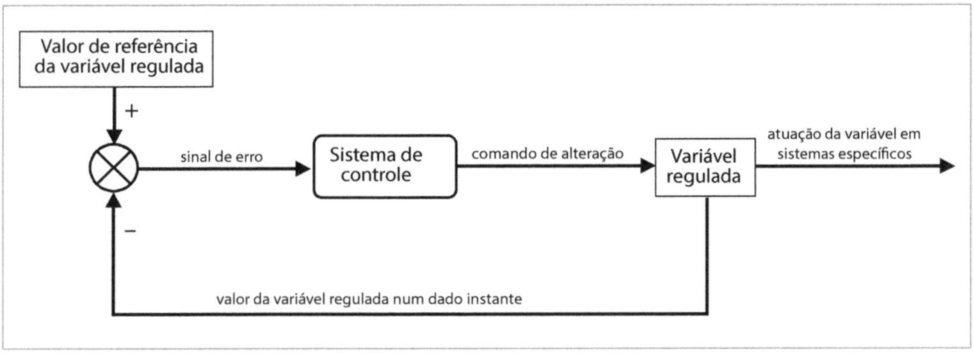

FIGURA 1 Alça de controle esquemática.
Fonte: elaborada pelo autor.

"alostasia" [do grego *allo* (allo), que significa "outro" (Sterling, 2004)]. No conceito de alostasia, três pontos são importantes:

1. Os valores de referência para o controle orgânico não são fixos, mas variáveis de acordo com alterações do meio ambiente e/ou do ambiente interno (p. ex., alterações de saúde).
2. A existência de respostas antecipatórias, ou seja, o uso de informações prévias para o ajuste dos valores de referência.
3. A questão energética é central, ou seja, o balanço entre a energia obtida e a energia gasta nos diversos processos é o que dita grande parte das respostas orgânicas.

Existe um grande debate na literatura especializada quanto à validade do uso do termo alostasia em adição ao termo homeostasia (McEwen e Wingfield, 2010). O mesmo vale para outros termos, como reostase (mudanças nos valores de referência), reostase de segunda ordem ("o controlador do controlador") etc. Essa discussão vai muito além do interesse do presente texto e, assim, não será apresentada. Contudo, como ressaltado anteriormente, o termo homeostasia, como cunhado por Walter Cannon com base nos conceitos de Claude Bernard e outros autores, incorpora plenamente os vários itens citados, tanto em seu significado quanto nos próprios mecanismos de controle envolvidos (Carpenter, 2004). Além disso, esses mecanismos de controle não são, necessária e somente, alças de retroalimentação negativa, como a ilustrada na Figura 1.

Assim, sem entrar em maiores detalhes, o presente texto utilizará, quando necessário, apenas o termo homeostasia para descrever os mecanismos e processos reguladores orgânicos.

Mais ainda, precisamos ter em mente que existem regulações que parecem operar dentro de um escopo "normal" de alterações. Por exemplo, a manutenção dos níveis plasmáticos de glicose durante o período de jejum noturno, ou nos períodos após alimentação, é uma regulação na qual o organismo não foi submetido a nenhuma condição de distúrbio.[7] Ou seja, nesse contexto, o jejum noturno e o período pós-prandial imediato foram considerados "alterações normais". Por sua vez, a manutenção dos níveis plasmáticos de glicose durante o exercício físico exige regulações que estão além do "escopo normal de alterações". Nesse caso, o exercício físico seria considerado um "distúrbio" ao qual o organismo ficou sujeito. É muito importante que se note que essas distinções entre "normal" e "distúrbio" são sutis e dependentes de contexto (em grande parte, as discussões sobre os termos homeostase, alostase, reostase etc. têm suas raízes nessa dificuldade em delinear o que é "normal" e o que é "distúrbio"; voltaremos a esse tópico quando falarmos em estresse no capítulo "Controle e regulação hormonal", no volume 3 da coleção).

---

7 Note que "submetido a nenhuma condição de distúrbio" é uma afirmação cuja validade depende meramente do que se definirá como "distúrbio". No exemplo, o jejum noturno não foi considerado um distúrbio, mas poderia ser.

Ajustes

Dessa forma, as respostas aos distúrbios nos levam à ideia de ajustes. Em muitos textos, principalmente da área médica, utiliza-se o termo adaptação em referência a alterações orgânicas em condições de distúrbio, o que é conceitualmente equivocado. A Biologia contemporânea tem seu pilar conceitual na evolução por seleção natural. Uma linhagem derivada está adaptada ao novo ambiente quando seu patrimônio genético difere da linhagem ancestral, ou seja, quando as mudanças sofridas em decorrência da seleção natural ficam incorporadas ao genoma e passam a ser transmitidas aos descendentes. Assim, uma pessoa treinada para correr maratonas não tem seus processos orgânicos adaptados para tal corrida; ela tem seus processos orgânicos ajustados para o desempenho físico da maratona. Outro exemplo é se os seres humanos que habitam o Himalaia ou os Andes estão adaptados a esses ambientes de baixa pressão barométrica (e, portanto, baixa pressão parcial de oxigênio) ou se as alterações orgânicas observadas são somente ajustes (West et al., 2007).

Assim, na presente coleção, **o termo utilizado para fazer referência às respostas reguladoras evocadas por distúrbios será ajustes fisiológicos, ou, simplesmente, ajustes.**

Equilíbrio e estabilidade

Outros conjuntos de ideias aos quais a homeostase nos remete são os de "estabilidade" e "equilíbrio". Esse é um terreno pantanoso para entrar sem possuir definições precisas e claras sobre o que cada um desses termos significa. Para piorar, em linguagem coloquial muitas vezes esses dois termos são utilizados de maneira intercambiável, como se tivessem o mesmo significado.[8] Isso não funciona em ciência. É preciso saber as definições dos termos para sabermos sobre o que estamos falando.

Voltando ao nosso problema, o que é "estabilidade"? Ou melhor, comecemos com "o que é equilíbrio"? Equilíbrio é, para um conjunto de variáveis de interesse de um sistema em um dado problema, o conjunto de valores dessas variáveis que, uma vez atingido, as variáveis não mais se alteram ao longo do tempo. Esse conjunto de valores é um ponto de equilíbrio do sistema. Um sistema pode ter nenhum, um ou vários pontos de equilíbrio (isso ficará mais claro em breve). Já estabilidade diz respeito ao que ocorre com o sistema se ele, estando em um de seus pontos de equilíbrio, for (ligeiramente) perturbado. Caso, após a perturbação, o sistema retorne ao ponto de equilíbrio no qual se encontrava, o ponto de equilíbrio é dito (localmente) estável. Caso não mais retorne a esse ponto, o ponto de equilíbrio é dito instável.

Imagine um pêndulo com haste rígida e atrito no fulcro, em um campo gravitacional. Ou seja, uma massa ligada a uma haste que pode girar ao redor de um centro (o

8 Por exemplo, podemos, facilmente, ouvir as frases "Maria é uma pessoa equilibrada" e "Antônio é uma pessoa estável", ambas com o intuito de fazer referência a uma mesma qualidade nas duas pessoas.

fulcro de apoio da haste), em um plano paralelo ao campo (Figura 2).[9] O pêndulo tem dois pontos de equilíbrio: 0 grau (ou seja, a massa na posição mais inferior possível) e 180 graus (ou seja, a massa na posição mais superior possível – ver Figura 2). O ponto a 0 grau é estável:[10] se perturbado, o pêndulo voltará a parar nesse ponto com o passar do tempo. O ponto a 180 graus é instável: uma vez perturbado, o pêndulo não volta a parar nessa posição.[11]

Ao mesmo tempo, alças de controle podem tornar estável um ponto de equilíbrio instável. A bem da verdade, **a vida é a manutenção do organismo fora do ponto de equilíbrio termodinâmico**! Por exemplo, se uma reação química se encontra em equilíbrio, do ponto de vista macroscópico ela não mais ocorre (a quantidade de reagentes e de produtos não se altera no tempo **e** não há fluxo nem de reagentes nem de substratos).

Assim, **homeostase, estabilidade e equilíbrio não são a mesma coisa** e não devem ser confundidos. Um organismo pode estar fora da condição homeostática mantendo-se em um ponto de equilíbrio instável ou, então, migrando para um ponto estável, mas também fora da condição pressuposta.

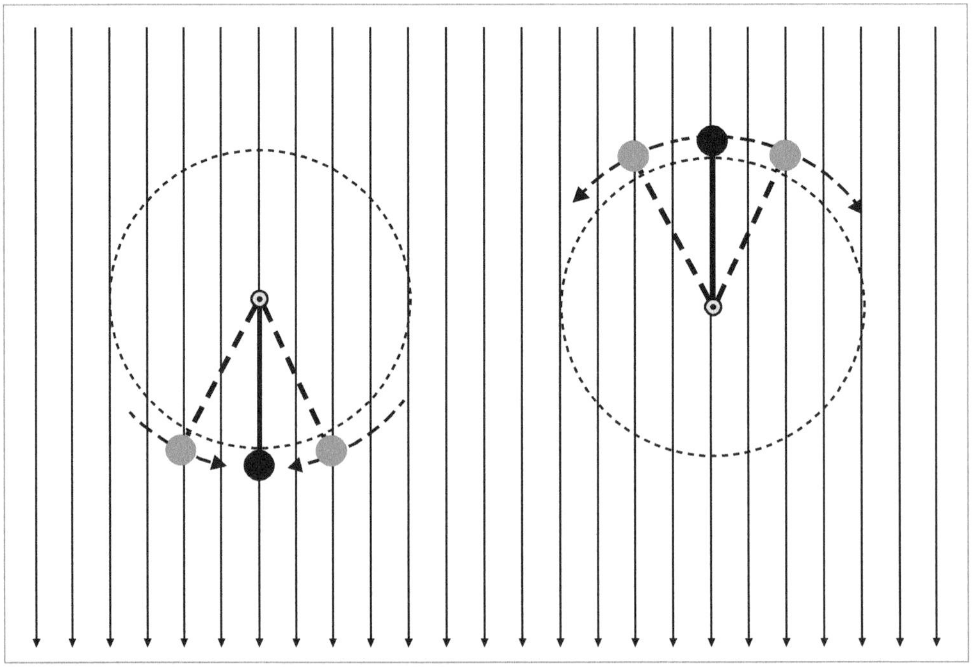

FIGURA 2 Pêndulo de haste rígida em um campo gravitacional e os pontos de equilíbrio (em preto). Pequenas perturbações estão representadas em cinza, e as setas indicam o sentido do movimento que ocorrerá após a perturbação.
Fonte: elaborada pelo autor.

9 É interessante que o(a) leitor(a) note a quantidade de definições que já se fazem necessárias mesmo para um problema tão simples quanto esse.

10 Nesse caso, globalmente estável.

11 Lembre-se que estamos falando de "pequenas perturbações".

Funções e finalismo

Como foi dito no início deste capítulo, a homeostase diz respeito a mecanismos reguladores e a funções orgânicas. Assim, outra concepção errônea que facilmente surge é a do finalismo biológico. Contudo, sabemos que a evolução dos seres vivos não é ditada por um finalismo e sim pela seleção natural, a qual não tem objetivos delineados. Diante disso, como entender a falta de finalismo nas funções orgânicas e em seus mecanismos reguladores?

Inicialmente, deve ficar claro que essa discussão envolve muitas áreas da Biologia e da Filosofia, e não se restringe à Fisiologia, muito menos somente à homeostase. Portanto, o que vamos oferecer aqui é uma simples resposta de caráter pragmático, sem maiores preocupações que não a de deixar o problema suficientemente esclarecido, mas sem ter a pretensão de ser a resposta final completa.

O segundo ponto a ter claro é que os ditos mecanismos reguladores são, também, funções orgânicas. Ou seja, apesar de fazermos, para fins didáticos e de pesquisa, uma separação entre o estudo da função de um sistema e o estudo de mecanismos de controle da função de um sistema, esses mecanismos de controle são, também, uma função de algum outro sistema ou sistemas. Dessa maneira, a questão básica, aqui, é entendermos funções orgânicas e homeostase diante do possível impasse criado pelo finalismo ou teleologia aparentemente implícitos nesses termos.

Como ressaltado anteriormente, não se pretende oferecer uma resposta que abranja toda a discussão acerca desse tema, mas apenas oferecer uma resposta que possa eliminar as dúvidas e as interpretações errôneas de maneira prática. Dessa forma, o que não se deve confundir é a função de um sistema em um organismo com o modo como, evolutivamente, esse sistema surge, se mantém e se modifica ao longo do tempo e nas diferentes linhagens. Do ponto de vista evolutivo, as brânquias de crustáceos, o sistema traqueal de insetos, o pulmão de aves[12] e o pulmão de mamíferos têm, todos, o mesmo valor adaptativo, e sua evolução não foi dirigida a um objetivo: são o produto da seleção natural. Assim, do ponto de vista evolutivo, não houve uma finalidade, um desenho, a ser obtido. Ao mesmo tempo, isso não significa que esses sistemas não cumpram funções orgânicas necessárias. Em outras palavras, para o indivíduo, cada sistema tem uma função (ou funções) relacionada à manutenção da vida daquele ser e cada sistema sofre processos adaptativos (evolutivos), esses últimos ditados pela seleção natural.

Portanto, os sistemas têm uma finalidade no nível do organismo, mas, voltamos a ressaltar, essa **finalidade, no nível do organismo, não deve ser confundida com a finalidade, ou, ainda melhor, com a ausência de finalidade do ponto de vista do processo evolutivo**. Em resumo, tratar a finalidade (função) de um órgão ou sistema em um organismo como finalidade (teleologia) do ponto de vista evolutivo é confundir dois níveis hierárquicos de questões biológicas.

12 Os pulmões de aves são muito diferentes dos de mamíferos. Por exemplo, não há alvéolos: as trocas gasosas são feitas nos chamados parabrônquios.

Como deve ter ficado claro por tudo o que já foi discutido, a homeostase não é a manutenção de condições internas fixas. Além disso, processos adaptativos podem levar a fenômenos antecipatórios por parte dos organismos (ver explicação sobre alostasia mais anteriormente, no tópico Homeostase, em especial o item 2). Dessa forma, não deve ser nenhuma surpresa observarmos ritmos nos organismos, ou seja, fenômenos que ocorrem de maneira cíclica, a intervalos mais ou menos constantes.

RITMOS

O meio ambiente é variável, muitas vezes de maneira imprevisível.[13] Pode ser que amanhã haja uma grande queda de temperatura ou ocorra uma tempestade com alagamentos, pode ser que nos próximos dez dias haja uma enorme seca que limite o acesso à água. Em contrapartida, existem muitas variações médias no ambiente que são cíclicas, previsíveis, ocorrendo a intervalos razoavelmente fixos. O dia é claro e a noite é escura; o inverno é frio (chuvoso ou seco, dependendo da latitude) com noites mais longas e o verão é quente com noites mais curtas; a cada terceira semana, a Lua altera sua fase e muda a intensidade luminosa noturna; em virtude da rotação do sistema Terra-Lua, os oceanos apresentam duas marés diárias; e assim por diante.

Muitos dos fenômenos oscilatórios orgânicos ocorrem sem uma relação direta e explícita com as variações cíclicas do ambiente. Por exemplo, o coração se contrai com certa frequência em decorrência da dissipação de energia nos vasos sanguíneos e das necessidades metabólicas dos tecidos e órgãos. Andar, trotar e correr implicam ciclos das patas que precisam se alternar na geração de força para impulsionar o centro de massa do organismo. Potenciais de ação percorrem os axônios dos neurônios de maneira cíclica, formando trens de impulsos, para efetivar a transmissão sináptica. Todos esses processos cíclicos citados surgem, basicamente, em decorrência de limitações ou restrições físicas e/ou químicas nos processos fisiológicos.

Por sua vez, muitos fenômenos cíclicos orgânicos guardam fortes relações com os ciclos do ambiente. A frequência cardíaca basal (e sua variação) se alteram ao longo das 24 horas do dia, o grau de atividade motora do animal é dependente da hora, a atividade neural é dependente da fase claro/escuro. Como mencionado, a ingestão alimentar e a deposição de gorduras, a preparação para migração ou para hibernação, a pelagem, a taxa metabólica basal e o estado reprodutivo, entre inúmeros outros processos, variam dependendo da estação do ano. Ritmos sazonais e ritmos diários refletem a necessidade de eventos que ocorram uma vez e em certo momento (Pévet, 2000). Assim, existem fenômenos cíclicos fisiológicos que são ditados pelos fenômenos cíclicos do ambiente, fazendo surgir o que se denomina ritmos biológicos.[14]

Os ritmos biológicos podem manter várias associações temporais com os ciclos do meio ambiente. Há ritmos que duram aproximadamente 24 horas, sendo chamados de ritmos circadianos ("cerca de um dia"). Há ritmos sazonais, ditos circanuais. Há

---

13 Entenda-se: aleatória diante das informações disponíveis.

14 A grande área é denominada Cronobiologia, mas não entraremos nesse detalhamento.

ritmos que acompanham as fases lunares, há ritmos que ocorrem mais de uma vez por dia (ultradianos), há ritmos que ocorrem menos de uma vez por dia (infradianos). A primeira questão que se coloca é se esses ritmos têm origem externa ou se existem endogenamente, ou seja, se os organismos possuem tais ritmos independentemente do meio ambiente.

Em uma descrição breve, animais colocados em condições de luminescência e temperatura constantes (p. ex., mantidos em escuro constante) exibem ritmos circadianos, como períodos cíclicos de atividade. **Essas condições de ambientes acíclicos** (ou seja, ambientes sem variações que possam induzir ciclos no organismo) **são ditas de livre curso. Animais colocados em livre curso têm ritmos**. Contudo, o período desses ritmos tende a se afastar do período de 24 horas, fixando-se em algum outro valor mais ou menos próximo àquele. Isso indica que os organismos possuem o que se denomina relógios internos. Em outras palavras, os organismos são capazes de gerar ritmos circadianos (e circanuais) independentemente das condições do meio externo (mas os ritmos endógenos terminam por ter períodos diferentes do período do ambiente). De fato, esses relógios biológicos são encontrados em todos os organismos, de micróbios procariotas e eucariotas a plantas, invertebrados e vertebrados (Hardin, 2000).

De forma geral, os ritmos endógenos, nas condições de livre curso, tendem a se sincronizar. Isto é, o animal tem as fases de sono, as fases de atividade, as fases de elevação da temperatura corpórea[15] etc., ocorrendo como se houvesse um "dia fictício" (lembre-se, com período diferente das 24 horas). Essa sincronização de ritmos de diferentes processos orgânicos na condição de livre curso implica não só que os organismos possuem relógios internos, mas também que existe uma hierarquia entre esses relógios, com um deles sendo o relógio-mestre cujo sinal causa sincronização entre os demais. Dessa forma, os ciclos ambientais não necessitam ser percebidos e sincronizados por diversos sistemas, bastando que o relógio-mestre fique ajustado pelos fatores externos.

Zeitgeber

Os fatores ambientais cíclicos que causam uma ritmicidade orgânica a eles atrelada são denominados *zeitgeber* (do alemão *zeit*, "tempo", e *geber*, "doador") (Rusak e Zucker, 1975). **Há dois *zeitgeber* essenciais: luz e temperatura**; e a luz é, na maior parte dos casos, o mais importante.[16] Esse processo de atrelamento de ciclos orgânicos a um fator cíclico ambiental, um *zeitgeber*, é chamado de **arrastamento** (*entrainement*), o que, na linguagem de osciladores, seria o denominado "acoplamento".[17] Como o ritmo endógeno arrastado pelo ciclo ambiental tem o mesmo período deste último, além de o oscilador interno estar acoplado ao externo, eles estão sincronizados. Assim, por exemplo, um

15 Em animais endotermos.

16 Por exemplo, para organismos que habitam locais sem iluminação, como cavernas e mares profundos, a luz não é fator relevante para os ciclos.

17 Há muitos termos que correspondem a termos da linguagem de osciladores, porém, pelas nuances dos fenômenos biológicos, em Cronobiologia utilizam-se terminologias diversas de modo a preservar e/ou ressaltar tais nuances.

animal de hábitos noturnos tem seu período de atividade na fase de escuro (noite), enquanto um animal diurno tem seu período de atividade na fase de claro (dia), e isso ocorre a cada 24 horas. Como "a noite" (ou "o dia") ocorre a cada 24 horas, há sincronia entre o fenômeno do ambiente e o processo orgânico.[18] De maneira geral, os relógios, além de sua propriedade osciladora intrínseca, possuem duas características essenciais (Hardin, 2000): arrastamento por pistas ambientais e compensação térmica (o que garante manutenção do funcionamento em diferentes condições de temperatura corpórea).

Fica, então, a questão de como surge essa organização temporal dos processos orgânicos ditada pelo ambiente. A resposta a essa pergunta termina por responder, também, como se dá o surgimento dos ritmos endógenos em livre curso, ou seja, o relógio-mestre e o mecanismo de sincronização dos demais relógios internos com ele.

A organização temporal dos ciclos orgânicos é construída a partir de quatro elementos básicos (afora o *zeitgeber*): um receptor, um oscilador principal, um hormônio sinalizador e um ciclo resultante observado (Binkley, 1993) (Figura 3). Como basicamente iremos nos ater a ciclos relacionados às fases de claro/escuro do dia, a Figura 3B realça alguns elementos orgânicos envolvidos na percepção fótica do ambiente.

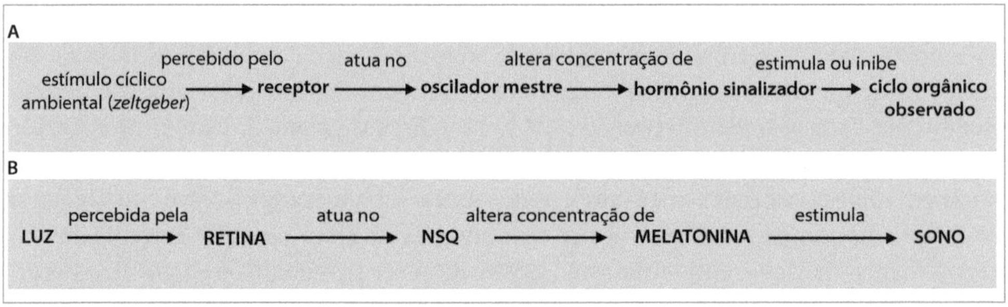

FIGURA 3 A: esquema geral da geração de organização temporal de ritmos orgânicos a partir de ciclos ambientais. B: exemplo específico da luz como *zeitgeber* e sua transdução em um ciclo fisiológico em mamíferos (no caso, o sono).
NSQ: núcleo supraquiasmático (ver texto).
Fonte: elaborada pelo autor.

Como mencionado, manteremos o foco no arrastamento (acoplamento e/ou sincronização) dos ritmos orgânicos pelo ciclo claro/escuro do ambiente. Dessa maneira, estaremos interessados em como a luz é traduzida na percepção de um fenômeno cíclico pelos diversos osciladores (relógios) endógenos. Nessa perspectiva, o local de percepção luminosa é o primeiro ponto de interesse.

18 Em osciladores, pode haver acoplamento sem sincronia, por exemplo, com os osciladores tendo ciclos com diferença de fase.

A luz como *zeitgeber*

Em mamíferos, o único local de fotorrecepção é a retina. Contudo, nos demais vertebrados (aves, répteis, anfíbios e peixes), existem fotorreceptores extrarretinianos. Ou seja, a luz ambiental é percebida em outros órgãos que não somente os olhos, particularmente na glândula pineal, a qual, em muitos, é conhecida como "terceiro olho" (Wurtman e Axelrod, 1971). Como será visto mais adiante, a pineal é o local de produção do hormônio sinalizador interno (melatonina, ver Figura 3) e, assim, em vertebrados não mamíferos, parte da percepção fótica se dá diretamente na glândula produtora. Nesses animais, a pineal tem um ritmo endógeno circadiano de atividade de uma enzima reguladora (com pico no escuro), a qual permite a síntese do hormônio (Binkley, 1993; Pévet, 2000), que será descrita logo mais.

Dessa maneira, em vertebrados não mamíferos, o oscilador-mestre é o próprio local de percepção ambiental e de produção do hormônio sinalizador interno (Pévet, 2000). O *zeitgeber* (luz) atua diretamente nesse relógio, causando seu arrastamento pelo ciclo ambiental. Já em mamíferos, a glândula pineal não é atingida diretamente pela luz, nem é o oscilador-mestre do sistema. Nesses animais, uma estrutura localizada no hipotálamo, o núcleo supraquiasmático[19] (NSQ), é o relógio-mestre, existindo vias neurais de ligação do NSQ com a pineal. É importante notar que as vias de condução da informação fótica ambiental da retina ao NSQ não são as mesmas que as da informação de imagem (Binkley, 1993).

Nos vertebrados, o marcador interno da presença ou ausência de luz no ambiente é a melatonina. Essa é uma molécula altamente conservada do ponto de vista evolutivo, sendo encontrada também em invertebrados, plantas e fungos. A via biossintética principal de melatonina, a ser apresentada mais adiante, é, também, altamente conservada em todos os seres vivos estudados (Hardeland e Poeggeler, 2003). O papel exato da melatonina em não vertebrados não é completamente conhecido, mas pode-se postular que tenha uma função similar à de vertebrados, pois se observam ritmicidade e aumento noturno, particularmente em invertebrados[20] (Vivien-Roels e Pévet, 1993; Pévet, 2000).

Nossa atenção será, deste ponto em diante, aos processos observados e estudados em vertebrados. Nesses, a melatonina é o hormônio produzido na glândula pineal e, como ressaltado, há uma relação direta com a luz em vertebrados não mamíferos. Em mamíferos, a relação se dá de maneira indireta (ou seja, há uma mediação), pois a informação fótica não é percebida pela pineal, mas sim levada ao NSQ. O NSQ, através de terminais simpáticos na pineal, regula o ciclo de melatonina por meio da liberação de noradrenalina[21] (Pévet, 2000).

---

19 O nervo óptico sai da retina, havendo, portanto, dois desses nervos: o esquerdo e o direito. Eles se dirigem medialmente e há um cruzamento parcial de fibras, isto é, parte dos sinais da retina esquerda vai para o hemisfério direito do cérebro, e parte dos sinais da retina direita vai para o hemisfério esquerdo (isso será mais detalhado no capítulo correspondente à visão). Esse local de cruzamento dos nervos ópticos é o chamado quiasma óptico (do grego *khiasmós*, em forma de X – a letra grega chi: χ).

20 Contudo, o papel da melatonina é discutível em outros grupos filogenéticos (Hardeland e Poeggeler, 2003).

21 O sistema nervoso autônomo simpático e o hormônio noradrenalina serão abordados em capítulo específico.

Melatonina

Em todas as espécies estudadas, **a melatonina é produzida e liberada na fase de escuro** e, portanto, o aumento de sua concentração indica aos órgãos e tecidos do organismo que, no ambiente, é noite (note que estamos assumindo o fenômeno ocorrendo na natureza, e não em manipulações experimentais de laboratório ou outros tipos de ambientes artificiais). Existe produção extrapineal de melatonina pela retina (Binkley, 1993); contudo, a importância dessa produção no arrastamento dos ciclos fisiológicos é discutível (apesar de que, em não mamíferos, há contribuição para o aumento da concentração plasmática desse hormônio). A melatonina é lipossolúvel; assim, pode atravessar a membrana plasmática e agir diretamente no interior da célula. Porém, sua ação principal é mediada por receptores na membrana.[22]

Estudos mostram que, ao menos em mamíferos, a melatonina não é um sinalizador direto do ciclo claro/escuro aos órgãos e tecidos periféricos. Ao que tudo indica, **esse hormônio age diretamente nos relógios presentes no sistema nervoso central**, e são esses que, arrastados pela concentração de melatonina, sinalizam aos demais sistemas a condição fótica do ambiente (Pévet, 2000; Bartness et al., 2001; Zawilska et al., 2009). A Figura 4 ilustra a relação temporal entre as horas do dia e o pico de produção de alguns hormônios.

A regulação da produção de melatonina se dá pelo controle da atividade de duas enzimas, a N-acetiltransferase (NAT) e a hidroxindol-orto-metiltransferase (HIOMT); e a regulação pela NAT é muito mais importante que a regulação pela HIOMT. Nos vertebrados não mamíferos, a luz age diretamente na pineal e inibe a atividade da NAT. Dessa forma, ao entrar na fase de escuro, a atividade da NAT aumenta e, com isso,

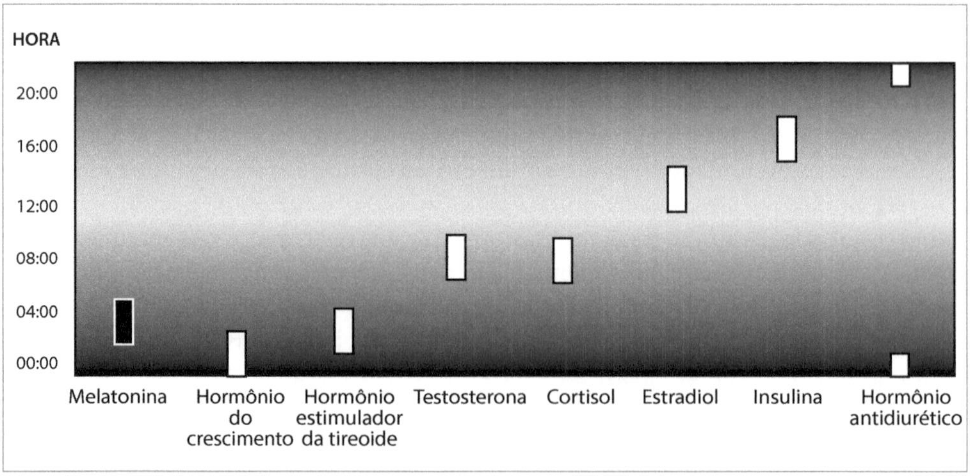

FIGURA 4 Relação temporal entre as horas do dia e o pico de produção de alguns hormônios. A melatonina foi deixada em realce escuro apenas por motivos de ilustração.
Fonte: elaborada pelo autor.

22 A ação de hormônio via receptores de membrana será discutida em outro capítulo.

aumenta a produção de melatonina (a atividade da HIOMT também é aumentada, mas, como citado, isso é menos relevante para a regulação da produção do hormônio).

A síntese de melatonina ocorre a partir de um aminoácido, o triptofano.[23] A via de produção se inicia com a hidroxilação do triptofano pela enzima triptofano-hidroxilase com posterior formação de um neurotransmissor, a serotonina.[24] Caso a NAT esteja ativada, a serotonina recebe um grupo acetil no terminal amino e, na sequência, pela atividade da HIOMT, é formada a melatonina (Pévet, 2000) (ver Figura 5).

A NAT tem um ciclo pré-programado de duração de sua atividade. Contudo, esse ciclo pode ser interrompido pela luz. Dessa forma, além de sua ativação pela ausência de luz, o que sinaliza a fase de escuro, o tempo de atividade da NAT (e, portanto, de produção de melatonina) é uma medida do tempo de escuro, ou seja, **quanto maior a duração do período sem luz (noite), maior o tempo de atividade da NAT** (Binkley, 1993), como ilustrado na Figura 6. O resultado disso é que **a atividade da NAT é o indicador da época do ano**, com menor tempo de atividade no verão (noites mais curtas) e maior tempo no inverno (noites mais longas). Ou seja, o próprio sistema NAT/melatonina é o marcador tanto dos ciclos circadianos quanto dos sazonais (circanuais). Em mamíferos, o sistema opera basicamente da mesma maneira que o já descrito para não mamíferos, apenas com a intermediação no NSQ como relógio-mestre no processamento da informação fótica ambiental e a noradrenalina como estimulador da atividade da NAT na pineal.

Relógios internos

Os relógios internos, por sua vez, são mecanismos oscilatórios endógenos que não dependem de estimulação externa para ciclagem. Esses mecanismos estão presentes no nível celular, isto é, o ciclo é gerado por fenômenos internos às células, e não em decorrência da interação entre elas (Pegoraro e Tauber, 2011). Contudo, a interação entre células permite dois ajustes nos osciladores: 1) sincronização intrapopulações celulares; e 2) manutenção de diferença de fase entre populações celulares. Em outras palavras,

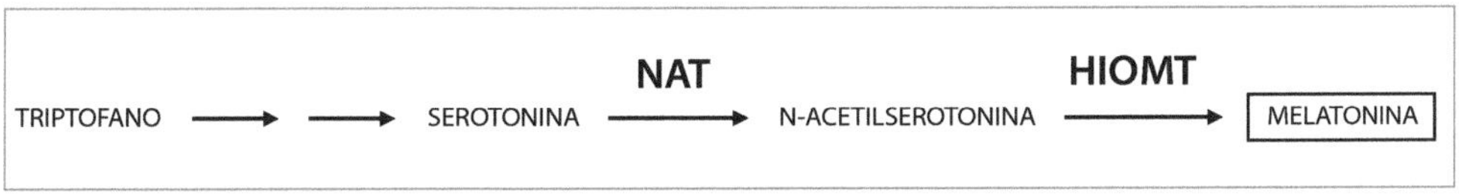

FIGURA 5 Esquema da via biossintética de melatonina. Os passos catalisados pela N-acetiltransferase (NAT) e pela hidroxindol-orto-metiltransferase (HIOMT) estão ressaltados. As setas indicam o sentido da transformação bioquímica de produto a substrato. As setas sequenciais sem produtos e/ou substratos significam que mais de uma etapa de reação bioquímica ocorre no trecho delineado.
Fonte: elaborada pelo autor.

23 Para os seres humanos, o triptofano é um aminoácido essencial, isto é, não é sintetizado no organismo e tem de ser obtido na dieta. O triptofano pode seguir, basicamente, duas vias biossintéticas, dependendo da atividade enzimática: a) através da indolamnia-2,3-dioxigenase, segue pela via da formação de niacina (vitamina B3); b) através da triptofano-hidroxilase, segue para a via de formação e serotonina/melatonina (delineada no texto).

24 Neurotransmissores serão objeto de estudo em capítulo específico.

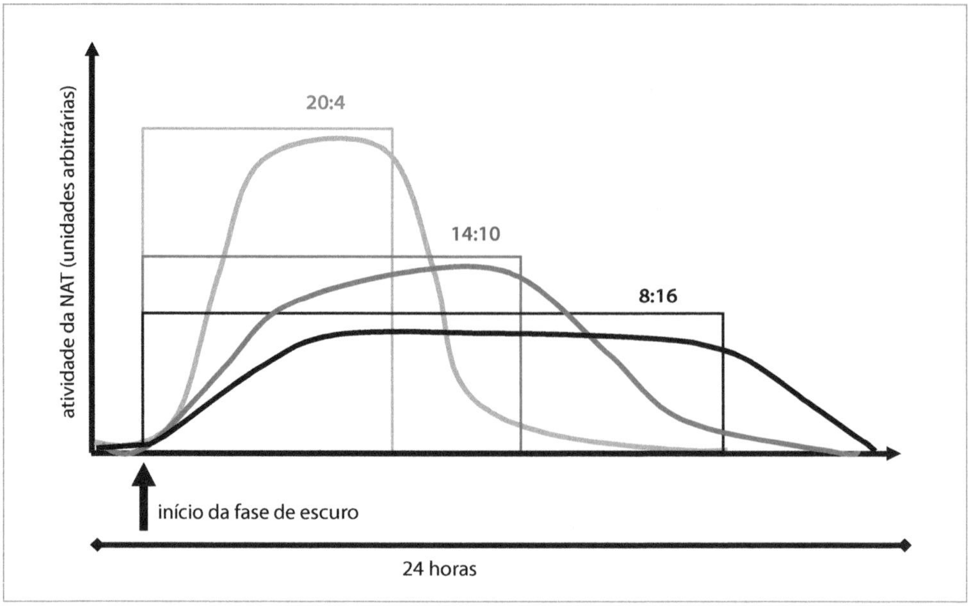

FIGURA 6 Atividade de NAT (N-acetiltransferase) ao longo das 24 horas de um dia para dias com diferentes durações de claro:escuro (indicadas pelos retângulos). Note que a atividade da enzima é interrompida mais precocemente quanto menor é a duração da fase de escuro.
Fonte: elaborada pelo autor.

a comunicação entre células em um dado oscilador torna a saída desse oscilador mais robusta em termos de sinal emitido, e a comunicação entre osciladores permite o ajuste de fases entre eles.

O mecanismo intracelular de oscilação, em uma visão mais simplista do processo, é constituído por várias alças de retroalimentação negativa com a expressão de genes sendo inibida pelas proteínas resultantes. Uma série de genes relacionados ao mecanismo de oscilação endógena celular vem sendo identificada em organismos como bactérias e algas unicelulares, plantas e animais. Por motivos óbvios, esses genes são chamados genes-relógio, e sua expressão (ativação, transcrição e posterior tradução) ocorre de maneira cíclica no período de 24 horas (Hardin, 2000). Em uma perspectiva mais aprofundada, as alças de retroalimentação incluem os supracitados mecanismos de transcrição e tradução gênica, e ainda:

- Regulações pós-transcricionais pelos chamados micro-RNA, que alteram a taxa de degradação e de sequestração de RNA e podem inibir a fase de tradução.
- Modificação pós-tradução, como a fosforilação/desfosforilação de proteínas, o que altera a taxa de translocação delas no núcleo celular, sua degradação e a formação de complexos proteicos.
- Mecanismos epigenéticos, como a acetilação de histonas[25] e a metilação do DNA.

25 Proteínas do nucleossomo.

Em conjunto, esses diversos fatores criam uma série de alças de retroalimentação interconectadas (Pegoraro e Tauber, 2011). Através dessas alças, que ocorrem em taxas variadas, surge um ritmo de elevação e diminuição de concentrações citoplasmáticas de proteínas e outros compostos, o que dita o ciclo endógeno. A área dos mecanismos celulares de oscilação é ampla e não faz parte do escopo do presente texto.

Em seres humanos, o ritmo de oscilação da melatonina se estabelece nas primeiras semanas após o nascimento, e há um decréscimo na amplitude de oscilação dessa substância com o envelhecimento, principalmente após os 70 anos de idade.[26] Em adultos de regiões de clima temperado, o início da subida da concentração plasmática de melatonina se dá ao redor das 21 horas, havendo um pico dessa concentração entre 2 e 4 horas, com valores entre 60 e 70 pictogramas por mililitro. O final da secreção do hormônio ocorre entre 7 e 9 horas da manhã (Zawilska et al., 2009).

Como amplamente discutido anteriormente, a luz tem forte influência nos ritmos orgânicos. Contudo, estudos mostraram que essa influência depende do comprimento de onda/temperatura da luz, ou seja, diferentes comprimentos de onda (ou diferentes temperaturas do emissor[27]) afetam diferentemente o relógio endógeno. Luz vermelha, luz com comprimento de onda longo e luz relativa a baixas temperaturas (3.000 K) têm pouco efeito na inibição da síntese de melatonina. Por outro lado, luz azul/verde,[28] com comprimento de onda médio a curto, e luz relativa a altas temperaturas (6.500 K) têm grande efeito na inibição da produção de melatonina em seres humanos (Morita e Tokura, 1998). Dessa maneira, o tipo de iluminação nos diferentes ambientes pode levar a alterações do ciclo circadiano e causar alterações nos ritmos fisiológicos, o que, por sua vez, acarretará distúrbios no meio interno do ser vivo.

Organismos unicelulares já apresentam mecanismos de marca-passo circadiano, o que indica que a geração de ritmos endógenos tem papel extremamente relevante na preservação da vida, desde os seus primórdios (Pegoraro e Tauber, 2011). A ação diante de alterações imprevisíveis do meio externo, como mudanças súbitas de temperatura ou nas condições de obtenção de água ou de alimentos, um incêndio, o surgimento inesperado de um predador (ou de uma presa), dificuldades de acesso ao oxigênio ou de eliminação de gás carbônico etc., necessita de um conjunto de respostas orgânicas do tipo reativo: são necessários ajustes de curtíssimo, curto ou médio prazo nos sistemas orgânicos, de modo a preservar a integridade do indivíduo. Por outro lado, prever as condições ambientais médias que se apresentarão permite respostas programadas de mais longo prazo. Dessa forma, os ciclos endógenos tornam possível antecipar alterações no estado interno de modo que os organismos não sejam meramente reativos, mas também preditivos para, nas palavras de Claude Bernard, "preservar constantes as condições de vida no ambiente interno", a homeostasia.

---

26 Contudo, a relação com a piora na qualidade do sono em idosos e a diminuição da amplitude dos ciclos de melatonina não é completamente estabelecida (Zawilska et al., 2009).

27 A temperatura da superfície de um emissor relaciona-se ao comprimento de onda emitido.

28 Este tipo de luz é a emitida por aparelhos como celulares, *tablets* e monitores de computador.

O sono[29]

O ciclo sono-vigília tem, claramente, papel na manutenção da homeostasia orgânica. Privação de sono causa perda ou declínio de funções sistêmicas, cognitivas e psíquicas. Contudo, pelo tipo de sociedade contemporânea na qual a maior parte dos seres humanos se encontra inserida, a privação de sono passou a ser "comum", algo nada saudável, de fato. A organização temporal do dia com base socioeconômica leva a uma erosão fisiológica, com consequências tanto individuais quanto para a própria sociedade. Por exemplo, o declínio de acuidade diagnóstica/procedimental em médicos, enfermeiros e pilotos durante a madrugada é conhecido, bem como o declínio atencional de até 32% em casos de restrição de sono (Barbato, 2021). São documentadas a melhora cognitiva de idosos que podem ter maiores períodos de sono (Barbato, 2021) e a melhora de aprendizado com o início das aulas mais para o meio da manhã (de Araújo et al., 2022). Dessa forma, a manutenção adequada do ciclo sono-vigília é de extrema importância.

Historicamente, o sono foi primeiramente bem caracterizado nos seres humanos. Posteriormente, esse processo fisiológico se mostrou presente em todos os grupos animais estudados (Miyazaki et al., 2017; Keene e Duboue, 2018). A Figura 7 ilustra a diversidade de grupos nos quais o sono foi caracterizado, e muitos se mostram importantes para o entendimento da função do sono, incluindo nos humanos. Isso porque sabemos que a privação de sono é extremamente prejudicial, tanto em termos de processos fisiológicos orgânicos diversos quanto em termos cognitivos e psicológicos (Keene e Duboue, 2018). Contudo, tanto a origem evolutiva quanto as funções mais específicas do sono ainda não são plenamente conhecidas (Miyazaki et al., 2017; Le Bom, 2020). Evidências sugerem que, durante o sono, há consolidação de informações previamente adquiridas (Vorster e Born, 2015). Contudo, as explicações mecanicistas/moleculares para tais consolidações ainda não estão elucidadas (Adamantidis et al., 2019).

Três estados distintos são identificados caracterizando o ciclo sono-vigília. O estado de vigília é o estado alerta, ou desperto, e o sono é composto dos estados de entrada/manutenção no sono e de sono paradoxal. Esses estados são evidenciados por meio do padrão de atividade no eletroencefalograma (registro elétrico da atividade elétrica cerebral feito através de eletrodos na superfície do crânio), eletromiograma (atividade elétrica muscular avaliada através de eletrodos de superfície na pele) e eletro-oculograma (eletromiograma da musculatura ocular extrínseca) – ver mais adiante.

Contudo, diante da diversidade de grupos nos quais o sono é estudado, e considerando a dificuldade, senão impossibilidade, de obtenção desses registros de atividade elétrica em muitos animais e/ou condições, um conjunto de critérios comportamentais foi estabelecido para diferenciar o estado de vigília do estado de sono (Keene e Duboue, 2018): a) quietude comportamental prolongada, a qual é revertida por estimulações externas (o que diferencia os estados de sono e de coma); b) essa resposta a estímulos externos tem um limiar maior que no estado desperto; c) uma postura corpórea

29 Neurônios, neurotransmissores, organização funcional do sistema nervoso, regulação da temperatura corpórea e a contração muscular são estudados em detalhes em outros capítulos da coleção.

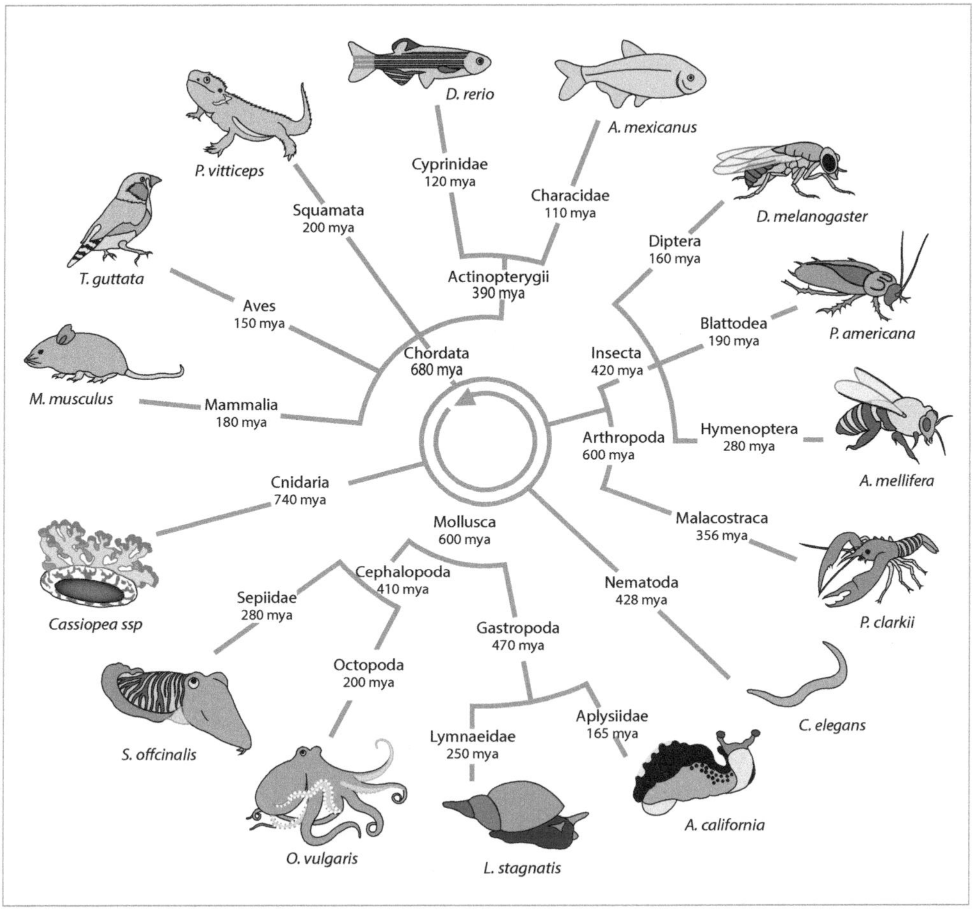

FIGURA 7 Diversidade filogenética da presença do sono por meio de um cladograma truncado. A seta curva central indica a ancestralidade do grupo, sendo a base o grupo mais primordial (porém, para o restante, não há relação evolutiva de ancestralidade).
MYA: milhões de anos.
Fonte: adaptada de Keene e Duboue, 2018.

espécie-específica; d) fenômeno de rebote – caso o organismo seja privado do sono, posteriormente ocorre um incremento em sua duração.

De maneira geral, o sono paradoxal é identificado em aves e mamíferos. Mais ainda, o sono pode ser monofásico – ocorrendo em um único período específico do dia – ou polifásico – ocorrendo em vários episódios mais curtos durante as 24 horas (eventualmente, com uma fase – claro ou escuro – preferencial). Por exemplo, os camundongos são preferencialmente animais de atividade noturna e apresentam 50 a 150 ciclos diários de sono, a maioria ocorrendo na fase de claro (Le Bom, 2020).

O sono em seres humanos

A maioria dos mamíferos é polifásica quanto ao sono. Os seres humanos, entretanto, são monofásicos, com os ciclos de sono ocorrendo na fase de escuro (eventualmente pode haver um episódio vespertino). Nos seres humanos, a padronização do estado de sono-vigília é facilitada pelos registros elétricos das atividades cerebral e muscular. Isso tem imensa utilidade, tanto acadêmico-científica quanto clínica.

O estado de vigília é caracterizado pelo eletroencefalograma (EEG) dito dessincronizado, com ondas de alta frequência (40 a 300 Hz) e baixa amplitude, atividade eletromiográfica e movimentos oculares presentes. O estado de vigília é induzido por vários sistemas neurais, incluindo o sistema ativador reticular ascendente, cuja transmissão sináptica inclui muitos neurotransmissores, como serotonina, noradrenalina, glutamato etc., e projeções ao tálamo e ao neocórtex (Holst e Landolt, 2018; Luppi e Fort, 2019).

O sono é induzido, ao menos em parte, pela inibição desses sistemas ativadores, principalmente através de sinapses gabaérgicas, sendo iniciado a partir do córtex pré-frontal. Vias do núcleo pré-óptico ventrolateral, o qual mantém uma atividade sincronizada com o NSQ (ver, por exemplo, Figura 3), mostram-se ativas na indução do sono. É possível que, assim como o NSQ, o núcleo pré-óptico ventrolateral também receba sinalização vinda da retina (Luppi e Fort, 2019).

O sono é caracterizado pela presença de sincronização de ondas no EEG, atonia muscular (ausência de atividade eletromiográfica) e ausência de movimentos oculares ou por movimentos oculares rápidos (Holst e Landolt, 2018). Assim, o sono dos seres humanos (e mamíferos em geral) é composto por dois tipos de ciclo: o sono no qual não há movimentos oculares rápidos (sono NREM[30]) e o sono no qual há movimentos oculares rápidos (REM[31] ou sono paradoxal). A fase de indução e aprofundamento do sono se dá por sono NREM, o qual se alterna, em ciclos ao longo da noite, com fases REM. Conforme a fase de claro vai se aproximando, as fases NREM vão se tornando menos profundas e com maior prevalência de sono REM.

O sono NREM é associado à diminuição de resposta a estímulos externos e à diminuição da temperatura corpórea. Esse sono foi originalmente (1968) dividido em quatro fases e posteriormente (2007) recategorizado em três fases. Essas categorizações, contudo, recebem críticas por falta de critérios objetivos e de fundamento fisiológico para sua divisão (Adamantidis et al., 2019). De qualquer modo, a divisão do sono NREM em três fases tem ao menos um papel didático. A primeira fase, N1, é a de transição entre os estados de vigília e de sono. A fase N2 é a de sono leve, e a fase N3 é a de sono profundo, na qual se observa grande sincronização da atividade elétrica cerebral.

O sono REM, ou sono paradoxal, é desencadeado por estruturas no tronco encefálico. Contudo, o provável centro desencadeador se encontra no hipotálamo lateral, sendo os núcleos pontinhos osciladores-escravos (os quais podem se tornar autossuficientes no caso de lesões nos centros mais superiores hipotalâmicos (Luppi e Fort, 2019).

Padrões eletroencefalográficos do sono

A Figura 8 ilustra os padrões que serão apresentados a seguir.

30 Do inglês *non-rapid eye movement.*

31 Do inglês *rapid eye movements.*

NREM

Em seres humanos, a transição inicial do estado de vigília para o sono se dá pelo surgimento de ondas α (alfa) corticais (ondas com frequência entre 8 e 11 Hz) e, em seguida, o padrão dominante passa ser o das ondas θ (theta – 4,5 a 7 Hz). Isso compõe o estágio N1 do sono NREM. O aprofundamento para a fase N2 se dá com o surgimento dos fusos intermitentes de 11 a 14 Hz e complexos K. O estágio N3 é caracterizado por ondas de grande amplitude e baixa frequência (< 1 Hz) e por ondas δ (delta – 1 a 4,5 Hz). As oscilações decorrem da entrada em ressonância ("reverberação") entre circuitos neuronais no tálamo e neocórtex. Há estudos que sugerem que essas ondas se propagam a partir do córtex frontal. No sono NREM, há diminuição do metabolismo no sistema nervoso central (SNC) (Adamantidis et al., 2019).

Complexos K são similares aos fusos, tendem a surgir em decorrência de estímulos externos (tátil, auditivo, somatossensorial)[32] e são de característica inibitória (para ondas sincronizadas). Contudo, o surgimento de um complexo K em decorrência de um estímulo depende da fase do ciclo da oscilação, ou seja, o potencial do estímulo para provocar uma tendência ao despertar depende do momento de sua ocorrência. Complexos K não surgem no sono REM (Adamantidis et al., 2019).

REM ou sono paradoxal

Em seres humanos, surgem ondas θ (*theta* – 4,5 a 6 Hz) e γ (*gamma* – 30 a 90 Hz), associadas a movimentos oculares rápidos, tônus muscular ausente, aumento da temperatura cerebral, ventilação e frequência cardíaca irregulares (Adamantidis et al., 2019). Sonhos ocorrem na fase REM, mas, eventualmente, também na fase NREM.

Despertar

Em seres humanos, o despertar pode ser acompanhado por um fenômeno chamado de "inércia de sono". Essa "inércia de sono" é caracterizada por estado hipovigilante, diminuição de cognição e certo grau de confusão, que podem durar de alguns segundos a alguns minutos. Estudos mostram que a "inércia de sono" é acompanhada por uma intrusão de características de padrão eletroencefalográfico de sono no estado de vigília no pós-despertar imediato. O grau dessa intrusão depende da duração do sono prévia ao despertar, da fase circadiana da temperatura corpórea e da fase do sono na qual se deu o despertar (Adamantidis et al., 2019). Em muitos outros mamíferos, essa "inércia de sono" não ocorre.

---

32 "K" se refere ao estímulo auditivo de "toc-toc", de *knock* em inglês.

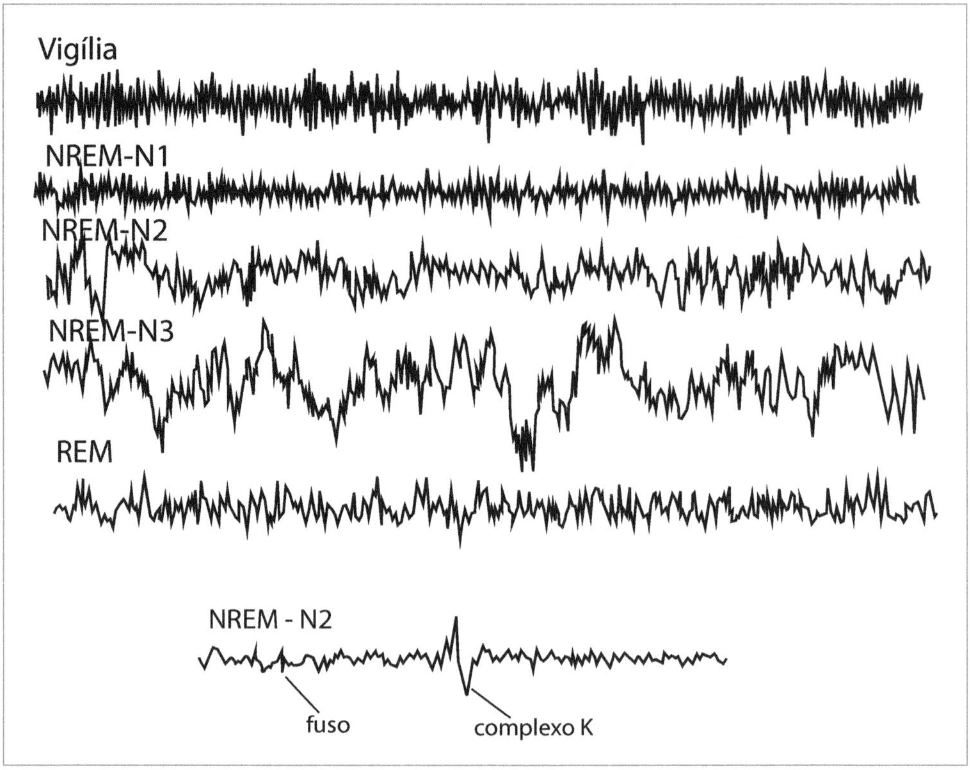

FIGURA 8 Padrões eletroencefalográficos de vigília e das fases do sono em seres humanos. No *inset* inferior, os fusos e complexos K da fase N2.
Fonte: adaptada de Šušmáková, 2004, e Khalighi et al., 2013.

REFERÊNCIAS

1. Adamantidis AR, Gutierrez Herrera C, Gent TC. Oscillating circuitries in the sleeping brain. Nat Rev Neurosci. 2019;20:746-62.
2. Barbato G. REM sleep: an unknown indicator of sleep quality. Int J Environ Res Public Health. 2021;18(24):12976.
3. Bartness TJ, Song CK, Demas GE. SCN efferents to peripheral tissues: implications for biological rhythms. J Biol Rhythms. 2001;16:196-204.
4. Binkley S. Structures and molecules involved in generation and regulation of biological rhythms in vertebrates and invertebrates. Experientia. 1993;49:648-53.
5. Cannon WB. Organization for physiological homeostasis. Physiol Rev. 1929;9:399-431.
6. Carpenter RHS. Homeostasis: a plea for a unified approach. Adv Physiol Educ. 2004;28:180-7.
7. de Araújo LBG, Bianchin S, Pedrazzoli M, Louzada FM, Beijamini F. Multiple positive outcomes of a later school starting time for adolescents. Sleep Health. 2022;8:451-7.
8. Hardeland R, Poeggeler B. Non-vertebrate melatonin. J Pineal Res. 2003;34:233-41.
9. Hardin P. From biological clock to biological rhythms. Genome Biol. 2000;1:1-5.
10. Holst SC, Landolt HP. Sleep-wake neurochemistry. Sleep Med Clin. 2018;13:137-46.
11. Khalighi S, Sousa T, Pires G, Nunes U. Automatic sleep staging: a computer assisted approach for optimal combination of features and polysomnographic channels. Expert Syst Appl. 2013;40:7046-59.
12. Keene AC, Duboue ER. The origins and evolution of sleep. J Exp Biol. 2018;221(Pt 11):jeb159533.
13. Le Bon O. Relationships between REM and NREM in the NREM-REM sleep cycle: a review on competing concepts. Sleep Med. 2020;70:6-16.
14. Luppi PH, Fort P. Sleep–wake physiology. Handb Clin Neurol. 2019;160:359-70.
15. McEwen BS, Wingfield JC. What is in a name? Integrating homeostasis, allostasis and stress. Horm Behav. 2010;57:105-11.

16. Miyazaki S, Liu CY, Hayashi Y. Sleep in vertebrate and invertebrate animals, and insights into the function and evolution of sleep. Neurosci Res. 2017;118:3-12.
17. Morita T, Tokura H. The influence of different wavelengths of light on human biological rhythms. Appl Hum Sci J Physiol Anthropol. 1998;17:91-6.
18. Pegoraro M, Tauber E. Animal clocks: a multitude of molecular mechanisms for circadian timekeeping. Wiley Interdiscip Rev RNA. 2011;2:312-20.
19. Pévet P. Melatonin and biological rhythms. NeuroSignals. 2000;9:203-12.
20. Rusak B, Zucker I. Biological rhythms and animal behavior. Annu Rev Psychol. 1975;26:137-71.
21. Sterling P. Principles of allostasis: optimal design, predictive regulation, pathophysiology, and rational therapeutics. In: Schulkin J, editor. Allostasis, homeostasis, and the costs of physiological adaptation. Cambridge: Cambridge University Press; 2004. p.365.
22. Šušmáková K. Human Sleep and Sleep EEG. Meas Sci Rev. 2004;4:59-74.
23. Vivien-Roels B, Pévet P. Melatonin: presence and formation in invertebrates. Experientia. 1993;49:642-7.
24. Vorster AP, Born J. Sleep and memory in mammals, birds and invertebrates. Neurosci Biobehav Rev. 2015;50:103-19.
25. West JB, Schoene RB, Milledge JS. High altitude medicine and physiology. 4.ed. London: Hodder Arnold; 2007.
26. Wurtman R, Axelrod J. Ciba Foundation Symposium – the pineal gland. Chichester: John Wiley & Sons; 1971.
27. Zawilska JB, Skene DJ, Arendt J. Physiology and pharmacology of melatonin in relation to biological rhythms. Pharmacol Rep. 2009;61:383-410.

2

Modelos genéricos básicos

INTRODUÇÃO

Este capítulo tem o objetivo de apresentar uma série de temas comuns à abordagem científica de questões das mais diversas naturezas. Esses conceitos têm origem nas ciências exatas, e sua relevância se liga ao fato de que a ciência contemporânea é uma arte quantitativa. Em outras palavras, os avanços tanto tecnológicos quanto de compreensão do Universo que nos cerca estão relacionados à nossa capacidade de transformar um conjunto de observações em um modelo que permite quantificar os fenômenos observados. Em geral, os modelos terminam por serem formulações matemáticas, mas não necessariamente se restringem a isso.

Por exemplo, a classificação de um dado animal entre ser uma ave e ser um mamífero é baseada em um modelo não quantitativo. Respondemos a perguntas do tipo "Tem penas?", "Tem glândula mamária?" etc., para nos levar à classificação. Note que as respostas nesse exemplo são do tipo "sim" ou "não", porém não somamos as respostas "sim" (ou as respostas "não") para obter um valor que nos diga "é uma ave". Talvez não pareça óbvio porque essa classificação é um modelo. Contudo, se nos lembrarmos que, muitos séculos atrás, baleias eram consideradas peixes, percebemos que no modelo daquelas épocas a resposta "sim" a uma pergunta como "Vive na água e nada balançando a cauda?" levava à classificação do animal como "peixe". Ou seja, havia um modelo diferente do que temos hoje.

Por outro lado, modelos estritamente quantitativos, isto é, modelos nos quais a resposta está atrelada a um valor ou a um conjunto de valores, terminarão por se apresentar como formulações matemáticas.

Vamos considerar um exemplo. Um homem tem um primo que sofre de certa doença genética. Uma mulher tem um avô que sofre da mesma doença que o primo do homem. Esse homem e essa mulher planejam ter uma criança. Parece bastante razoável que busquem um aconselhamento genético para terem uma ideia acerca do risco que a criança correrá de ter a mesma doença que acomete os familiares. Suponha, então, que eles busquem o tal aconselhamento em três locais diferentes, recebendo as seguintes respostas dos dois primeiros: 1) "A chance de a criança ter a doença é média"; e 2) "Me parece arriscado vocês terem essa criança".

São essas as respostas que a mulher e o homem precisam para tomar uma decisão? No caso da resposta número 1, como eles podem saber o que é "uma chance média" para a pessoa que os informa disso? O "médio" da pessoa é o mesmo "médio" deles? No caso da resposta 2, como eles podem saber o que significa "arriscado"? O "arriscado" da pessoa que os informa é o mesmo "arriscado" que eles têm em mente?

A resposta 3 é a seguinte: "A chance de a criança ter a doença é de 67% (ou 2/3)". Essa parece ser uma resposta bem mais adequada à questão levantada pela mulher e pelo homem. Agora, eles sabem o que significa "médio" para o primeiro e "arriscado" para o segundo. Eles têm, com essa resposta, a possibilidade de julgarem se acham que devem ou não ter a criança. Enquanto as respostas 1 e 2 expressavam qualificações particulares, a resposta 3 apresenta uma quantificação de caráter comum a todos: é 67% para todos os envolvidos.

Para chegar aos tais "67%", é preciso alguma ferramenta que permita inserir "coisas de um lado" e obter "algo quantitativo" do outro. Ou seja, é preciso uma ferramenta por meio da qual se possa ter, a partir de uma entrada de dados, uma saída quantificada relacionada a esses dados. Essas ferramentas são os modelos quantitativos (e, como mencionado anteriormente, consequentemente matemáticos). E os modelos são baseados em teorias. Foge dos objetivos do presente livro uma ampla discussão acerca de "modelo" e "teoria", contudo algumas palavras têm de ser ditas.

Modelos, teorias e o mundo que nos cerca

Uma pessoa sem uma verdadeira formação científica acha que seu entendimento do mundo é "o entendimento do mundo real, como ele é". Afinal, essa pessoa não "precisou de modelos e teorias sobre o mundo... o mundo é o mundo e ponto". O que essas pessoas não se dão conta é que, por trás de "o mundo é o mundo e ponto" delas, existem os modelos e as teorias acerca desse mundo, só que tais modelos e teorias nunca foram (ou nunca são) devidamente explicitados e sua existência não foi tornada clara.

Vamos procurar dar um exemplo disso. Muitas pessoas acreditam em "mau-olhado", um "poder" que alguns têm de prejudicar a vida de outros através de seu simples olhar. Existem modelos e teorias por trás disso? Não para as pessoas que creem no mau-olhado: elas acham que o mau-olhado é um "fato do mundo como ele é". Contudo, o mau-olhado remonta aos primórdios das buscas pelo entendimento do mundo que nos cerca, pois é baseado na concepção de que enxergamos as coisas em virtude de "algo" que emana de nossos olhos. Em outras palavras, por muito tempo se acreditava que o ato de ver decorria de a luz ser emitida pelos olhos do ser.[1] Portanto,

1 O "princípio" do "mau-olhado" se encontra em vários contextos diferentes: a visão de raio X do Super-Homem nada mais é que essa concepção equivocada de que é dos olhos que emana a luz que cria a visão (e, de fato, se o Super-Homem fosse utilizar sua visão de raio X, ele nada veria, somente causaria danos celulares ao seu alvo, pois os raios X funcionam exatamente por transpassar os tecidos orgânicos, sendo captados por um sensor **atrás** do objeto, e não **à frente**).

por trás do mau-olhado, há teorias e modelos de como nosso universo funciona (no caso, teorias e modelos inadequados acerca da luz e da visão); porém, tais teorias e modelos nunca foram tornados explícitos para as pessoas que nisso creem. Assim, essas pessoas acreditam que o "mau-olhado" é um fato dado do nosso mundo, mas que a teoria onda-partícula da luz é "somente uma teoria" e que, portanto, não é necessariamente verdade.

E aqui nos deparamos com um segundo problema da falta de formação científica: troca-se o termo "teoria" empregado pelos cientistas pelo termo "teoria" empregado pelos leigos em linguagem comum. Para o leigo, "uma teoria" é sinônimo de "uma hipótese" que a pessoa tem sobre algo. Portanto, em seu uso comum, leigo, "teoria" é o mesmo que "uma ideia" da pessoa. Na Ciência, uma teoria é um conjunto de modelos e assertivas acerca de um tópico, e esse conjunto de modelos e de assertivas é explicitamente baseado em outros conjuntos de princípios e/ou de axiomas, formando um desencadeamento lógico de proposições. Tanto a teoria do leigo quanto a teoria do cientista podem estar erradas, porém mostrar que uma teoria científica é errada requer uma formulação de outra teoria, ou seja, um novo conjunto de modelos e de assertivas, que possa, então, substituir a precedente. Resumidamente, esse processo é muito diferente de dizer "ah, é somente uma teoria", com o sentido de "ah, é somente uma ideia particular de uma pessoa".

Esperamos, neste ponto, ter conseguido mostrar a importância de ter conhecimento sobre os modelos de caráter geral que permitem fazermos quantificações acerca do mundo que nos rodeia. Essas quantificações, ou esses modelos, acabam tendo duas funções. A primeira, mais óbvia, é oferecer uma resposta direta a uma pergunta (como no exemplo do aconselhamento genético dado anteriormente). A segunda é gerar previsões mais gerais e/ou permitir construções de novos modelos.[2]

Organização deste capítulo

Apesar dessa esperança, sabemos que nem todos são afeitos a esse tipo de abordagem. Assim, o capítulo foi elaborado em duas grandes seções: Modelos Básicos e Modelos Avançados. A seção de Modelos Básicos é muito importante para que se possa ter uma boa compreensão de processos fisiológicos, pois contém ideias muito utilizadas nas descrições dos fenômenos. A seção de Modelos Avançados é uma apresentação de caráter pragmático a respeito de Cálculo e pode ser utilizada como fonte de consulta adicional nos momentos em que se achar necessário, sem prejuízo do restante do livro. Assim, seguimos em frente.

2 Não temos a menor intenção de entrar em questões epistemológicas da Ciência e detalhes acerca de teorias e modelos. Caso haja interesse nesses tópicos, recomendamos iniciar os estudos por obras como *The Structure of Scientific Revolutions*, de Thomas Khun.

MODELOS BÁSICOS

Equações e funções

Funções são, provavelmente, o tipo mais genérico de modelos. Funções são aprendidas no ensino fundamental e médio, e geralmente são apresentadas na forma de **equações**. Uma equação é uma proposição que, como o nome diz, mostra uma igualdade. Por exemplo, "3 é igual a 3" é, na forma de uma equação, escrito como "3 = 3". Obviamente, esse é um tipo de equação completamente trivial, a qual não acrescenta nada ao que já se sabia. Por outro lado, o sinal de igualdade ("=") tem uma importância enorme: ele diz que, se uma operação for realizada de um lado da igualdade e a mesma operação for realizada do outro lado da igualdade, a igualdade se mantém.[3] Por exemplo, se subtrairmos "4" na equação citada, temos "3 – 4 = 3 – 4 = –1". Novamente, ainda estamos em casos completamente triviais.

Considere, agora, o seguinte: "8 – z = –5". Quanto vale "z"? Vamos aplicar duas operações: primeiro, vamos subtrair "8" de ambos os lados; depois, vamos multiplicar ambos os lados por "–1". Assim, temos:

$$8 - z - 8 = -5 - 8 \leftrightarrow (8 - 8) - z = -13 \leftrightarrow -z = -13$$
$$(-1)\cdot(-z) = (-1)\cdot(-13) \leftrightarrow z = 13$$

A seta dupla indica que podemos ler num sentido ou no outro, uma vez que são formulações equivalentes. O "·" indica multiplicação, e o uso dos parênteses é feito para facilitar a identificação dos elementos ou para indicar a ordem das operações. É importante já adiantarmos que, quando não há possibilidade de interpretações ambíguas, o sinal "·" é omitido. Suponha que z estivesse sendo multiplicado por 9. Em vez de escrever 9·z, muitas vezes se escreve 9z. O exemplo apresentado tem solução e a solução é única, ou seja, foi possível encontrar o valor da variável "z" (no caso, 13). Não necessariamente uma equação tem solução ou a solução é única. Vejamos: z + w = 4. Existem infinitos valores de z que se combinam a outros infinitos valores de w, resultando na soma ser igual a 4, pois a equação pode ser escrita como z = 4 – w. Aqui, existe uma solução, desde que dado o valor de uma das variáveis (z ou w). Outra situação é $z = \sqrt{25}$. Agora, a variável z tem dois possíveis valores: +5 e –5, pois ambos os valores, se elevados ao quadrado, resultam em 25. Considere, agora, 0 · h = 0. Aqui, qualquer valor da variável h é solução da equação, pois zero vez alguma coisa resulta em zero. Contudo, esse caso é diferente do caso "z + w = 4", pois não há como encontrar um valor único para h (o que era possível naquele caso ao se estabelecer um valor para uma das variáveis).[4]

Para complementar estes parágrafos introdutórios, podemos ter algo como "z + w > 4". Aqui, continuamos com infinitos valores como solução, porém, mesmo que se

3 Note que a operação realizada é irrelevante, seja simples, seja complicada, mas tem de ser a mesma.

4 Matematicamente, existe um problema adicional, de fato, que é o de tentar escrever h = 0/0, quando, então, não é que h possa ter qualquer valor, h passa a ser algo não conhecido.

apresente o valor de uma das variáveis, o valor da outra continuará desconhecido. Por exemplo, se w = 1, qualquer valor de z maior que 3 é solução. Qual valor de z? Qualquer um, desde que maior que 3. Esse exemplo é o de uma **inequação**. Geralmente, as soluções de inequações são conjuntos de valores e não um valor específico de uma dada variável.

Tudo isso é bastante básico e foi colocado apenas a título de recordação.[5] A partir daqui, continuaremos a expor conceitos básicos, porém com o pressuposto de que não é preciso detalhar o significado dos símbolos, o que são variáveis e o que são constantes nas equações e nas funções, o que significa ter ou não solução etc.

Notação

Considere, como exemplo, que *x* seja o espaço (distância) percorrido por alguma coisa (pode ser uma partícula, um carro, uma pessoa, uma bactéria etc.). O espaço percorrido é uma função do tempo *t*, ou seja, conforme o tempo passa (*t* muda), o local da coisa muda (ou não, pois a coisa pode estar parada, sem perda de generalidade no problema). Assim, escrevemos:

$$x = f(t)$$

Note que "f( )" é a função (a qual não conhecemos) e "(*t*)" indica qual (ou quais) é a variável que serve como entrada na função (no caso, o tempo *t*). Assim, o que está escrito é "x é uma função f( ) do tempo". Enquanto não definirmos qual é a f(t), não sabemos como x (o espaço) varia com t (o tempo). Contudo, a mensagem geral está dada: x é função de t. Ao colocarmos uma função específica para f( ), passamos a ter um caso particular da relação entre o espaço x e o tempo t.

Por exemplo, se f(t) = 5,91, temos:

$$x = f(t) = 5{,}91$$

ou, simplesmente,

$$x = 5{,}91$$

O que está sendo dito? Note que, para qualquer valor de t que se tenha, x continua sendo, sempre, 5,91 (não estamos preocupados com as unidades neste momento, ou seja, não importa se são 5,91 m, 5,91 mm, 5,91 anos-luz etc.). Logo, o corpo (partícula, carro, pessoa etc.) não sai do lugar conforme o tempo passa: está parado. Considere, agora:

$$x = f(t) = 12 \cdot t + 5{,}91$$

5 Aqueles e aquelas que necessitam de maior aprofundamento devem procurar textos mais específicos da área.

Neste caso, conforme varia (muda) o valor de t, muda o valor de x. Se t = 0, x = 5,91; se t = 0,5, x = 6 + 5,91 = 11,91; se t = –1, x = –12 + 5,91 = –6,09; e assim por diante. Note o valor "5,91". Ele é uma constante na função e, quando t = 0, x assume o valor dessa constante. Assim, podemos ter outra equação (função) para a constante. Vamos chamar essa função como:

$$c = f_c(t)$$

Note que foi colocado um subscrito: f_c. Isso quer dizer que essa função **não é a f(t)** anterior, essa é uma outra função, que indica o valor de "c". Note o valor "12". Ele é outra constante. Vamos repetir a ideia:

$$b = f_b(t)$$

Novamente, há um subscrito, desta vez, f_b. E, novamente, isso indica que f_b não é a mesma função f_c nem a f sem subscrito. Portanto, x poderia ser escrito como:

$$x = f(t) = f_b(t) \cdot t + f_c(t)$$

Contudo, se f_b e f_c são constantes (ou seja, não variam com o tempo t), então escrevemos, de maneira mais simples e compacta:

$$x(t) = b \cdot t + c \qquad \text{Equação 1}$$

Note que, agora, se nada for dito, "b" e "c" são considerados valores constantes (os valores de b e de c são particulares a um dado problema) nessa formulação geral. Se c = 5,91 e b = 12, voltamos ao exemplo apresentado anteriormente. Note, também, que escrevemos x(t) em vez de x = f(t), já indicando que x é uma função de t.

Dessa maneira, no exemplo em questão, t é dita a **variável independente** e x, a **variável dependente**. Uma função pode conter muitas variáveis independentes, simultaneamente.

Ainda no exemplo em foco, b e c têm valores fixos em um determinado caso. Isto é, em um determinado caso, $f_b(t)$ e $f_c(t)$ assumem valores fixos, que são indicados por "b" e por "c", respectivamente. Contudo, em algum outro caso, os valores "b" ou "c" ou "b" e "c" podem ser diferentes dos valores no primeiro caso. Esses valores fixos que podem variar de caso a caso serão denominados, neste texto, **parâmetros** da função.

Uma função pode conter, além dos parâmetros, outros valores fixos, mas que nunca se alteram, independentemente do caso. Esses valores fixos, que são sempre os mesmos sem depender de cada caso, serão ditos **constantes** da função. Habitualmente, as constantes já são valores numéricos apresentados na função.

Uma nota importante: como as constantes já são dadas em seus valores numéricos, os parâmetros são, muitas vezes, ditos como "as constantes" da função. Assim, deve-se ter em mente que, muitas vezes, os parâmetros serão chamados de constantes e vice-versa. Apesar dessa aparente confusão, de fato nenhuma ocorrerá, pois, em um dado problema, a denominação se torna evidente.

A variável independente pode estar em uma potenciação, ou seja, está elevada a um número diferente de "1" (isso será retomado mais adiante), ou mesmo elevada a um dos parâmetros da função. Esse valor (constante ou parâmetro) é dito **expoente** da variável independente no termo da função.

De modo ainda mais compacto, quando não há possíveis ambiguidades na função, omitem-se os parênteses contendo a variável (ou as variáveis) independentes (no exemplo da Equação 1 colocada anteriormente, estamos nos referindo ao "(t)" que sucede "x"). Assim, um exemplo contendo todos os elementos descritos nos parágrafos anteriores é ilustrado na Figura 1.

Finalmente, no presente texto será adotada a seguinte notação: todos os parâmetros e constantes serão positivos e o sinal presente na equação determina a operação.

Dessa forma, como o exemplo na Figura 1, é sempre um valor maior ou igual a zero. Já "b" é, também, maior ou igual a zero, porém, quanto maior for "b", menor será "x", pois "b" é subtraído na operação.

Definição de função

Até aqui, tratou-se muito de funções, mas ainda não se definiu o que é uma função. Vamos retomar a Equação 1 e supor que os parâmetros b e c valham, respectivamente, 3 e −2. Vamos supor que a variável independente, t, assuma alguns valores, iniciando em zero e indo até 4, com intervalos de 0,5. A Tabela 1 mostra os valores obtidos para x. Assim, pela Tabela 1, podemos entender o que é uma função.

De maneira simplificada e direta, uma função é uma regra que nos leva de um conjunto de números a outro conjunto de números, de modo que há uma associação de um valor de uma variável a um único valor de outra variável.

Note, portanto, que, para termos uma função, não basta termos uma regra que associe valores: *é preciso que um valor da variável independente se associe a somente um valor no conjunto da variável dependente* (isso não quer dizer que um valor da variável dependente somente possa estar associado a um único valor da variável independente – é importante que se perceba a diferença entre as afirmações).

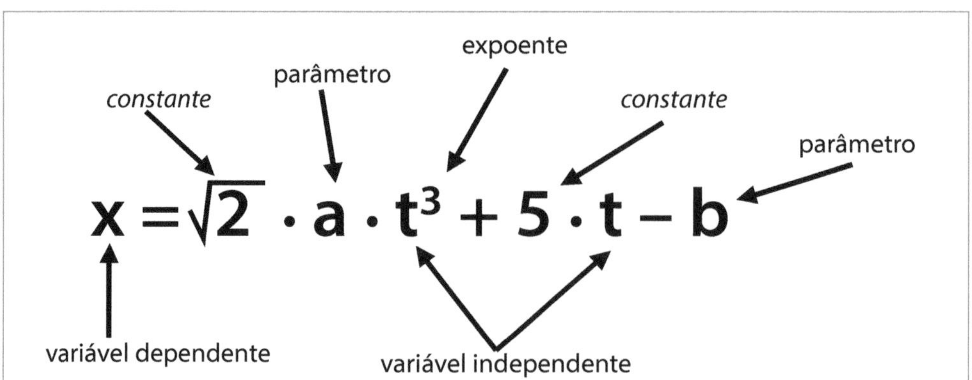

FIGURA 1 Exemplo de uma função.
Fonte: elaborada pelo autor.

TABELA 1 Uma função que mapeia valores de "t" em valores de "x"

Valores de t	Valores de x
0	−2
0,5	−0,5
1	1
1,5	2,5
2	4
2,5	5,5
3	7
3,5	8,5
4	10

Fonte: elaborada pelo autor.

Uma vez dada uma função, podemos encontrar os valores da variável dependente por meio dos valores da variável independente. No exemplo da Tabela 1, se t = 0, x = −2; se t = 3, x = 7 etc. Restam, contudo, algumas questões: o que fazer se t = 3,8? É possível termos t menor que zero ou t maior que 4?

As respostas a essas questões dependem de como foi definido quais são os valores válidos de "t". Isso é o que se chama **domínio da função.**[6] Muitas vezes, o domínio é dado por limitações físicas, químicas e/ou biológicas do próprio problema.[7] Por exemplo, se a função representa uma transformação bioquímica catalisada por uma enzima e a concentração [C] dessa enzima é a variável independente, o menor valor que essa concentração [C] pode ter é zero (não faz sentido químico termos uma concentração menor que zero). Logo, o domínio será para valores de $[C] \geq 0$. Outras vezes, o domínio é dado por especificações do problema. Por exemplo, suponha que a função represente a liberação de um neurotransmissor em decorrência da quantidade de potenciais de ação P no neurônio. Assim, P é a variável independente e assume valores inteiros: 0, 1, 2, 3, 4 etc. Logo, ou ao menos em princípio,[8] o domínio não contém valores como 1,3 ou 7,229. Outras vezes, o domínio é "livre". Note que o domínio para a concentração [C] permite que ela assuma valores não inteiros,[9] o que não ocorre com o domínio para P.

Assim, o domínio pode ser **contínuo** ou **discreto.** Sem preocupação com rigor, pode-se dizer, a título de exemplo, que a variável é contínua se ela se comporta como o tempo marcado no relógio de ponteiros e é discreta se ela se comporta como o tempo marcado em um calendário. No primeiro caso, quaisquer dos ponteiros passará por

---

6 A definição de domínio (e, posteriormente, de **imagem**) está sendo dada de modo geral, sem maiores preocupações ou formalismos.

7 As limitações no domínio podem ser de origem matemática, mas essas não nos interessam neste momento.

8 Pode-se transformar um domínio em outro, mas não entraremos nesse tipo de discussão. Quando surgirem casos, ficará claro o que foi feito.

9 Subentendam-se racionais e irracionais, ou seja, valores do conjunto dos Reais.

"infinitos valores" entre um dado instante e outro,[10] ao passo que, no segundo caso, "ou se está em um dia ou se está em outro", mas não é possível estar "entre os dias".

E quais os valores que a variável dependente pode assumir? Essa é a chamada **imagem da função**. Note, contudo, que a imagem é o conjunto possível de valores a serem assumidos, e não necessariamente todos esses valores serão assumidos.[11] Nas funções que dizem respeito ao presente livro, do mesmo modo que o domínio, a imagem também pode sofrer limitações físicas, químicas ou biológicas e, assim, os valores que a variável dependente assumirá são relacionados ao contexto do problema.

Qual é a relevância das funções? Como visto, uma função permite que se relacionem valores de um conjunto de variáveis a valores de outro conjunto de variáveis por meio de uma regra. Uma função atua como uma relação entre grandezas, e essa relação permite, então, que se quantifique uma a partir de outra. Mas, mais ainda, uma função permite que se tenha uma abstração da relação entre essas grandezas, independentemente de se colocarem valores específicos. Ou seja, **uma função serve como modelo de um processo**.

Gráficos

Como já deve estar claro, existem infinitas funções. Podemos imaginar um sem-número de relações entre variáveis dependentes e variáveis independentes. Contudo, dado que existem limitações de várias naturezas nos processos físicos em geral, e biológicos em particular, não é toda ou qualquer função que se torna um modelo de um processo que esteja sendo estudado. Assim, nesta seção, serão apresentadas algumas funções que surgem, repetidamente, na modelagem de fenômenos fisiológicos.[12]

Retomemos o exemplo apresentado na Tabela 1. Explicitamente, a função é (note que, como anunciado anteriormente, o sinal "·" da multiplicação foi omitido):

$$x = 3t - 2$$

Considere, agora, que os valores de t sejam contínuos e que se possa ir de $t << 0$ a $t >> 0$ (os símbolos "<<" e ">>" querem dizer "muito menor que" e "muito maior que", respectivamente, ou seja, estamos dizendo que a variável t assume valores muito menores do que zero até valores muito maiores do que zero). Como colocar isso em uma tabela? Impossível. E se, em vez de contínuo, os valores de t fossem discretos, por exemplo, "de 2 em 2"? Apesar de, agora, ser possível montar uma tabela, tal tabela seria gigantesca, ocupando páginas e páginas.

---

10 Essa é a origem da denominação "relógio analógico": existe uma analogia entre o espaço percorrido pelo ponteiro e o tempo.

11 A discussão acerca de domínio, imagem, contradomínio, contraimagem etc. escapa aos objetivos do presente livro.

12 Note que estão sendo apresentadas apenas algumas funções de relevância. Isso **não** deve ser entendido como "todas as funções de relevância" na Fisiologia.

Assim, um recurso importantíssimo para a representação de funções (ou modelos) são os **gráficos**. Um gráfico é uma representação visual que se faz de uma função de modo a ilustrar como se dá a relação entre as variáveis.[13]

Utilizando, ainda, o exemplo da Tabela 1, a Figura 2 ilustra algumas representações gráficas entre as variáveis x e t, dependendo da continuidade (ou não) e dos limites do domínio de t.

Nos gráficos mais habituais de funções, há dois eixos, um vertical e um horizontal. Em geral, o eixo horizontal é a representação dos valores da variável independente, enquanto o eixo vertical é a representação dos valores da variável dependente. O eixo horizontal, denominado **eixo das abcissas**,[14] é comumente chamado de eixo x, enquanto o eixo vertical, denominado **eixo das ordenadas**, é comumente chamado de eixo y.

Propositalmente, escolhemos as variáveis x e t para este exemplo, com t sendo o tempo e x, a distância (ou espaço). O que há de proposital nisso? No nosso exemplo, o eixo x é t (tempo) enquanto o eixo y é x (distância). Isso foi feito para que o(a) leitor(a) se acostume com a ideia de que "eixo x" não quer dizer "variável x" (e que "eixo y" não quer dizer "variável y"). O gráfico é a representação da função, e, portanto, a variável que se encontra em cada eixo depende de como a função está equacionada.

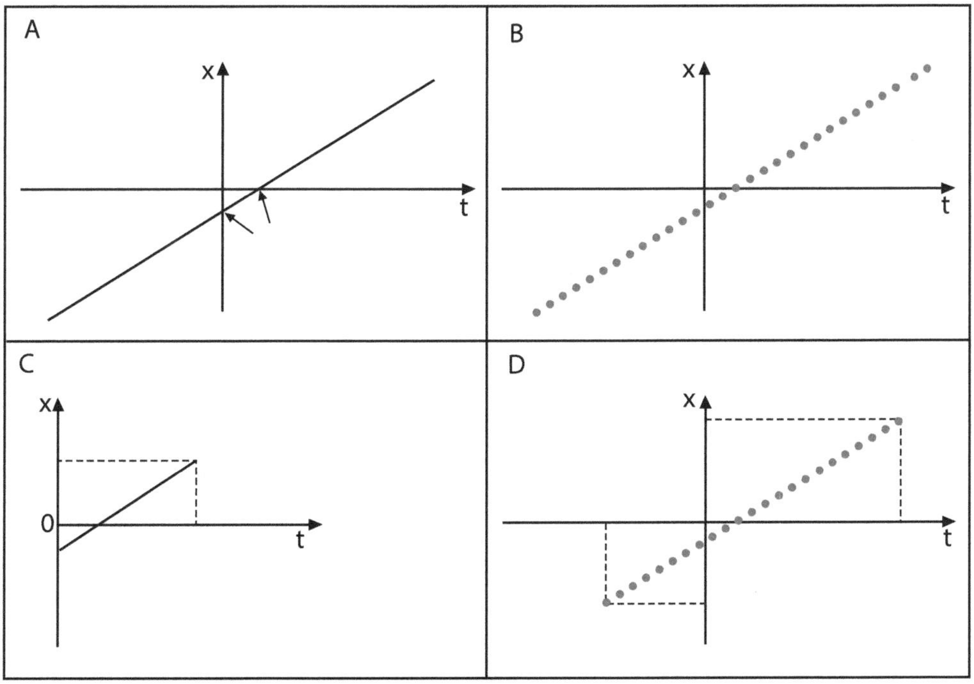

FIGURA 2 Exemplos gráficos da função. A: contínua ilimitada. As setas indicam interceptos (ver texto). B: discreta ilimitada. C: contínua entre 0 e 4. D: discreta entre –10 e 20.
Fonte: elaborada pelo autor.

13 Existem inúmeros tipos de gráficos.

14 O termo abcissa significa "corte", linha cortada. A origem do termo remonta ao século XIII.

A Figura 2A inclui, além da representação da função x = 3t – 2, duas setas, uma apontando para o eixo y (ordenadas) e outra apontando para o eixo x (abcissas). Essas setas indicam os pontos de interceptos. Há, neste caso, um intercepto "y" (no ponto no qual a função cruza o eixo y) e um intercepto "x" (no ponto no qual a função cruza o eixo x). O que há de especial em um intercepto? O intercepto y é o valor da variável dependente quando a variável independente vale zero; e o intercepto x é o valor da variável independente que torna a variável dependente igual a zero. Assim, no exemplo em questão, o intercepto y é o valor da distância quando o tempo vale zero; e o intercepto x é o valor do tempo no qual a distância vale zero. Se a função representa, por exemplo, uma corrida que o(a) leitor(a) está observando a 2 metros da largada, no tempo zero (início da corrida), o competidor está a menos dois (–2) metros do local onde se encontra o observador e, após 0,67 s (2/3), o competidor passa pelo local onde está o observador, considerando as distâncias medidas em metros e o tempo em segundos.[15]

RELAÇÃO LINEAR

O tipo de função representado na Figura 2 apresenta outro interesse. Como se observa, a linha que representa a função é uma reta. Isso significa que existe uma relação dita **linear** entre as variáveis. Ou, de modo inverso, uma relação linear implica que o gráfico da relação (da função) é uma reta. O que há de importante e/ou de interessante em relações lineares é que a proporcionalidade entre as variáveis se mantém ao longo de todo o domínio. Em outras palavras, para uma dada variação de valor da variável independente, a variação na função (no valor da variável dependente) terá a mesma proporção, independentemente do local do domínio onde se esteja.

As variações de valores são indicadas pela letra grega "delta" maiúscula: Δ. Assim, Δz significa uma diferença entre valores assumidos pela variável z: $\Delta z = z_2 - z_1$. Os subscritos "1" e "2" indicam valores de z em dois locais diferentes: z no local 2 e z no local 1, respectivamente. Por exemplo, se $z_1 = 3{,}14$ e $z_2 = 2{,}72$, então $\Delta z = 2{,}72 - 3{,}14 = -0{,}42$.

Vejamos a questão da proporcionalidade que acabamos de citar. Retomando o exemplo da Tabela 1, considere $t_1 = 0{,}5$ e $t_2 = 2$. Os respectivos valores de x são: $x_1 = -0{,}5$ e $x_2 = 4$. Dessa maneira, temos: $\Delta t = 1{,}5$ e $\Delta x = 4{,}5$. Considere, agora, $t_1 = 1{,}5$ e $t_2 = 4$. Nesse caso, $x_1 = 2{,}5$ e $x_2 = 10$; e temos $\Delta t = 2{,}5$ e $\Delta x = 7{,}5$. Se fizermos a razão (divisão) entre os deltas de x e de t nos dois casos, obtemos:

$$\frac{4{,}5}{1{,}5} = 3 = \frac{7{,}5}{2{,}5}$$

Ou seja, a proporção de variação é mantida. Mas, mais ainda, note qual é o valor dessa proporção: 3. Esse é o valor dado para o parâmetro "b" quando a Tabela 1 foi montada. Encontrar esse valor não ocorreu por acaso. Vejamos a operação que foi feita numa função linear f(z) (ou seja, "z" é a variável independente):

15 A questão de unidades será trabalhada mais adiante.

$$f(z) = b \cdot z + c$$

$$\frac{\Delta f(z)}{\Delta z} = \frac{f(z_2) - f(z_1)}{(z_2 - z_1)} =$$

$$\frac{(b \cdot z_2 + c) - (b \cdot z_1 + c)}{(z_2 - z_1)} =$$

$$\frac{b \cdot z_2 - b \cdot z_1 + c - c}{(z_2 - z_1)} =$$

$$\frac{b \cdot (z_2 - z_1)}{(z_2 - z_1)} =$$

$$b$$

Ou seja, o parâmetro "b" de funções do tipo da Equação 1 é a constante de proporcionalidade entre a variação da função e a variação da variável independente. Esse parâmetro é chamado de coeficiente angular e indica o valor da inclinação da reta representada pela relação linear. Esse assunto será tratado em outras seções mais adiante.

Variáveis independentes e dependentes

Anteriormente, foram mencionadas equações (e inequações). Uma das afirmativas feitas foi a de que, em uma equação, toda operação feita em um dos lados, se repetida do outro, mantém a igualdade entre os lados. Também foram mencionadas variáveis dependentes e independentes. Considere a seguinte equação, sendo k_1 e k_2 constantes:

$$z = k_1 \cdot w + k_2 \qquad \text{Equação 2a}$$

É possível rearrumar os termos e obter:

$$w = \frac{z}{k_1} - k_2 \qquad \text{Equação 2b}$$

Logo, pela equação 2a, z é a variável dependente, mas, pela equação 2b, z é a variável independente. Do ponto de vista matemático, não há problemas.[16] Existem casos, porém, nos quais há problemas. Por exemplo, considere:

$$z = k_1 \cdot w^2 \qquad \text{Equação 2c}$$

Todo valor de w se associa a somente um valor de z, portanto a Equação 2c é uma função. Contudo, rearrumando os termos, obtém-se:

$$w = \sqrt{\frac{z}{k_1}} \qquad \text{Equação 2d}$$

16 Supõe-se $k_1 \neq 0$.

Agora, um valor de z se associa a dois valores de w (como no exemplo mais no início do capítulo, $\sqrt{25} = \pm 5$). Note que não estamos nos preocupando se z/k_1 é maior que zero, pois o problema continua o mesmo se estivermos no domínio dos Complexos ou no dos Reais.[17] Ou seja, a Equação 2d **não é** uma função, apesar de a Equação 2c ser. A Equação 2d se tornará uma função caso se delimite o conjunto da imagem aos Reais positivos (ou negativos), de modo que, então, para um valor de z seja associado, apenas, um valor de w.

Assim, de um modo geral, para as funções de interesse no presente livro, a partir de eventuais restrições nos conjuntos do domínio e/ou da imagem, sempre será possível fazer inversões nas equações (e nas inequações) de modo que uma variável dependente se torne variável independente e vice-versa.

Logo, como definiremos quais são as variáveis dependentes e as variáveis independentes em uma dada função? Basicamente, a resposta é: depende do contexto. Apesar de que, em termos práticos, a definição de qual é a variável (ou variáveis) dependente(s) fica a cargo do contexto do problema, em geral a variável (ou variáveis) independentes é(são) aquela(s) sobre a(s) qual(is) nós temos (ou exercemos) controle.

Considere o exemplo da corrida dado anteriormente. Se fixarmos a distância a ser percorrida (p. ex., 200 metros), o tempo para percorrer a distância passa a ser a variável dependente no problema. Se, por outro lado, fixarmos o tempo de corrida (p. ex., 30 segundos), a distância percorrida passa a ser a variável dependente.

Portanto, deste ponto em diante, não será dada ênfase à nomenclatura "variável dependente" ou "variável independente"; espera-se que as relações se tornem claras dentro do contexto do problema, fenômeno ou processo estudado. Geralmente, será utilizada "variável" com o intuito de se referir à variável independente.

Até aqui, caminhou-se a passos bastante lentos, detalhando, etapa por etapa, a construção do conceito de funções, da notação empregada, de gráficos etc. Contudo, escapa ao objetivo do presente livro ser um texto sobre matemática. Assim, deste ponto em diante, os conceitos e as construções continuarão a ser apresentados de modo detalhado, porém sem mais se ater a concepções básicas tanto de representação quanto de notação e nomenclatura.

Do ponto de vista matemático, existem infinitas funções. Pode-se estabelecer um sem-número de tipos de relações entre conjuntos numéricos e cada uma poderá ser uma função. Contudo, do ponto de vista do nosso Universo empírico, nem todas as relações fazem sentido, dos pontos de vista físico, químico, biológico etc. Assim, algumas funções se tornam mais relevantes (ou aparecem de forma mais repetitiva) nos modelos representativos de fenômenos fisiológicos. Sem a pretensão de ser um conjunto completo, são essas funções que serão discutidas nas próximas seções.

17 Os números complexos serão brevemente trabalhados na última seção deste capítulo.

POLINÔMIOS

Polinômios são funções formadas pela soma de potências da variável, e os expoentes das potências pertencem ao conjunto dos Inteiros positivos (portanto, números inteiros desde o zero), como explicitado a seguir. De fato, já nos deparamos com dois polinômios ao longo do capítulo: funções de valor constante e funções lineares são polinômios. Explicitamente, então, um polinômio p(x) tem a formulação geral ilustrada na Figura 3.

Como ilustrado na figura, um polinômio genérico tem infinitos termos que compõem a soma. Contudo, um polinômio específico p_n é composto pela soma de termos que vão de j = 0 até j = n, e é dito "polinômio de grau n". Para j > n + 1, todos os demais coeficientes a_j valem zero e, portanto, efetivamente, a soma se interrompe no enésimo termo. Os polinômios de interesse aqui são polinômios finitos de algum grau. Assim, serão discutidos os polinômios de grau n, sendo n um inteiro positivo específico.

Note que:

1. Para qualquer j pertencente ao conjunto {0,1,2 ... n}, o termo a_j pode ser igual a zero (ou seja, a potência x^j é multiplicada por zero e, portanto, deixa de fazer parte dessa função específica).
2. Se para todo j pertencente ao conjunto {0,1,2 ... n} o termo a_j é diferente de zero, então o polinômio é dito completo.
3. O primeiro termo na soma é $a_0 \cdot x^0$. Como $x^0 = 1$ para todo x, então o primeiro termo na soma vale, simplesmente, a_0. Esse é dito o termo independente ou a constante do polinômio,[18] e pode ser escrito como "c" (ou seja, $a_0 = c$).
4. O segundo termo na soma é $a_1 \cdot x^1$. Como $x^1 = x$, então esse termo é, simplesmente, $a_1 \cdot x$. Muitas vezes, por simplicidade, escreve-se, diretamente, $b \cdot x$ (ou seja, $a_1 = b$).
5. Se o polinômio é de grau 2 (p_2), ou de segundo grau, o termo a_2 é escrito, simplesmente, como a (ou seja, $a_2 = a$), e o polinômio como $p(x) = ax^2 + bx + c$. O formato gráfico desse tipo de polinômio é uma parábola.

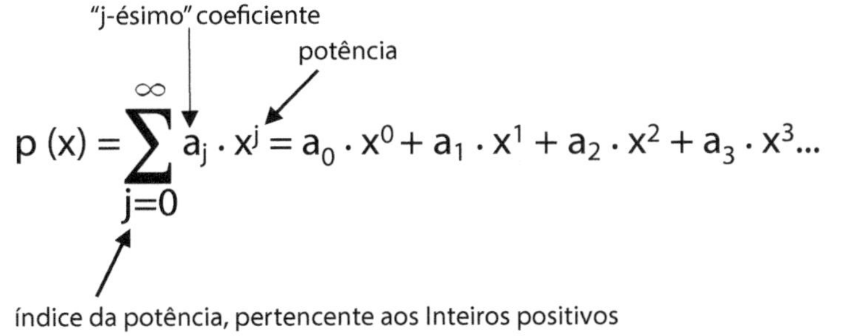

FIGURA 3 Polinômio p(x) em sua representação por somatório.
Fonte: elaborada pelo autor.

18 Há uma exceção para $x^0 = 1$, que é se x = 0, pois 0^0 não é definido. Contudo, isso não altera em nada o fato de o termo a_0 ser a constante do polinômio. A explicação de por que um número (que não zero) elevado a zero vale 1 é simples, porém fica além dos objetivos do presente livro.

TABELA 2 Exemplos de polinômios

#	Polinômio	O que é o polinômio
1	$y = c$	Função de valor constante
2	$y = bx + c$	Função de primeiro grau ou de reta (linear)
3	$y = bx$	Reta de intercepto nulo (i.e., $c = 0$)
4	$y = ax^2 + bx + c$	Função de segundo grau completa (quadrática)
5	$y = ax^2 + bx$	Função de segundo grau sem a constante (incompleta)
6	$y = ax^2 + c$	Função de segundo grau sem o termo linear
7	$y = ax^2$	Função de segundo grau simples
8	$y = ax^3 + bx^2 + cx + d$	Função de terceiro grau (cúbica) completa
9	$y = ax^4$	Função de quarto grau simples

Fonte: elaborada pelo autor.

A importância dos polinômios reside no fato de que uma série de operações é extremamente simplificada nessas funções. Além disso, polinômios são modelos que representam, bastante adequadamente, certos fenômenos ou processos. São alguns exemplos:

- A queda de massas em campos gravitacionais é dada por funções de segundo grau do tempo.
- A troca de energia por radiação térmica é dada por uma função de quarto grau da temperatura.
- A pressão de um gás tem uma relação linear com a quantidade de moléculas do gás presentes no dado volume.
- O fluxo de sangue em um vaso de pequeno calibre é uma função de quarto grau do raio desse vaso.

Além de serem modelos de certos processos e fenômenos, os polinômios podem ser utilizados como modelos em determinadas faixas de valores das variáveis. Vamos tomar o exemplo da relação entre número de potenciais de ação P em um axônio e a quantidade N de neurotransmissor liberada na fenda sináptica. Supondo que: 1) se não há potenciais de ação (i.e., $P = 0$), não há liberação de neurotransmissor (i.e., $N = 0$); 2) se P for "muito grande", a quantidade N liberada não consegue passar de um certo limite $N_{máximo}$ por motivos da própria dinâmica/síntese/captura do neurotransmissor (ou seja, como todo fenômeno biológico, existe saturação do processo). Então, para uma faixa de potenciais de ação na qual $N << N_{máximo}$, um possível bom modelo para a relação entre N e P pode ser escrito como:

$$N = k \cdot P$$

Sendo k a constante de proporcionalidade entre a quantidade de potenciais de ação e a quantidade de neurotransmissor liberada. Obviamente, k nada mais é que a inclinação "b" nos exemplos #2 e #3 da Tabela 2, com a constante $c = 0$ (pois supõe-se que, se não há potenciais de ação, não há liberação de neurotransmissor). Em outras palavras, foi montado um modelo linear da relação entre P e N, que nada mais é que um polinômio de primeiro grau, uma reta.

Como já citado, as relações lineares, representadas por retas, mantêm uma proporção fixa entre as variações. No exemplo de agora, se há uma quantidade P_1 de potenciais de ação, prevê-se N_1 como a quantidade de neurotransmissor liberada ($N_1 = kP_1$). Caso triplique a quantidade de potenciais de ação, tal que essa nova quantidade seja $P_3 = 3P_1$, tem-se: $N_3 = kP_3 = k(3P_1) = 3kP_1 = 3N_1$. Ou seja, com o triplo de potenciais de ação espera-se ter o triplo de liberação de neurotransmissor.

É importante ter em mente que as relações lineares não são, necessariamente, crescentes, ou seja, se a variável independente cresce, pode ocorrer de a função decrescer. Vamos considerar que um certo hormônio H, quando presente até uma certa concentração, iniba uma certa ação A em um certo tecido de modo linear. Um modelo para descrever esse fenômeno seria:

$$A = A_0 - s \cdot H$$

Sendo "s" a constante de proporcionalidade da relação entre o hormônio e a ação que está sendo inibida. A_0 é o valor da ação quando não há hormônio presente (nos exemplos dados na Tabela 2, é a constante "c" dos exemplos 1, 2, 4 e 6 e a constante "d" em 8). Como citado, os parâmetros e constantes serão positivos, com o sinal indicando a operação na função. Portanto, como $s \geq 0$, então, se H está presente, A se torna menor que A_0. Dessa maneira, monta-se um modelo linear da relação entre a concentração do hormônio H e a inibição de uma certa ação tecidual A. Esse modelo e o modelo anterior, da relação entre potenciais de ação e liberação de neurotransmissor, estão ilustrados na Figura 4.

Considere, agora, que dados experimentais sugiram que um hormônio H aumente uma certa atividade celular, por exemplo, a produção de uma proteína P. Contudo, esses dados experimentais também sugerem que, se H vai se tornando muito elevado, a produção de P vai, então, diminuindo. Portanto, neste caso, uma relação linear (uma reta) entre H e P não parece ser adequada para expressar o processo. O que fazer? Bem, uma primeira tentativa pode ser procurar outra função polinomial que possa modelar o processo na faixa de dados que se tem. Por exemplo, uma função quadrática (parabólica):

$$P = -aH^2 + bH + c$$

Note que o parâmetro "a" foi precedido por um sinal de menos. Isso faz com que a função seja crescente com H até um ponto de máximo e, então, passe a decrescer com o aumento de H, exatamente como os dados sugerem. Pontos de máximo e de mínimo serão tratados em uma seção mais adiante. A Figura 5 ilustra três possíveis curvas (parábolas) da relação entre P e H modelada por meio de um polinômio de segundo grau. As curvas ilustradas na Figura 5 são apenas alguns exemplos de polinômios de segundo grau.

Uma relação linear é caracterizada por dois parâmetros: a inclinação ("b") e o intercepto ("c"). Uma relação quadrática é caracterizada por três parâmetros: o intercepto ("c"),

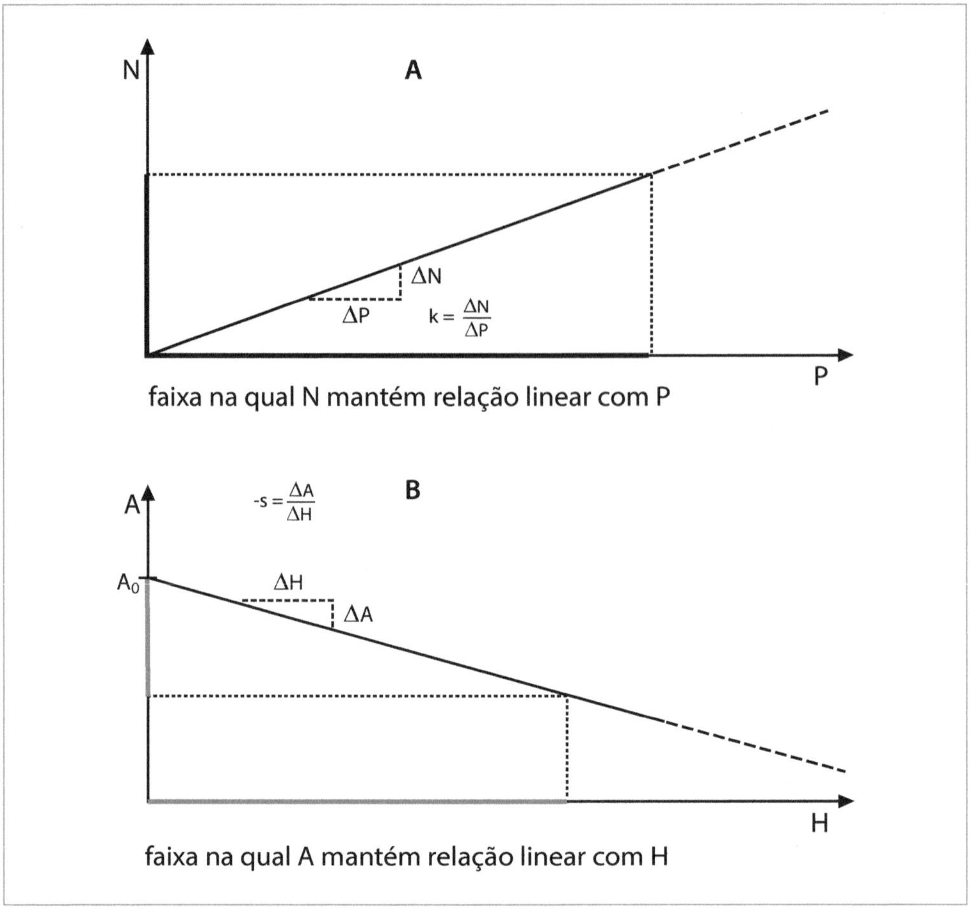

FIGURA 4 Representações esquemáticas das relações lineares construídas como modelos no texto. A: relação entre potenciais de ação P e liberação de neurotransmissor N: N = kP. B: relação de inibição da ação A por um hormônio H: $A = A_0 - s \cdot H$. Note que, se não há hormônio (H = 0), a ação é máxima e vale o intercepto $y = A_0$. Em ambos os painéis se encontram realçadas as faixas nas quais a relação é linear (delimitadas por linhas horizontais e verticais pontilhadas). Fora dessas faixas não se sabe como a relação se dá, e isso é indicado por linhas tracejadas na função. Também em ambos os painéis está ilustrada a razão de cada relação (a qual vale "k" em (A) e "–s" em (B)).
Fonte: elaborada pelo autor.

o coeficiente do termo linear ("b") e o coeficiente do termo quadrático ("a"). De acordo com a nossa convenção, o sinal que precede cada um desses termos indica a operação (soma ou subtração) na função. Dessa forma, se a constante c está sendo somada, o intercepto y se dá na parte positiva do eixo y; se está sendo subtraída, o intercepto y se dá na parte negativa do eixo y e se c = 0, o intercepto y ocorre em "y = 0".

Como já ressaltado, o intercepto y é o valor que a função assume quando a variável independente vale zero (em notação: f(0) = c). Nas Figuras 5A e 5C, o intercepto y se encontra na parte negativa do eixo y (no caso, P < 0), o que não tem sentido físico/químico/biológico. Contudo, na Figura 5B, o intercepto y se encontra na parte positiva do eixo y. Isso significa que, se o modelo é adequado, existe produção P da proteína mesmo

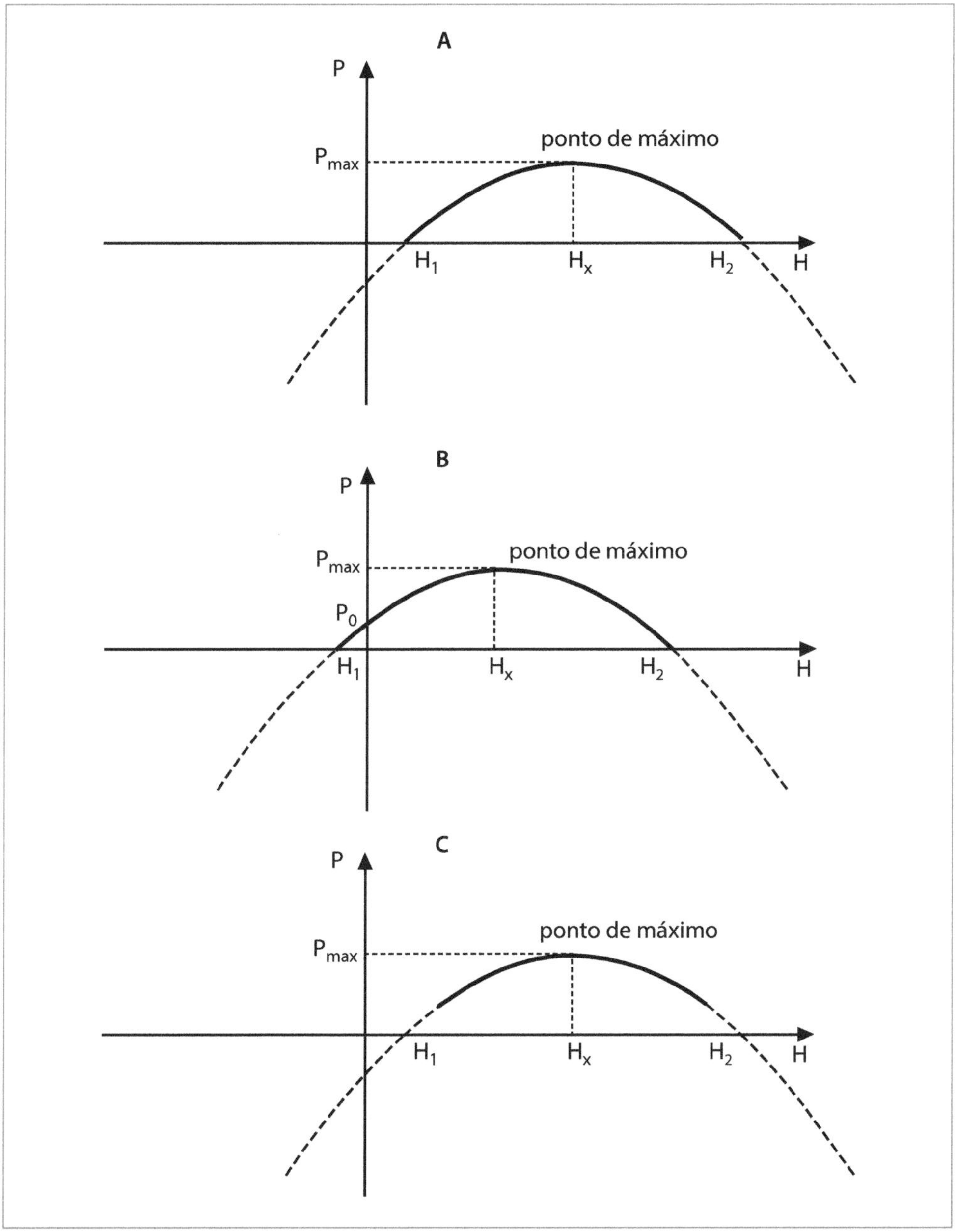

FIGURA 5 Exemplos de possíveis relações quadráticas entre o hormônio H e a produção de proteína P. Nos painéis estão ressaltados os valores de máximo de P (P_{max}), associados a um certo valor de H (H_x); estão ressaltados, também, os interceptos x (H_1 e H_2). As linhas tracejadas indicam que não se sabe o comportamento da relação entre H e P fora de uma determinada faixa (como na Figura 4) ou que os valores não fazem sentido físico/químico/biológico (p. ex., produção negativa de P ou concentrações negativas de H).

Fonte: elaborada pelo autor.

na ausência de hormônio H. Ainda na Figura 5B, se a concentração de hormônio atinge o valor H_2 (e $H_2 > H_x$ = valor de hormônio que causa a maior produção de proteína), P se torna zero. Ou seja, se a concentração de hormônio é igual ou maior que esse valor H_2, a produção de proteína fica totalmente inibida, de acordo com o modelo da Figura 5B. Note: *de acordo com o modelo.*

O mesmo ocorre no modelo representado na Figura 5A se $H \geq H_2$. Contudo, nesse caso, nota-se que existe outro valor, H_1, que também "zera" a produção P. Isso nos leva a um outro ponto muito importante nas funções: as raízes.

As raízes de uma função são os valores da variável independente que tornam a função igual a zero. Claramente, esses valores representam os interceptos x em gráficos. Em notação, $f(x_i) = 0$, sendo x_i cada valor da variável independente que torna a função igual a zero.

Em uma reta de inclinação não nula (ou seja, uma função do tipo $f(x) = b \cdot x \pm c$, com $b \neq 0$), há um intercepto x (ver Figura 4). Uma função quadrática tem dois interceptos x dependendo do valor da constante c. Contudo, mesmo nos casos nos quais não há nenhum intercepto x ou apenas um intercepto x (a parábola tangencia o eixo x), ainda há duas raízes. No primeiro caso, essas raízes não pertencem ao conjunto dos Reais, mas sim ao conjunto dos números Complexos. No segundo caso, o único intercepto x é dito ser uma "raiz dupla". Como talvez o(a) leitor(a) tenha inferido, um polinômio de grau n tem n raízes (mesmo que não haja n interceptos x). Assim, uma função cúbica tem três raízes, uma função de 8º grau tem 8 raízes etc.

De forma geral, para qualquer função f, cada valor x_i que faz com que a função f valha zero é dito uma raiz de f, mesmo que f não seja um polinômio. Isso não quer dizer que toda função tenha uma ou mais raízes. Existem funções para as quais não existe nenhum valor da variável independente que torne a função igual a zero. Em notação, escreveríamos: $f(x) \neq 0 \ \forall x$ (o símbolo "$\forall$" significa "para todo" – assim, a notação é lida como: a função de x é diferente de zero para todo x).

É claro que se tratando de modelos, apesar de a função poder ter uma ou mais raízes, o que ela representa biologicamente pode não ter essa opção. Voltemos ao caso da Figura 5C. A função que modela o processo tem duas raízes (H_1 e H_2), porém, pode ser que os dados experimentais não permitam estender as conclusões até esses valores (ou seja, há dados para concentração hormonal que são maiores que H_1 e menores que H_2), ou pode ser que, em termos biológicos (fisiológicos), estes valores de concentração hormonal não façam sentido (e, portanto, o modelo se restringe a uma faixa dos valores de H). Isso é o mesmo tipo de questão que se discute em relação a funções lineares (Figura 4B).

Por outro lado, como interpretar, fisiologicamente, o que está sendo descrito pelo modelo da Figura 5A? Nesse caso, o modelo leva a encontrar, de fato, dois interceptos x, H_1 e H_2. O caso $H \geq H_2$ já foi discutido. E para $H \leq H_1$? Aqui, a interpretação a ser dada é que, para concentrações hormonais menores que H_1, não há produção P da proteína. Ou seja, enquanto a concentração hormonal não atinge um valor mínimo (H_1), não se produz a proteína. Em notação, $P(0 \leq H \leq H_1) = 0$. Esse tipo de fenômeno é chamado de "zona morta". Um exemplo de "zona morta" que será encontrado é o da contração muscular: enquanto a força exercida pelo músculo não atinge o valor da carga que ele tem que mover, apesar de a força ser maior que zero, não há deslocamento da carga.

Finalmente, existe uma raiz que pode ser particularmente importante (ou interessante) fisiologicamente: a função vale zero quando a variável independente vale zero (em notação: $f(0) = 0$). Nesses casos (como o ilustrado na Figura 4A), tanto a função quanto a variável valem, simultaneamente, zero. Isso quer dizer o gráfico da função cruza o eixo x e o eixo y na origem definida por ($x = 0$, $y = 0$). Uma grande parte dos modelos fisiológicos implica esse tipo de raiz, pois fica implícito que, na ausência da variável independente, também não há variável dependente. Por exemplo, se não há oxigênio, não há hemoglobina combinada com oxigênio; se não há fluxo, não há velocidade do sangue etc.

Aparentemente, essa condição de $f(0) = 0$ é óbvia para muitos casos. Contudo, muitas vezes a modelagem incorre em um de dois tipos de erro: 1) o modelo não faz esse tipo de previsão quando deveria fazer – e, assim, o modelo pode prever coisas como uma "taxa de nascimentos apesar de não haver nenhum organismo progenitor"; ou 2) o modelo faz, erroneamente, esse tipo de previsão – e, assim, pode prever coisas como "sem hemoglobina não há oxigênio no sangue". Portanto, o(a) leitor(a) deve tomar cuidado para não se deixar levar a conclusões equivocadas por modelos não adequados. Particularmente os dois casos citados podem ser facilmente verificados para testar se o modelo apresentado faz previsões que tenham sentido.

Ao mesmo tempo, muitas vezes já se sabe de antemão que o modelo proposto para análise/interpretação é incorreto. Ou seja, já se sabe que o modelo não descreve, adequadamente, o fenômeno. Contudo, em uma certa faixa de valores das variáveis envolvidas, o modelo proposto descreve a relação entre elas de maneira satisfatória e, muito importante, de maneira simples. Assim, nesses casos, o uso de um modelo inadequado se justifica, principalmente quando seu objetivo é estabelecer uma relação quantitativa entre as variáveis dentro de uma faixa de valores, mas não explicar ou interpretar o processo como um todo.

Dentro desse contexto, modelos lineares ("retas") são extremamente úteis, pois são simples tanto para se obter a partir de dados experimentais quanto para estabelecer uma relação quantitativa. Por exemplo, pode-se tomar o processo ilustrado na Figura 5B e "expandir" a região entre $H = 0$ e $H = H_x$, ignorando todo o restante. Sabe-se que P vale P_0 se H vale zero, e que atinge um valor máximo para $H = H_x$, e diminui se H se torna maior que H_x. Logo, entre P_0 e $P_{max,}$, a relação entre H e P não pode ser linear (isso já se sabe, pois se colocou que a relação é dada por uma equação de segundo grau). Entretanto, entre H igual a zero e H igual a um certo valor h, sendo h menor que H_x, a função de segundo grau pode ser, de uma maneira razoável, aproximada por uma função linear (uma reta), como ilustrado na Figura 6. Assim, teríamos a situação descrita a seguir:

$$H = 0 \rightarrow P = P_0$$
$$H = h \rightarrow P = p$$

Uma equação de reta (uma função linear) tem o formato geral de: $f(x) = b \cdot x + c$. Quanto valem b e c?

Sabe-se que c é o intercepto y; logo $c = P_0$.

Sabe-se que b é a inclinação da reta, que vale:

$$b = \frac{\Delta f(H)}{\Delta H}$$

Podem-se escolher quaisquer pares de valores de f(H) e H para obter b. Assim, escolhem-se os valores que foram dados mais acima e tem-se:

$$b = \frac{\Delta f(H)}{\Delta H} = \frac{p - P_0}{h - 0} = \frac{p - P_0}{h}$$

Dessa forma, a função quadrática entre H = 0 e H = h teria sido linearizada, obtendo uma reta cuja inclinação vale $(p - P_0)/h$ e o intercepto y vale P_0. Sabe-se que **essa reta não é o modelo adequado do processo** como um todo, mas, pela facilidade de análise, é aceitável utilizá-la na faixa de valores de H escolhida. Outra faixa de valores de H poderia ter sido escolhida, e, então, seria obtida uma reta com intercepto y diferente de P_0 e inclinação diferente de $(p - P_0)/h$.

Como mencionado inicialmente, os polinômios são bastante úteis pela facilidade de aplicação e de interpretação. Em alguns casos, um polinômio é o modelo efetivo do processo estudado. Em outros, é uma aproximação razoável que simplifica a análise/interpretação do fenômeno, como no exemplo dado de linearizar um processo dentro de uma faixa de valores. Contudo, em muitos casos, polinômios não são um bom modelo do processo estudado, e outras funções devem ser aplicadas para a análise do fenômeno. Então, agora serão dadas outras funções que não são polinômios.

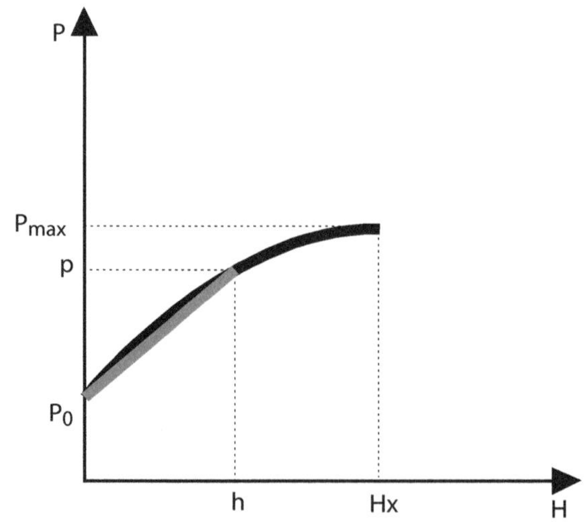

FIGURA 6 Substituição da equação de segundo grau (curva preta) por uma equação linear (reta cinza) em uma certa faixa de valores das variáveis H e P.
Fonte: elaborada pelo autor.

Logaritmos

Quanto vale 1.024 vezes 64 vezes 256? Para a maioria das pessoas, isso não parece ser uma conta simples de ser feita "de cabeça". Por outro lado, quanto vale 10 mais 6 mais 8? Bem, agora responder 24 não parece ser um grande desafio. E olhar, em uma tabela já feita, quanto vale 2 elevado a 24 parece ser mais simples e rápido do que fazer $1.024 \cdot 64 \cdot 256$.

Tempos atrás (muito tempo, na verdade), a função logaritmo cumpria exatamente este papel: transformar uma multiplicação em uma soma, a qual, posteriormente, era "retransformada" no valor da multiplicação, por meio de tabelas. Claro que, independentemente da época, a função logaritmo sempre poderá ser utilizada para transformar uma multiplicação em uma soma. Contudo, enquanto em tempos idos essa transformação era utilizada para facilitar a obtenção de valores (números), hoje se utiliza mais como ferramenta de análise (pois os valores numéricos podem ser obtidos facilmente em qualquer calculadora moderna). E é exatamente por sua relevância analítica que a função logaritmo é extremamente importante: ela permite a análise de fenômenos de caráter multiplicativo. Tudo isso será explicado no que se segue.

Inicialmente, será definido o que é o logaritmo de um número para, em seguida, transformar essa operação em uma função. Para tanto, é preciso definir potenciação.

Potenciação

Em parte, já se pressupõe que o(a) leitor(a) saiba o que se quer dizer com potenciação: os polinômios são potências inteiras e positivas da variável independente. Agora, essa operação será transformada em algo geral. Assim, o que significa x^4? Significa $x \cdot x \cdot x \cdot x$. E z^7? Significa $z \cdot z \cdot z \cdot z \cdot z \cdot z \cdot z$.

Ou seja, "x elevado a y" quer dizer "x vezes x" y vezes. Mas e se y for uma fração, 1/3, por exemplo? E se y for negativo? É possível fazer a potenciação? Sim, como será explicado em seguida.

Considere, inicialmente, a seguinte equação: $z = x^{⅓}$. Escrito dessa maneira, e pela definição de potenciação já dada, não parece haver como resolver o problema. Por outro lado, como citado no início do capítulo, uma operação, se feita em ambos os lados de uma equação, preserva a igualdade. Assim, o que parece ser uma boa ideia a fazer? Transformar o "1/3" em um número inteiro. Por exemplo, em 1. Como transformar 1/3 em 1? Multiplicando-se por 3. Do lado esquerdo, z está elevado a 1. Logo, fazendo a mesma operação em ambos os lados, tem-se:

$$z = x^{\frac{1}{3}} \leftrightarrow \left(z^1\right)^3 = \left(x^{\frac{1}{3}}\right)^3$$

$$\leftrightarrow$$

$$z \cdot z \cdot z = x^{\frac{1}{3}} \cdot x^{\frac{1}{3}} \cdot x^{\frac{1}{3}}$$

$$\leftrightarrow$$

$$z^3 = x^{\frac{1}{3}3} = x^1 = x$$

Assim, $x = z \cdot z \cdot z$, e, portanto, z é um número que, multiplicado por ele mesmo três vezes, resulta em x. As formas pelas quais se diz isso são: a) "z é igual a x elevado a um terço"; ou b) "z é igual a raiz cúbica de x". Em notação: (a) $z = x^{1/3}$; (b) $z = \sqrt[3]{x}$.

De maneira geral:

$$z = x^{\frac{1}{k}} \leftrightarrow z = \sqrt[k]{x}$$

E, como visto na operação feita com $\left(x^{\frac{1}{3}}\right)^3$, tem-se:

$$(x^m)^n = x^{m \cdot n}$$

E se o expoente for negativo?

Primeiro se deve entender o que ocorre quando se combinam dois expoentes positivos.[19] Por exemplo, quanto vale x elevado ao cubo vezes x elevado à quinta?

$$x^3 \cdot x^5 = (x \cdot x \cdot x) \cdot (x \cdot x \cdot x \cdot x \cdot x) = x^8 = x^{3+5}$$

Ou seja, o produto de duas potências (de uma mesma base – o "x" no exemplo acima) é a soma dos expoentes. Logo, o que ocorre se um dos expoentes for negativo? Por exemplo, se em vez de x^3 fosse x^{-3}?

$$x^{-3} \cdot x^5 = x^{-3+5} = x^2 = (?) \cdot (x \cdot x \cdot x \cdot x \cdot x)$$

Logo, o que está como uma interrogação entre parênteses corresponde a $1/x \cdot x \cdot x$; ou seja, um número elevado a um expoente negativo é igual ao inverso da potência positiva:

$$x^{-k} = \frac{1}{x^k}$$

Disso se obtém, diretamente, o valor de "x elevado a zero": qualquer número, que não o próprio zero, se elevado a zero, vale um. Ou seja:

$$x^0 = 1 \forall x \neq 0$$

Fica a cargo do(a) leitor(a) provar esse resultado.

Para os interesses na Fisiologia, dificilmente se encontra uma base negativa da potência. Ou seja, se a função for x^n, a maior parte dos casos terá $x > 0$. O expoente n, por outro lado, pode ser positivo ou negativo. Contudo, no intervalo $0 < x < 1$, a potenciação pode trazer surpresas para o desavisado.[20] Por exemplo, se $x = 0{,}4$ e $n = 2$,

19 De fato, isso já é o que se faz na própria definição da potenciação: veja o que ocorre com "z" no exemplo acima.

20 Note que, para $x = 0$, a potenciação resulta em zero se $n > 0$, não tem solução para $n = 0$ e, para $n < 0$, o resultado tende a infinito, não sendo, também, determinado. Para $x = 1$, a potenciação resulta em 1 para qualquer valor de n.

$x^2 = 0{,}16$, ou seja, um valor menor que 0,4. Por outro lado, se $n = -2$, $x^{-2} = 1/x^2 = 6{,}25$; e se $n = ½$, $x^{0{,}5} = 0{,}63...$, ambos agora maiores que 0,4. A Figura 7 ilustra quatro casos da função x^n, com $n = 3$, $n = 0{,}25$, $n = -0{,}5$ e $n = -2$. Note como o comportamento da função depende de x ser maior ou menor que 1. Passa-se, agora, aos logaritmos.

Logaritmo como um número

Considere a seguinte igualdade:

$$x = b^y$$

Ou seja, "x é igual a b elevado a y". Se soubermos quanto vale b e quanto vale y, descobrimos quanto vale x. Mas, e se soubermos quanto vale b e quanto vale x, como saber quanto vale y? Note que não há nenhuma operação como as vistas na potenciação

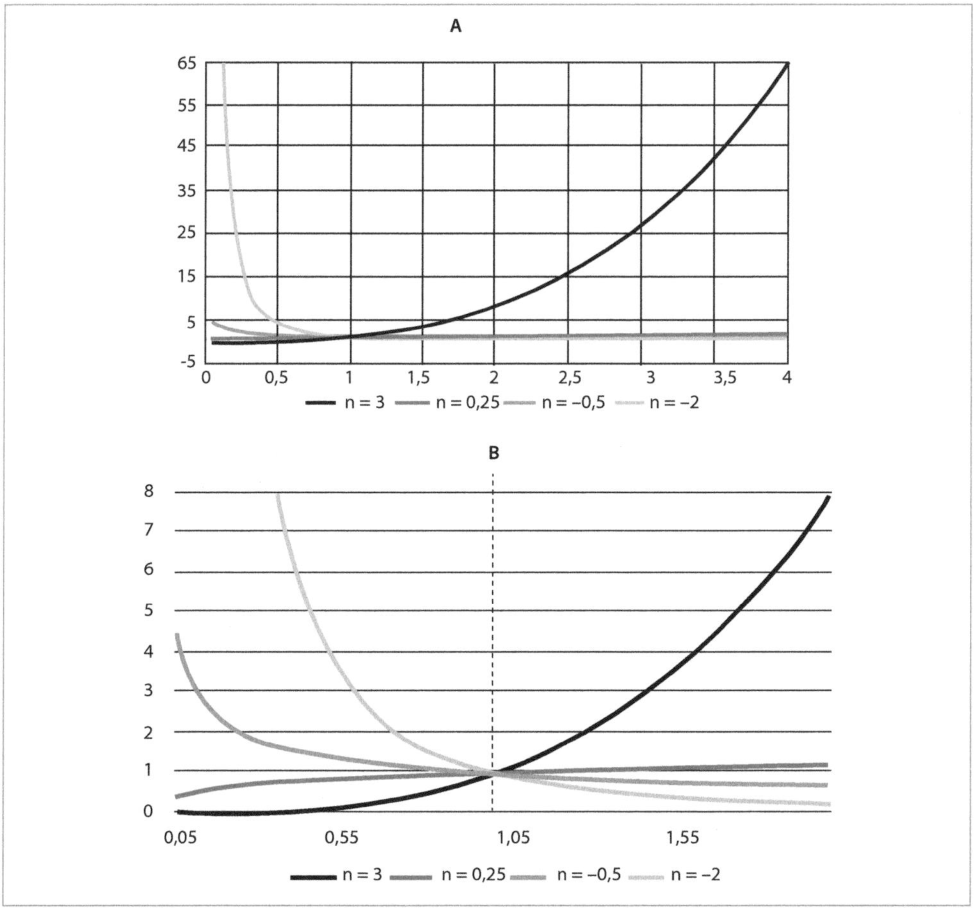

FIGURA 7 Gráficos da função para quatro valores diferentes de n. A: intervalo $0 < x \leq 4$. B: realce no intervalo $0{,}05 \leq x \leq 1{,}60$. Veja como as funções com diferentes valores de n se interceptam em $x = 1$. Note, também, a inversão que ocorre entre valores das funções à esquerda e à direta de $x = 1$.
Fonte: elaborada pelo autor.

mais acima que resolva o problema de saber o quanto vale y. O que se sabe é que y é um número que, sendo expoente de b, resulta em x. Esta pode ser, assim, a definição de logaritmo, indicado por log:

$$x = b^y \leftrightarrow y = \log_b x$$

Note que "b" aparece como um subscrito logo após "log"; "b" é a chamada "base do logaritmo". Para nossas finalidades, vamos considerar que x é um número Real positivo não nulo (ou seja, $x > 0$). É fácil notar que a base b não pode ser zero, pois criaria uma impossibilidade: $0^y = x > 0$. E a base b também não pode ser 1, já que 1 elevado a qualquer número continua sendo 1. Se $b = 1$, isso criaria um outro par de impossibilidades: a) se $x = 1$, $1^y = 1$, e, assim, y vale qualquer número; b) se $x \neq 1$, $1^y = x \neq 1$, o que não tem solução (como no caso de $0^y = x$ já colocado).

Usualmente, omite-se a base, pressupondo-se um valor sabido de antemão para ela. Isso ficará mais claro quando o logaritmo for tratado como uma função, na próxima seção. Assim, quando o(a) leitor(a) se deparar com algo como "log(x)", deve saber que o valor da base está subentendido como um valor predeterminado no contexto. Usualmente, mas não necessariamente, esse valor é "10". Outras tantas vezes, mais no contexto de informática e computação, esse valor é "2". Há, ainda, a possibilidade de o valor da base ser "*e*", o número de Euler, ou base dos logaritmos naturais; e habitualmente, mas nem sempre, esse caso é indicado como "ln(x)" em vez de "log(x)". A base dos logaritmos naturais será amplamente discutida mais adiante.

Considere que a base seja "10". Tem-se, então: $y = \log_{10} x \leftrightarrow x = 10^y$. Portanto, se $x = 1000$, $y = \log(1000) = 3$, pois $10^3 = 1000$. Por outro lado, se a base fosse "2" e $x = 128$, $y = \log(128) = 7$, pois $2^7 = 128$. Dessa forma, tem-se o logaritmo como um número.

Propriedades do logaritmo

O logaritmo possui várias propriedades, mas será dada especial atenção a algumas que são de potencial interesse em modelos de processos fisiológicos ou biológicos. Essas propriedades serão exploradas a partir da equivalência $x = b^y \leftrightarrow y = \log_b x$.

1. $\log_b b = 1$. Note que a equivalência leva a $b = b^y$, o que implica que $y = 1$.
2. $\log_b 1 = 0 \; \forall \; b$ (lembre-se que o símbolo "$\forall$" significa "para todo"), ou seja, independentemente da base, o logaritmo de "1" vale zero. Pe\la equivalência, $b^y = 1$. Como visto, na potenciação, o número no expoente que torna a potenciação igual a um é o zero, logo, $y = 0$ para qualquer base.
3. $\log_b x^a = a \cdot \log_b x$. Considere $x^a = b^z$. Mas sabe-se que $x = b^y$. Logo, como visto no que ocorre na potenciação, $x^a = (b^y)^a = b^{y \cdot a}$. Pela equivalência, $y \cdot a = \log_b x^a$, e como $y = \log_b x$, então $\log_b x^a = a \cdot \log_b x$.
4. $\log_b(x \cdot z) = \log_b x + \log_b z = y_x + y_z$ (note que foram utilizados os subscritos "x" e "z" para indicar que cada "y" é um valor correspondente a "x" e a "z", respectivamente). Pela equivalência, $x = b^{y_x}$ e $z = b^{y_z}$, assim $\log_b(x \cdot z) = \log_b(b^{y_x} \cdot b^{y_z}) = \log_b b^{(y_x + y_z)}$. Utilizando as propriedades (3) e (1), tem-se: $\log_b(x \cdot z) = (y_x + y_z) \cdot 1 = y_x + y_z = \log_b x + \log_b z$.

Esta última propriedade é a citada, no início desta seção sobre logaritmos, como a propriedade de transformar uma multiplicação em uma soma. Retornando ao exemplo dado, considere que a base seja 2 (i.e., b = 2). $1.024 = 2^{10}$, $64 = 2^6$ e $256 = 2^8$. Assim, $\log_2(1.024 \cdot 64 \cdot 256) = \log_2(2^{10} \cdot 2^6 \cdot 2^8) = 10 + 6 + 8$. Portanto, o resultado da multiplicação é 2^{24} (e, em tempos idos, existiam tabelas para ir da potenciação ao logaritmo e do logaritmo à potenciação). Apesar de, hoje em dia, para ter o valor numérico de uma multiplicação complicada recorrer-se a calculadoras eletrônicas ou computadores, com resultado vindo quase que instantaneamente, quando se deseja apenas uma aproximação ou ordem de grandeza, não um valor exato, essa propriedade é extremamente útil (Aproximações e Ordens de Grandeza serão apresentadas em uma próxima seção).

Mais ainda, quando o logaritmo é utilizado com uma função, as propriedades se tornam quase que a essência da importância dos logaritmos. Assim, passamos ao próximo tópico, que é o de tratar o logaritmo como uma função.

Logaritmo como função

Como visto, $\log_b(x)$ é um número. Contudo, nada impede que se escreva:

$$f(x) = \log_b x$$

Agora, tem-se o logaritmo como uma função. Como também foi visto, a base "b" é um número real, e vamos considerar apenas os casos com b > 1. O resultado da operação é, para números Reais positivos (i.e., x > 0), um número real (em notação, $f(x) \in \Re$). A Figura 8 ilustra o gráfico da função logaritmo para três bases diferentes (b = 2, b = **e**, b = 10). O que se pode observar?

A Figura 8A é uma visão panorâmica do comportamento da função log(x), enquanto a Figura 8B ilustra o comportamento da função para valores de x ao redor de 1. Na Figura 8A, observa-se que, independentemente da base escolhida, a função log(x) tem um mesmo tipo de formato (comportamento): para valores de x crescentes, a função log(x) também cresce; para valores de x tendendo a zero, a função log(x) é negativa e tende ao infinito negativo. Essa tendência ao infinito negativo é ainda mais bem observada na Figura 8B, a qual mostra que, independentemente da base, para x = 1, log(x) = 0 [propriedade (2) apresentada mais acima].

Dessa forma, no intervalo de x entre zero até um (em notação, $0 < x \leq 1$; ou ainda, $x \in\ ]0,1]$[21]), a função log(x) vai de valores extremamente negativos até zero (em notação, $-\infty < \log(x) \leq 0$; ou, ainda, $\log(x) \in\ ]-\infty,0]$[22]). Do "outro lado", ou seja, para x > 1, log(x) vai de valores próximos a zero até o infinito positivo (em notação, $\log(x) \in\ ]0,\infty[\ |\ x \in\ ]1,\infty[$; o símbolo "|" quer dizer "dado que" - assim, lê-se "a função logaritmo

21 Note que se utiliza o colchete invertido "]" antecedendo o "0" para indicar que o valor de x pode ser muito próximo de zero, mas não pode ser zero; enquanto o colchete não invertido seguido ao "1" indica que x pode assumir valores muito próximos de um, e, inclusive, o próprio um. Isso é chamado de "intervalo aberto" (no caso, aberto na extremidade inferior e fechado na extremidade superior).

22 Para infinito (∞), independentemente de se +∞ ou −∞, o intervalo é sempre dito aberto, pois o infinito não é um número especificado.

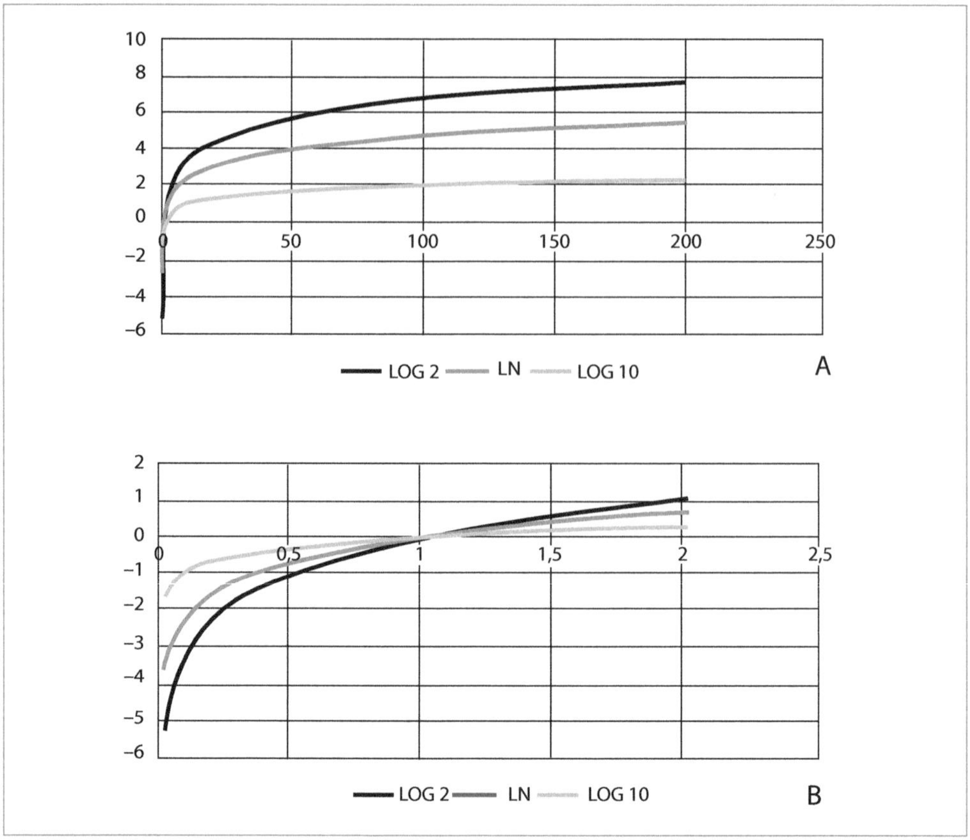

FIGURA 8 Gráficos da função log(x) utilizando três bases diferentes (2, **e**, 10). A: visão geral. B: região ao redor de x = 1 ampliada.
Fonte: elaborada pelo autor.

de x pertence ao intervalo aberto de zero ao infinito dado que x pertença ao intervalo aberto entre um e infinito").

Note, portanto, que log(x) "ocupa" um intervalo de valores entre infinito (negativo) e zero para x no intervalo entre zero e um; e "ocupa" um intervalo de valores entre zero e infinito (positivo) para x no intervalo entre um e infinito. Ou seja, a função log(x) "ocupa" intervalos de mesmo tamanho para dois intervalos de x. Como consequência, a função log(x) é útil para amplificar intervalos de valores pequenos de x. Por exemplo, suponha base = 10, e x entre 0,001 e 0,1. A função log(x) irá de −3 a −1. Se x estiver entre 10 e 1.000, a função log(x) irá de 1 a 3. Ou seja, para um intervalo de x de 0,999 (i.e., 0,1–0,001) e para um intervalo de 990 (i.e., 1.000–10), a função log(x), neste exemplo, "ocupa" intervalos de mesmo tamanho: 2.

Vamos considerar, agora, o seguinte exemplo: suponha que um certo som tenha uma certa amplitude "A" (volume, "altura"), determinada através de um certo aparelho (não importam as unidades nem, de fato, os valores). Para A = 21, um conjunto de N = 4 neurônios auditivos dispara potenciais de ação. Para A = 28, o conjunto que dispara potenciais de ação passa a ser de N = 8 neurônios. Para A = 35, o conjunto tem N = 16 neurônios disparando. A Tabela 3 apresenta os valores deste exemplo, e a Figura 9A ilustra o gráfico que seria obtido para o intervalo de valores contidos na tabela.

TABELA 3 Exemplo hipotético da relação entre amplitude A de um som e quantidade de neurônios ativados

Amplitude A do som	Número N de neurônios auditivos que disparam potenciais de ação
21	4
28	8
35	16
42	32
49	64
56	128

Fonte: elaborada pelo autor.

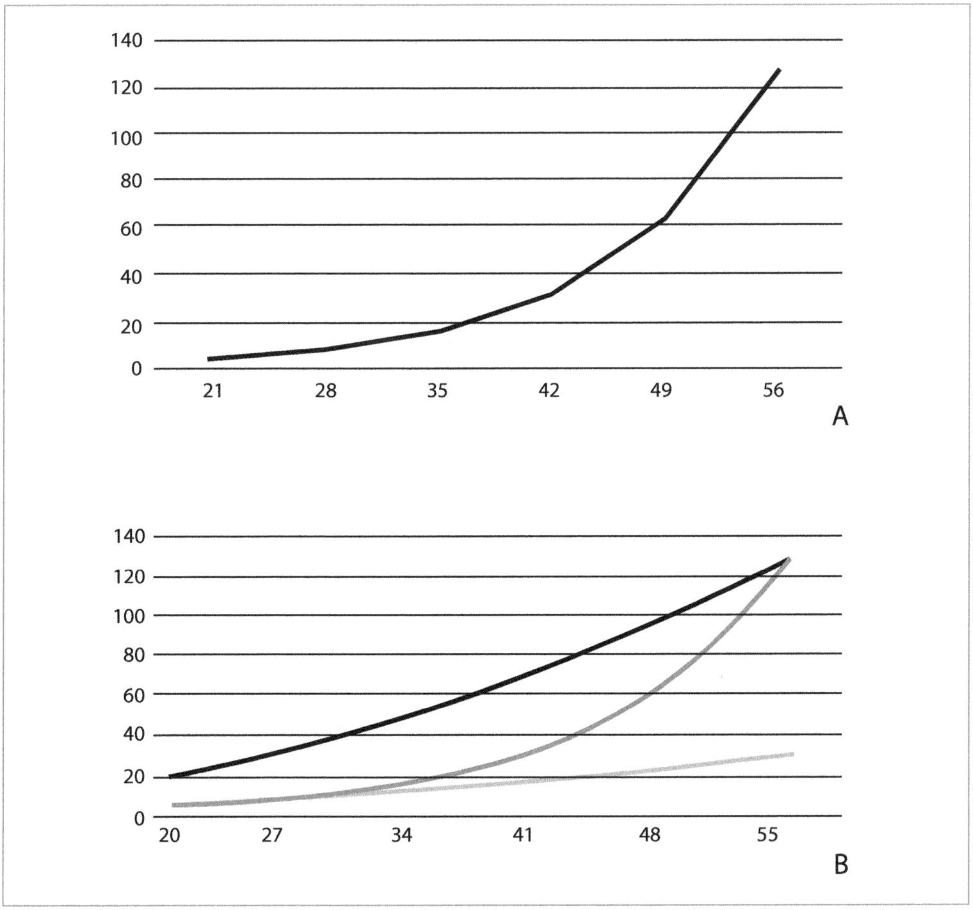

FIGURA 9 A: relação gráfica para os valores apresentados na Tabela 3. B: em cinza escuro, mesmo que em A, linhas preta e cinza claro: duas tentativas de ajuste dos dados por uma função quadrática.
Fonte: elaborada pelo autor.

Se a amplitude for A = 14, quantos neurônios ficam ativados? Zero? Ou será que ainda haveria alguns neurônios ativados nessa amplitude de som? E se a amplitude for A = 63, quantos neurônios disparariam potenciais de ação?

O número N de neurônios ativados parece ser, claramente, uma função da amplitude A do som. Mas qual função? Talvez uma função quadrática, do tipo $N = a \cdot A^2$. A Figura 9B ilustra duas tentativas de ajustar funções quadráticas à relação entre N e A. Como se nota, essa relação não parece ser adequadamente descrita por uma função quadrática. Já se pode adiantar que a relação entre N e A deste exemplo não é uma relação polinomial. Por enquanto, tem-se:

$$N = f(A)$$

Com f(A) ainda desconhecida. Vamos construir uma nova função, que chamaremos de n (note, "n" minúsculo, agora), sendo:

$$n = \log_b(N)$$

A Tabela 4 ilustra a relação entre N e n para três bases b diferentes. A Figura 10A ilustra os gráficos obtidos para essas bases.

TABELA 4 Exemplo hipotético da relação entre amplitude A de um som e quantidade

Amplitude A do som		n		
	N	$\log_{10}(N)$	$\log_3(N)$	$\log_2(N)$
21	4	0,60	1,26	2
28	8	0,90	1,89	3
35	16	1,20	2,52	4
42	32	1,51	3,15	5
49	64	1,81	3,79	6
56	128	2,11	4,42	7

Fonte: elaborada pelo autor.

Como se observa na Tabela 4, os incrementos na função n são fixos a cada passo de N. Isso pode não ser muito óbvio nas colunas "$\log_{10}$" e "$\log_3$", mas se torna evidente na coluna "$\log_2$", que tem incremento "1" a cada passo de N (para a coluna "$\log_{10}$", o incremento é de 0,3; já para a coluna "$\log_3$" o incremento é de 0,63).[23] Portanto, fica bastante sugestivo que a relação entre N e A segue uma função logarítmica (ou uma regra de potência). Escolhendo a base b = 2 e fazendo a relação entre n e A, obtém-se o gráfico ilustrado na Figura 10B. Como se nota, a relação se torna linear e é dada pela função:

$$n = \frac{(A - 7)}{7}$$

23 Não são discutidas mudanças de base, pois não é o propósito do presente texto. A título de curiosidade, $0{,}3 = \log_{10}(2)$ e $0{,}63 = \log_3(2)$.

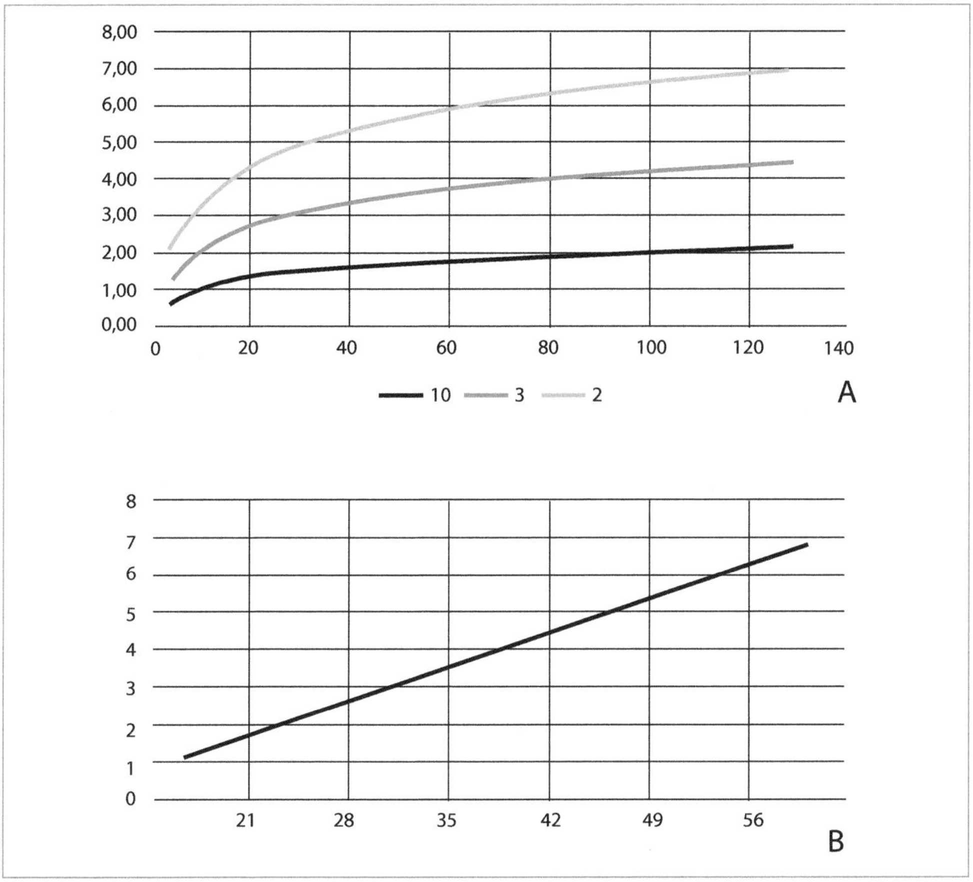

FIGURA 10 A: função para três bases diferentes (base 10 em preto, base 3 em cinza escuro e base 2 em cinza claro). B: no eixo x estão os valores da amplitude A e no eixo y estão os valores . Note como a relação se torna linear.

Fonte: elaborada pelo autor.

Retomando a Tabela 4, se A = 14, n = 1, e se A = 7, n = 0. Isso quer dizer que N, a quantidade de neurônios ativados pela amplitude A do som, será N = 2 e N = 1, respectivamente para os dois valores de A que acabaram de ser citados. Pode-se, utilizando a definição de n, escrever a função N de A:

$$n = \log_2(N) = \frac{(A-7)}{7}$$

$$\leftrightarrow$$

$$N = 2^{\left(\frac{A-7}{7}\right)}$$

Como exemplificado na Tabela 4 e ilustrado nas Figuras 7 e 9, a mudança da base do logaritmo não interfere nem no formato geral da função nem na linearização. Ou seja, se a relação original é uma lei de potência, independentemente da base, a transformação em logaritmo surge como uma relação linear. Isso será demonstrado agora. Considere $y = f(x)$:

$$y = a \cdot x^k$$

Sendo a e k constantes e aplicando log de base b em ambos os lados, tem-se:

$$\log_b(y) = \log_b(a \cdot x^k)$$

Pelas propriedades dos logaritmos, a equação acima se torna:

$$\log_b(y) = \log_b(a) + k \cdot \log_b(x)$$

Definem-se, então, $\log_b(y) = W$, $\log_b(a) = C$ e $\log_b(x) = Z$, e obtém-se:

$$W = C + k \cdot Z$$

O que dá uma relação linear entre as novas variáveis W e Z. A constante k, originalmente o expoente da relação entre y e x, agora se transforma na inclinação da reta da relação entre W e Z. O logaritmo do coeficiente a se transforma na constante C, que é o intercepto na relação entre W e Z [note que, se $a = 1$, $\log(1) = 0$ e, nesses casos, que são do tipo $y = x^k$, o intercepto em escala log vale zero].

Como se deve ter notado, a relação linear que se estabelece entre W e Z é **independente** da escolha da base b do logaritmo. O que se altera ao mudar de uma certa base b_1 para uma outra b_2? Os valores de W se alteram, os valores de Z se alteram e a constante C se altera (com exceção do caso $a = 1$ citado anteriormente). O valor da inclinação k permanece inalterado.

Dessa forma, lineariza-se uma relação do tipo $y = a \cdot x^k$ por meio da função log.

Outro exemplo de linearização, mais complicado e sutil, foi o dado para a relação entre amplitude A do som e disparos neuronais N. Ali, a função log foi aplicada somente para uma das variáveis, N, no caso. Isso é chamado de uma transformação (ou relação) semilogarítmica. A escolha da base interferiria na linearidade obtida entre n (minúsculo) e A? Não, como a Tabela 4 já mostra. O que ocorreria é que o termo (A-7)/7 seria diferente.

Como citado, geralmente se omite qual é a base que está sendo usada em um determinado caso, por dois motivos: 1) a escolha da base fica clara no contexto; ou 2) a escolha da base não importa no problema. Citamos, também, que as três bases mais comuns são a base 2, a base 10 e a base "natural" *e*.

A base 2 acaba sendo utilizada nos casos nos quais o fenômeno "dobra" a cada passo (como foi no exemplo da amplitude do som e os disparos neurais); a base 10 acaba sendo utilizada nos casos nos quais o fenômeno "decuplica" a cada passo. Ou, sob outra ótica, a base 2 mostra quantos "passos" são necessários para um determinado fenômeno dobrar de valor, a base 10 mostra quantos "passos" são necessários para um determinado fenômeno decuplicar de valor. E a base natural *e*, o que ela expressa?

Base dos logaritmos naturais – o número de Euler

Considere o seguinte problema: temos uma população que dobra o número de indivíduos a cada 10 anos, de modo que a população $P_2 = B_{10} \cdot P_1$, e, nesse caso, $B_{10} = 2$. Em outras palavras, a população na segunda década vale duas vezes a população da primeira década, em número de indivíduos. Aqui, o tempo é contado em unidades discretas de décadas, ou seja, uma década, duas décadas, três décadas etc.

Vamos escrever o coeficiente B_{10} como sendo $B_{10} = 1 + h_0$. Nesse caso, $h_0 = 1$, pois $B_{10} = 2$. Contudo, quantos indivíduos tem essa população após um ano, e não após uma década (considerando que a taxa de crescimento seja sempre a mesma)? Obviamente, não pode ainda ter dobrado, pois são precisos 10 anos para dobrar. Ao mesmo tempo, não pode ser o mesmo valor inicial (P_1), pois a população está em crescimento. Assim, deve haver uma taxa, B_1, relacionada com B_{10}, que indica o crescimento anual. Pode-se, facilmente, mostrar que:

$$B_1 = B_{10}^{\left(\frac{1}{10}\right)}$$

O que, escrevendo $B_1 = 1 + h_1$, significa que:

$$1 + h_1 = (1 + h_0)^{\left(\frac{1}{10}\right)}$$

E, por consequência, $h_1 << h_0$ (cuidado, aqui, com os índices de h e os índices de B, pois têm significados diferentes). E para saber a taxa diária de crescimento da população? Bem, então, tem-se:

$$B_{1:365} = B_1^{\left(\frac{1}{365}\right)}$$

Escrevendo $B_{1:365} = 1 + h_2$, tem-se:

$$1 + h_2 = (1 + h_1)^{\left(\frac{1}{365}\right)}$$

E, por consequência, $h_2 << h_1$.

E para saber a taxa de crescimento dessa população por hora? Pode-se escrever $B_{1:365:24} = 1 + h_3$ e sabe-se que $h_3 << h_2$, e obtemos as seguintes igualdades (note que os expoentes já estão invertidos):

$$(1 + h_0)^1 = (1 + h_1)^{10} = (1 + h_2)^{3.650} = (1 + h_3)^{87.600}$$

O que se pode notar? Que h_i diminui e o expoente aumenta. Assim, faz-se a seguinte pergunta: suponha que tenhamos um número que seja representado da seguinte maneira:

$$(1+\delta)^{\left(\frac{1}{\delta}\right)}$$

Se o fator δ tender a zero, 1/δ tende ao infinito. Um número elevado ao infinito tende ao infinito. Por outro lado, 1 + δ, com δ tendendo a zero, tende a 1; e 1 elevado a qualquer número, por maior que seja, continua sendo 1. Logo, há "duas forças" que se opõem: o expoente 1/δ que tende ao infinito e, com isso, tende a fazer com que a soma 1 + δ tenda ao infinito; e a soma 1 + δ que tende a 1 e, portanto, tende a continuar sendo 1 mesmo se elevada a um valor gigantesco.

O que ocorre, afinal?

Ocorre que $(1+\delta)^{\left(\frac{1}{\delta}\right)}$ tende a um certo valor quando δ tende a zero.[24] Esse valor é o número de Euler, denominado *e*, e é a base dos logaritmos naturais. Quanto vale *e*? O número de Euler é um irracional (portanto, não pode ser expresso como uma fração entre dois inteiros), sendo seu valor com aproximação até a décima casa decimal:

$$e = 2{,}7182818285...$$

Ou, em notação:

$$e = \lim_{\delta \to 0}(1+\delta)^{\left(\frac{1}{\delta}\right)} = 2{,}72\,...$$

Qual a importância desse número e por que é chamado de base dos logaritmos naturais? Como será visto em uma outra seção, *e* surge em processos naturais nos quais o crescimento (ou decréscimo) de uma certa quantidade depende dessa quantidade no instante anterior. Ou seja, *e* está relacionado ao crescimento (decréscimo) de uma quantidade em termos instantâneos nos casos nos quais tal crescimento (decréscimo) depende da quantidade no instante anterior.

No exemplo dado, a quantidade de indivíduos na população em certo instante depende da quantidade de indivíduos no instante anterior (note que, agora, a contagem de tempo não é mais discreta, em uma década, duas décadas etc., ou em um dia, dois dias etc., ou em uma hora, duas horas etc., mas sim em termos de "por unidade de tempo"). Outros exemplos de processos naturais: o decaimento radioativo de um certo composto; o esvaziamento de um reservatório de água através de um orifício a uma determinada profundidade; a taxa de formação de um produto em uma reação química deixada isolada em um tubo de ensaio; o resfriamento de um corpo previamente aquecido deixado à temperatura ambiente etc. De fato, há um sem-número de exemplos desse tipo de processo e, ao longo deste livro, inúmeras vezes se encontrará *e*, o número de Euler, tanto escrito de maneira direta, ou seja, *e*, quanto indireta, ou seja, como $ln(x) = log_e(x)$.

24 Exatamente o mesmo ocorrerá se, em vez de δ tender a zero, δ tender ao infinito. Fica a cargo do(a) leitor(a) pensar sobre isso.

Estimativas, aproximações, ordens de grandeza

Não é incomum pessoas das áreas de Ciências Biológicas acreditarem que "os números que são obtidos em uma determinada conta, ou para se fazer uma determinada conta, são, ou devam ser, **exatos**". Não é incomum acreditarem que estão "impedidas" de fazer certa conta por "não terem os números exatos" para a operação. Contudo, se pensarmos que a base da Biologia é a variação, até que ponto essa suposta **exatidão** deve ser perseguida? Se for lembrado que qualquer medida tem um erro associado e uma inexatidão do próprio sensor, até que ponto é possível ser **exato**? O último ponto será trabalhado a seguir.

Quando se faz uma medida de uma certa grandeza, utiliza-se algum tipo de sensor. Por exemplo, quando os pais medem a altura de seu filho, utilizam uma fita métrica e os olhos – ou seja, o par (fita métrica, olhos) compõe o sensor. Quando se mede o consumo de oxigênio de um animal, a câmara na qual o animal está instalado,[25] o fluxo de gás que por ela passa e o material que permite medir a concentração de O_2 no fluxo compõem o sensor. E assim por diante. Dessa maneira, considera-se existir um "valor verdadeiro" da variável que se está medindo, porém se obtém um "valor estimado" dessa variável em razão das imperfeições inerentes a qualquer sistema sensor. Esse valor estimado é tomado como o valor verdadeiro associado a uma certa inexatidão, chamada de incerteza.

Para esta discussão, que não é Estatística, existem dois tipos de incerteza no valor obtido: quão preciso o valor é e quão acurado o valor é. Ou seja, existem a **precisão** e a **acurácia** de uma certa medida. A **acurácia** é quão próximo o valor medido está do valor real da variável. A **precisão** é, para um conjunto de medidas feitas de uma mesma variável em um mesmo suposto valor verdadeiro, o quanto os valores obtidos estão próximos entre si. Um ótimo exemplo para entender a distinção entre **precisão**, **acurácia**, **valor verdadeiro** e **valor estimado** é um jogo de dardos ao alvo. Suponha que o valor verdadeiro seja o centro do alvo (é ali que queremos acertar) e que os locais nos quais os dardos se fixem sejam os valores estimados. Assim, imagine que se lançam cinco dardos (obtendo-se, portanto, 5 valores estimados). A Figura 11 ilustra quatro exemplos de "resultados" obtidos nesses lançamentos imaginários.

Como visto na Figura 11, ter grande precisão não implica grande acurácia (Figura 11C). Por outro lado, ter grande acurácia implica ter grande precisão (Figura 11D). Sem maiores preocupações com formalismos, pode-se, então, definir **acurácia** como **distância das medidas para o valor verdadeiro** e **precisão** como **o inverso do espalhamento das medidas**. Sabendo, agora, o que se quer dizer por precisão e por acurácia, e que o valor medido não é o valor real da variável, vamos procurar responder quão **exato** é preciso ser.

Suponha que alguém tenha feito uma medida da altura de uma criança em um ano e outra no ano seguinte. A primeira medida, A_1, foi reportada como sendo 1,184933347283 metro. A segunda medida, A_2, foi 1,23296 metro. Quantos metros (ou centímetros)

---

25 A câmara pode ser basicamente uma máscara sobre o rosto do indivíduo.

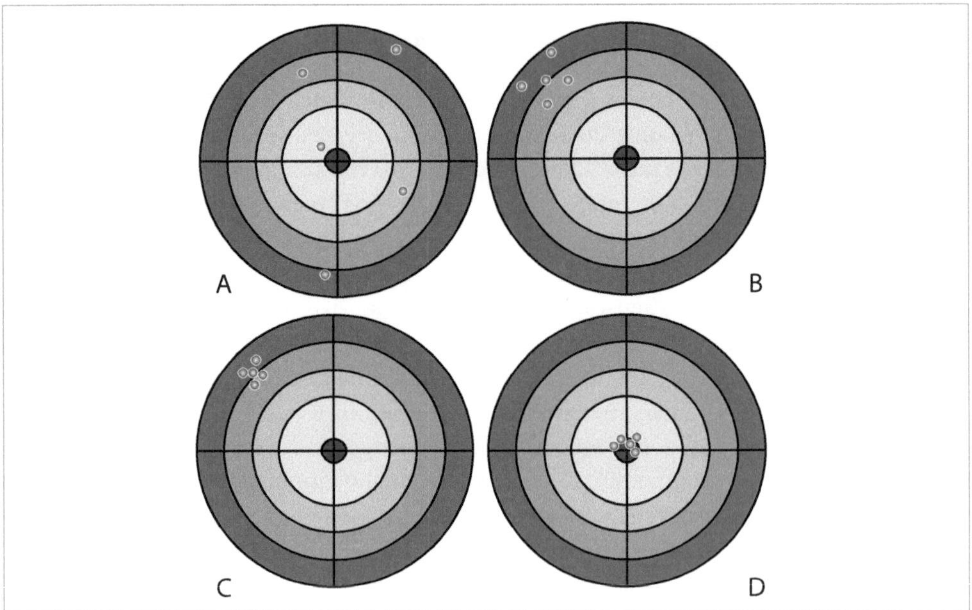

FIGURA 11 Relação entre precisão e acurácia. A: baixa precisão, baixa acurácia. B: precisão melhor do que em A, baixa acurácia. C: maior precisão, baixa acurácia. D: grande precisão, grande acurácia.
Fonte: elaborada pelo autor.

a criança cresceu entre as duas medidas? Bem, aquele que necessita dos tais "valores exatos" já se vê em um problema: a primeira medida veio com 12 casas após a vírgula enquanto a segunda medida veio "apenas" com cinco casas após a virgula. Ou seja, que valores colocar para "completar" essas casas? Será que esses valores podem ser tomados como "zeros"?

Esse exemplo com medidas de altura foi escolhido porque todos nós temos uma boa noção de quão "exatos" precisamos ser nessas medidas. A primeira medida, A_1, supõe que a pessoa que realizou a medição conseguiu ter uma "acurácia" da ordem do tamanho de um átomo (10^{-12} metro), enquanto a segunda medida, A_2, supõe que a pessoa conseguiu ter uma "acurácia" da ordem do diâmetro de um fio de cabelo.

Alguma dessas "acurácias" faz algum sentido na medida da altura de uma pessoa? Não. Simplesmente não faz sentido qualquer medida de altura de uma pessoa que vá além do "centímetro", ou seja, a segunda casa depois da vírgula. Por que? Porque qualquer alteração imperceptível de postura, qualquer alteração de disposição dos cabelos, qualquer alteração imperceptível no ângulo da medição etc., já causará grandes alterações na terceira casa depois da vírgula, ou seja, na ordem dos milímetros (10^{-3} metro). Portanto, se dissermos que a criança cresceu 0,05 metro (ou seja, 5 centímetros = 1,23 – 1,18) ninguém ficará descontente ou desconfiado, e esse valor parece ser uma ótima estimativa do crescimento dessa criança. Ao mesmo tempo, se outra pessoa tivesse feito as medidas (ou outro par de medidas) e calculasse que o crescimento foi de 4,8 centímetros, ou 5,3 centímetros, ninguém diria que são valores absurdos ou impossíveis. São tão razoáveis quanto os 5,0 centímetros. Mas, claramente, todos são valores aproximados.

Como mencionado, o exemplo foi escolhido pela sua obviedade. Porém, vejamos outras situações nas quais uma aproximação é o que nos basta, ou o que nos resta, para resolver um problema. Considere a seguinte questão: quanto pesa[26] uma baleia-azul viva? Sugere-se que o(a) leitor(a) perca alguns minutos pensando em como fazer para obter essa medida antes de prosseguir no texto.

A resposta pode parecer, para algumas pessoas, óbvia: pegue a baleia, coloque em uma balança e veja o valor. Pois bem, o primeiro problema é que a baleia teria de ser retirada da água, o que pode comprometer sua sobrevivência. Além disso, a água que ainda está na pele do animal teria de ser retirada, ou haveria uma pesagem com algumas dezenas de quilos, se não centenas, a mais. Em terceiro lugar, o animal tem de estar (ou ficar) imóvel, do contrário a balança, que nada mais é que um sensor de força, registrará o peso do animal acrescido ou decrescido de forças que ele exerça sobre a balança. Uma sugestão que alguns dariam seria de montar um enorme aquário sobre a balança, pesá-lo sem o animal e depois colocar a baleia dentro, e registrar a diferença. Contudo, isso contorna apenas o primeiro dos problemas. Se não se transferir o animal com a pele totalmente seca, muitos quilos de água serão acrescidos ao aquário. E se o animal puder se movimentar, as forças exercidas no sentido da gravidade surgirão como aumentos ou diminuições no valor que está sendo medido. Como se pode perceber, não é um problema simples, apesar de que, em várias outras situações, obter o peso de um animal é um procedimento simples. Nosso objetivo, aqui, não é obter o peso de uma baleia-azul viva, mas ilustrar a questão da busca, sem utilidade, pela exatidão.

Considere este outro problema: qual a fração de oxigênio no gás alveolar de um ser humano adulto médio em repouso? Obter a fração de um gás na fase gasosa (no caso, oxigênio no ar) não é difícil, pois é diretamente proporcional à pressão que esse gás exerce se fosse o único a ocupar o volume (isto é, a pressão parcial de um gás). Mas como obter o gás que está nos alvéolos pulmonares? E, mais ainda, como será visto no capítulo sobre sistema respiratório, alvéolos têm composições gasosas diferentes dependendo de sua localização ao longo do pulmão. Como no caso da baleia-azul, é preciso fazer uma **estimativa aproximada**. Não interessa, de fato, qual a composição gasosa alveolar, dado que isso será variável entre alvéolos e entre condições como repouso e exercício. Vamos tentar resolver essa questão, para ilustrar a ideia.

Sabe-se que um ser humano adulto médio em repouso tem uma taxa metabólica ao redor de 100 watts.[27] Isso corresponde a 300 mL de oxigênio sendo consumidos por minuto. Pode-se contar o número de ventilações por minuto que uma pessoa faz, e descobre-se algo entre 10 e 15 inspirações por minuto. Vamos supor 14. Cada inspiração move algo ao redor de 350 a 550 mL de ar. Vamos considerar 400 mL. A fração de oxigênio na atmosfera é ao redor de 0,21 (21%). Vamos à estimativa da fração de oxigênio no gás alveolar:

26 Neste ponto do texto ainda não será feita a diferenciação entre **massa** e **peso**.

27 O valor, de fato, é um pouco menor (e depende da massa corpórea), mas note que "100 watts" é mnemônico e nos supre a necessidade, já que estamos tratando exatamente da questão de aproximações e estimativas.

- Total de ar ventilado: 14 inspirações por minuto vezes 400 mL por inspiração = 5.600 mL por minuto.
- Total de oxigênio ventilado por minuto: 0,21 vez 5.600 mL = 1.176 mL de oxigênio por minuto.
- Total de oxigênio restante: 1.176 mL inspirados por minuto menos 300 mL de oxigênio consumidos por minuto = 876 mL de oxigênio restantes.
- Fração de oxigênio restante:[28] 876 mL de oxigênio divididos por 5.600 mL totais = 0,156.

Ou seja, em uma estimativa aproximada, a fração de oxigênio no gás alveolar é de 0,156 ou ao redor de 16%. Esse valor é próximo ao valor encontrado em alvéolos bem ventilados por ar e bem perfundidos por sangue.[29] Como se nota, a estimativa aproximada que se fez não envolveu nenhuma medida do gás alveolar como tal. Ela foi feita a partir de valores (médios) obtidos em outras medidas mais simples.

Suponha, agora, que a estimativa nos tivesse dado algo ao redor de 20,5%, ou seja, o ar entra com 21% e sai com 20,5%. Isso significa uma queda de 0,5%, enquanto a obtida anteriormente é de 5% (21% – 16% = 5%). Suponha que a estimativa da massa da baleia-azul tivesse resultado em 3.000 kg. Nos dois casos que acabaram de ser citados (0,5% de queda no oxigênio e 3.000 kg para a massa da baleia-azul), há um erro que se encontra na casa de umas dez vezes (5% = 10 · 0,5%). Deve-se desconfiar de algo de errado na estimativa. Por exemplo, pode-se ter utilizado 140 inspirações por minuto em vez de 14.

Como saber (ou melhor, como estimar) que está errado?

Para tal estimativa, utiliza-se a **ordem de grandeza** das variáveis envolvidas. A ordem de grandeza mais habitual é a da dezena. Como visto na seção sobre logaritmos, se for tomada a base 10, a cada vez que a grandeza decuplica, aumenta em 1 o valor obtido. Dessa forma, as ordens de grandeza são essas contagens de quantas vezes uma grandeza foi decuplicada.[30] Se tínhamos 1 e agora temos 10, houve aumento em uma ordem de grandeza. Se tínhamos 1 e agora temos mil, houve aumento de três ordens de grandeza. E, se tínhamos 1 e agora temos um centésimo (i.e., 1/100), houve um decréscimo de duas ordens de grandeza.

Retornando ao problema de estimar o erro cometido na estimativa feita, nota-se que 140 inspirações por minuto implicam mais de duas inspirações a cada segundo. Ou seja, em um segundo, a pessoa teria de inspirar e expirar mais que duas vezes. Uma breve observação e nota-se que inspiramos e expiramos uma vez a cada 3 a 5 segundos. Uma massa corpórea de 3.000 kg é, mais ou menos, a massa corpórea de um elefante, cujo comprimento é cinco vezes menor que o de uma baleia-azul.

---

28 O oxigênio retirado é substituído por outro gás, o carbônico. Supõe-se que essa substituição, o chamado **quociente respiratório**, é na base de 1 para 1 (o quociente respiratório é discutido no capítulo "Respiração" do volume 2 e no capítulo "Energética" do volume 3 desta obra). Além disso, supõe-se que os volumes molares do O_2 e do CO_2 sejam iguais (não são, mas isso faz parte da aproximação que está sendo ilustrada).

29 O assunto da relação ventilação/perfusão alveolar é apresentado no capítulo "Respiração" do volume 2.

30 No caso de ser utilizada a base 10 como a base da ordem.

Agora a estimativa da fração de oxigênio no gás alveolar será revista. As seguintes ordens de grandeza estão envolvidas (note que o que será feito, agora, não é o valor a ser utilizado, e sim a ordem de grandeza desses valores):

A. Número de inspirações por minuto ➔ 10
B. Volume por inspiração (em litros) ➔ 0,1
C. Fração de oxigênio no ar ➔ 0,2
D. Oxigênio consumido (em litros) ➔ 0,1

Portanto, o total ventilado por minuto deve estar na ordem de 1 litro (10 vezes 0,1); a fração de oxigênio é 0,2, o que dá um total ventilado na ordem de 0,2 litro (0,2 vez 1). O consumido está na ordem de 0,1. Portanto, a queda deve estar na ordem de 0,1 (0,2 - 0,1) dividido pelo total ventilado, ou seja, 0,1/1 = 0,1 = 10%. Estimamos uma queda de 5%, que está na ordem de grandeza esperada de 10%. Já 0,5% se encontra em uma ordem de grandeza abaixo da esperada.

Outro exemplo: estime a quantidade, em massa, do íon sódio (Na^+) total em uma mulher adulta jovem com massa corpórea de 55 kg (será utilizado M_b para se referir à massa corpórea e, neste exemplo, M_{Na} será a massa total de sódio). A resposta será elaborada mais abaixo. Antes, porém, sugere-se que o(a) leitor(a) tente resolver o problema por sua conta.

Assim, a primeira etapa é estabelecer um conjunto de suposições acerca do problema e uma segunda etapa ter uma listagem das variáveis necessárias para buscar a solução a partir daquelas suposições. Após essas duas etapas, estabelecer a ordem de grandeza na qual a solução deve se encontrar. Portanto, quais são as suposições e variáveis e qual a ordem de grandeza esperada?

Suposições:

1. O sódio se encontra em solução na água do organismo (ou seja, o sódio ligado a moléculas orgânicas não será levado em conta).
2. A água corpórea é uma fração (porcentagem) da massa corpórea.
3. *Grosso modo*, há três grandes compartimentos de água no organismo: o intracelular e o extracelular, este último composto do fluido intersticial e do fluido intravascular (plasma).
4. Os compartimentos de água são compostos por frações da água corpórea total.
5. A densidade da água, ρ, pode ser considerada como 1 kg/L.
6. O quanto a pessoa está ingerindo e/ou perdendo de sódio em um determinado instante não é relevante para a solução (essa suposição é o que se chama de **regime permanente**[31]).
7. As concentrações de sódio nos diferentes compartimentos de água do organismo são conhecidas.

31 Em inglês, é o chamado *steady-state*.

Variáveis:

1. Massa corpórea (M_b).
2. Massa total de água (M_a).
3. Massa de água em cada compartimento i ($M_{a,i}$).
4. Volume de água em cada compartimento i ($V_{a,i}$).
5. Massa atômica do sódio (m).
6. Concentrações de sódio nos compartimentos (c_i).

Ordem de grandeza:

1. Um organismo não é formado somente por sódio, logo a massa de sódio deve ser menor que a massa do indivíduo (apesar de aparentemente óbvia, essa constatação é importante pelo simples motivo de que, ao terminarem as estimativas, muitas vezes a pessoa não se dá conta de que chegou em um valor absurdo – veja o exemplo mais acima da ventilação por minuto ser de 56 litros (140 vezes 400 mL): isso corresponde a ventilar, por minuto, o volume de um indivíduo), e, como o sódio está dissolvido na água corpórea, sua massa deve ser inferior à massa de água ➔ $M_{Na} < M_a$.
2. A massa total de sódio deve ser maior ou igual à massa de sódio em cada um dos compartimentos (novamente, uma constatação que parece óbvia, mas que pode, no desenrolar das contas, passar desapercebido que algo deixou de ser somado) ➔ $M_{Na} \geq M_{Na,i}$.

Como se percebe, não se estabeleceu, de fato, a ordem de grandeza, mas apenas os limites inferior e superior nos quais a nossa estimativa deve se encaixar. Para estimar a ordem de grandeza são necessários alguns outros valores um pouco mais complicados e será feita **após** a estimativa da massa de sódio, como método de conferência do resultado. Em outras palavras, tendo as "suposições", as "variáveis" e a "ordem de grandeza" já estabelecidas, a estimativa a ser feita deve ser a aproximação correta, mesmo sem saber, de fato, a ordem de grandeza esperada. Passa-se, agora, à estimativa:

- Fração de água corpórea em uma mulher adulta: 0,5 (50%). Portanto, a massa de água estimada é: $0{,}5M_b = M_a = 27{,}5$ kg.
- O compartimento intracelular, IC, tem ⅔ da água corpórea. Portanto, a massa de água dentro das células é estimada em: $M_{a,IC} = (2/3)M_a = 18{,}3$ kg.
- Logo, o volume do compartimento intracelular e o volume do compartimento extracelular são: $V_{a,IC} = \rho \cdot M_{a,IC} = 18{,}3$ litros; $V_{a,EC} = \rho \cdot M_{a,EC} = \rho \cdot (1/3) M_a = 9{,}2$ litros.
- Do fluido extracelular, ¼ se encontra no plasma. Assim: $V_{a,plasma} = 1/4 V_{a,EC} = 2{,}3$ litros. Portanto, o extracelular do interstício (ou seja, não plasma) tem: $V_{a,inter} = 3/4 V_{a,EC} = 6{,}9$ litros.
- Concentrações de sódio:
  - Concentração de sódio intracelular média: 15 milimolar.
  - Concentração de sódio plasmática média: 142 milimolar.

- Concentração de sódio intersticial média: 138 milimolar.

- Note que 1 milimolar é 1/1000 de 1 molar, ou seja, 1 mM = 10^{-3} M. A quantidade total de sódio em cada compartimento é a concentração de sódio no compartimento multiplicada pelo volume do compartimento. Essas quantidades serão deixadas indicadas por Na_i, por facilidade de notação. Assim:
  - $Na_{IC} = 15 \cdot 10^{-3} \cdot 18{,}3 = 0{,}275$ mol.
  - $Na_{plasma} = 142 \cdot 10^{-3} \cdot 2{,}3 = 0{,}325$ mol.
  - $Na_{interstício} = 138 \cdot 10^{-3} \cdot 6{,}9 = 0{,}950$ mol.
- Portanto, em mol, a quantidade total de sódio nessa mulher é estimada em:
  - $Na_{total} = 0{,}275 + 0{,}325 + 0{,}950 = 1{,}55$ mol.
- A massa atômica do sódio é de 23. Assim, cada mol de sódio tem 23 gramas. Dessa forma, a massa total de sódio no organismo dessa mulher é estimada em:
  - $M_{Na,TOTAL} = 1{,}55 \cdot 23 = 35{,}6$ gramas.

Para checar se o resultado se encontra dentro dos limites de grandeza pressupostos, verifica-se que a massa de água total é de 27,5 kg (ou 27.500 g), logo a massa de sódio é (bem) menor que a massa de água, como pressuposto. Verifica-se, também, que 35,6 g é mais do que a massa de sódio em cada compartimento, como pressuposto. Portanto, dadas as suposições, as variáveis e os limites de grandeza colocados para a estimativa, o valor de 35,6 gramas de sódio parece ser uma aproximação razoável da massa total de sódio no organismo dessa mulher.

Note que 35,6 g não é, necessariamente, a massa de sódio a ser encontrada em uma mulher adulta de 55 kg. Estes 35,6 g são uma **estimativa aproximada** do que se espera encontrar.

Agora, será feita uma estimativa da ordem de grandeza em que se esperaria encontrar a massa de sódio. A concentração de água é de 55,6 M (ou seja, cada litro de água contém 55,6 moles de água), e o peso molecular da água é de 18. Assim, a massa molecular da água (18) e a massa atômica do sódio (23) se encontram na mesma ordem e a relação entre elas é, para fins de aproximação, 1. A concentração de sódio está na ordem de 0,1 M (no fluido extracelular) e de 0,01 M (no fluido intracelular). Considerando os ⅔ do compartimento intracelular e os ⅓ do extracelular, a ordem é algo ao redor de 0,04 M.[32] Dessa forma, tem-se uma razão de 1.000 para 1 entre água (55,6 M) e sódio (0,04 M), uma vez que a razão entre massas ficou próxima de 1. Isso leva a que se espere uma massa de sódio com ordem de grandeza de um milésimo da massa de água. A massa de água estimada foi de 27,5 kg e a de sódio, de 35,6 g, exatamente dentro da ordem de grandeza esperada.

32 Esses 0,04 M são estimados com uma ponderação levando em conta os ⅔ e ⅓ citados: $(2\cdot 0{,}01 + 1\cdot 0{,}1)/3 = 0{,}12/3$.

Mais sobre gráficos

Assíntotas

Foram vistos, anteriormente, alguns dos elementos fundamentais para a construção de gráficos em geral. Agora, serão complementados com alguns outros elementos importantes, tanto de maneira geral quanto para fenômenos biológicos, em particular. Para tanto, serão trabalhadas duas afirmações acerca de fenômenos e processos biológicos em geral.

Veja a afirmação feita anteriormente no exemplo da relação entre potenciais de ação P e liberação de neurotransmissor N: todo fenômeno ou processo fisiológico sofre **saturação**. O que isso quer dizer? Isso quer dizer que, mesmo que um certo estímulo aumente cada vez mais, o processo correspondente à transdução de tal estímulo em alguma resposta orgânica não continua crescendo de maneira irrestrita; em algum ponto o processo atinge um máximo e desse ponto não passa.

Assim, serão considerados alguns exemplos. Ao se colocar uma pessoa ou um animal para correr em uma esteira rolante e ir aumentando a velocidade progressivamente, chega-se a uma velocidade da qual a pessoa ou o animal não consegue passar, mesmo que a esteira aumente ainda mais sua velocidade. Ou seja, a pessoa ou o animal atingiu um ponto de saturação de sua taxa de transferência de energia química em mecânica e não consegue mais aumentar a velocidade. Se a intensidade de um odor em um ambiente for aumentada, os neurônios sensores daquele odor aumentarão, progressivamente, sua taxa de disparos, atingindo um máximo dessa taxa e, então, mesmo que se aumente a quantidade da substância que exala o odor, os neurônios não mais aumentam sua taxa de disparos. Se a pressão parcial de oxigênio for aumentada em uma fase gasosa em contato com uma amostra de sangue, a quantidade de moléculas de hemoglobina ligadas a moléculas de oxigênio vai sendo aumentada. Porém, quando "todas"[33] as moléculas de hemoglobina estiverem ligadas a moléculas de oxigênio, mesmo se a pressão parcial desse gás for aumentada, não haverá aumento da quantidade de oxigênio ligada à hemoglobina.

As relações utilizadas como exemplos da relação entre potenciais de ação e liberação de neurotransmissor, ou a inibição de uma ação por um certo hormônio, foram relações lineares. Essas relações não apresentam saturação. De fato, nenhum polinômio (do qual as relações lineares fazem parte) apresenta saturação: o crescimento da variável independente é sempre acompanhado por um aumento (ou diminuição) da variável dependente.

A segunda afirmação é que em processos fisiológicos não existem quantidades negativas. Pode-se ter um potencial de membrana negativo, em decorrência de uma quantidade de cargas negativas maiores em uma das faces da membrana, mas isso não

33 O motivo para colocar "todas" entre aspas é porque, em termos químicos microscópicos (ou moleculares, se preferir), as ligações são eventos probabilísticos e se formam e se desfazem de maneira aleatória. Portanto, a saturação em uma reação química é definida macroscopicamente, mas, em termos moleculares, haverá sempre algumas moléculas de hemoglobina que não estão ligadas a quatro moléculas de oxigênio – a ligação da hemoglobina ao oxigênio é assunto de outro capítulo.

pode e não deve ser confundido com uma "quantidade negativa" de ânions:[34] a quantidade de íons com carga negativa é maior ou igual a zero. Pode-se ter uma pressão negativa nas veias intracranianas em uma pessoa em pé, porém esse negativo é em relação à pressão ambiente: o líquido dentro dos vasos continua, em relação ao zero absoluto de pressão, tendo pressão positiva. É possível haver processos inibitórios que serão modelados por meio de um sinal negativo "–" (como no exemplo de uma ação de um tecido sendo inibida por um certo hormônio), mas isso não significa que a atividade que gera a inibição seja negativa. A atividade está presente.

Vemos que, novamente, polinômios não apresentam essa propriedade.

Portanto, polinômios, incluindo as relações lineares, servem como modelos restritos a certas faixas de valores das variáveis. Como bem ressaltado anteriormente, as relações lineares são muito importantes pela facilidade de interpretação e análise que permitem, e praticamente o mesmo tipo de comentário serve para polinômios em geral.

Como identificar fenômenos com saturação? Para isso é introduzido, aqui, o conceito de **assíntota** e/ou **comportamento assintótico**. O termo assíntota tem origem grega, ἀσύμπτωτος (cujo sentido é "não caindo juntos"), e faz referência a uma curva que tende a se aproximar cada vez mais de uma reta especificada, porém sem nunca tocá-la. Há três tipos de assíntotas: verticais, oblíquas e horizontais. O caso que interessa aqui é o das assíntotas horizontais.

Assim, dada uma reta de valor constante (e, portanto, uma reta horizontal), uma assíntota a essa reta será uma curva que tende a se aproximar dela. Se a variável que está sendo representada no eixo x não pode assumir valores negativos (como já citado), conforme o valor da variável no eixo x tende ao infinito a curva se aproxima mais e mais de tal valor constante. Se a variável no eixo x puder assumir valores negativos, a assíntota poderá ser, então, relacionada a tender ao valor constante da reta conforme a variável representada no eixo x tende ao infinito negativo. A Figura 12 ilustra vários casos de comportamento assintótico (horizontal).

O X_{50}

Como se percebe pela Figura 12 e pela definição de assíntota, matematicamente uma função com comportamento assintótico vai se aproximando de um certo valor sem nunca o atingir. Tal valor é denominado "valor-alvo". Em termos práticos, um processo com comportamento **descrito** por uma função assintótica atinge um certo valor, que pode ser então chamado, de maneira correspondente, por valor-alvo (agora, o atingido pelo processo/fenômeno). A pergunta é: em que valor da variável independente o valor-alvo foi atingido? Sabe-se que, matematicamente, isso não ocorre. O que fazer, então, em termos práticos?

Considere a seguinte situação: uma pessoa está em repouso, com frequência cardíaca média de 72 batimentos por minuto (bpm). Então, ela passa a fazer uma atividade

34 Ânions: íons com carga elétrica negativa. Cátions: íons com carga elétrica positiva. Note que a carga ser "negativa" ou "positiva" é mera convenção feita pelos seres humanos. O "negativo" não significa que os ânions estejam em **quantidades** negativas ou, muito menos, que sejam "coisas negativas".

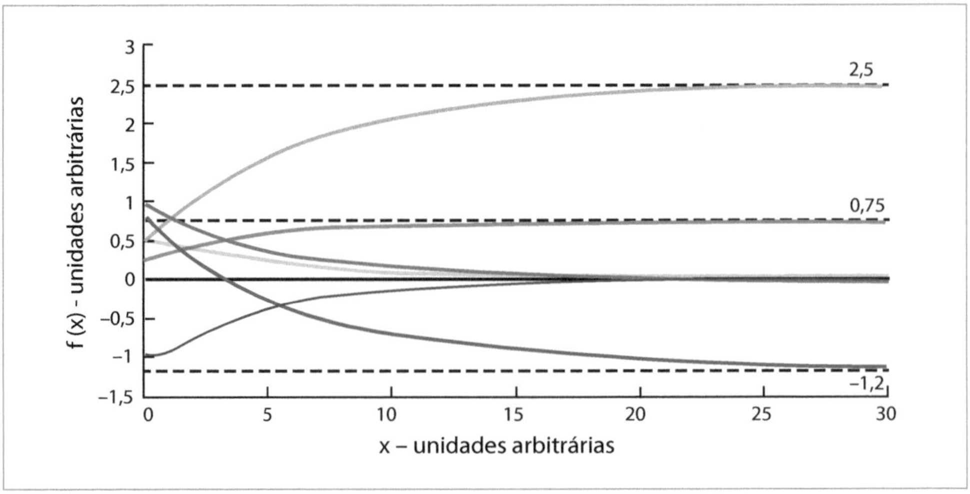

FIGURA 12 Exemplos de assíntotas horizontais.
Fonte: elaborada pelo autor.

física, caminhar, por exemplo e, após um certo tempo, sua frequência cardíaca passa a ser, em média, 94 bpm. A Figura 13 ilustra o perfil da frequência cardíaca ao longo do tempo. No gráfico A, ilustra-se a função matemática que descreve o processo. No gráfico B, ilustra-se uma simulação de como seriam os dados reais coletados. Como se pode perceber em B, em algum momento registram-se 94 bpm. Porém, pouco depois, encontram-se valores abaixo de 94 bpm, posteriormente, acima, e assim por diante. Ou seja, apesar de o valor "94 bpm" surgir em medições reais, utilizar o tempo no qual esse valor foi obtido pela primeira vez como tempo para atingir o valor-alvo é ilusório.

Dessa maneira, nem os dados reais nem a função matemática que os descrevem permitem estabelecer o tempo no qual o valor-alvo é atingido.

A Figura 14A ilustra o processo da mudança de frequência cardíaca de 72 para 94 bpm utilizada como exemplo, em dois indivíduos diferentes. Ambos iniciam em 72 bpm e terminam em 94 bpm, em média, porém com dinâmicas diferentes.[35] Se utilizar o tempo para o primeiro registro do valor-alvo não tem fundamentação alguma, como discriminar essas duas dinâmicas?

No exemplo trabalhado, a amplitude total da mudança é de 22 bpm (94 – 72). Portanto, pode-se utilizar uma fração dessa amplitude total como marco da dinâmica (não se pode tomar a amplitude total, pois ela somente é atingida em "tempo infinito"). Existem várias frações que são utilizadas, dependendo da área. Nas Biociências, é costume utilizar metade da amplitude para caracterizar a dinâmica. Como ½ = 50%, esse valor é chamado de "X_{50}". O X_{50} é, portanto, o valor da variável independente ("X") no qual se percorreu metade (50%) da amplitude total do processo em questão.

35 Sem maiores formalidades, a dinâmica diferente nesse caso se refere ao que se poderia chamar "velocidade" na qual a mudança de frequência cardíaca ocorreu.

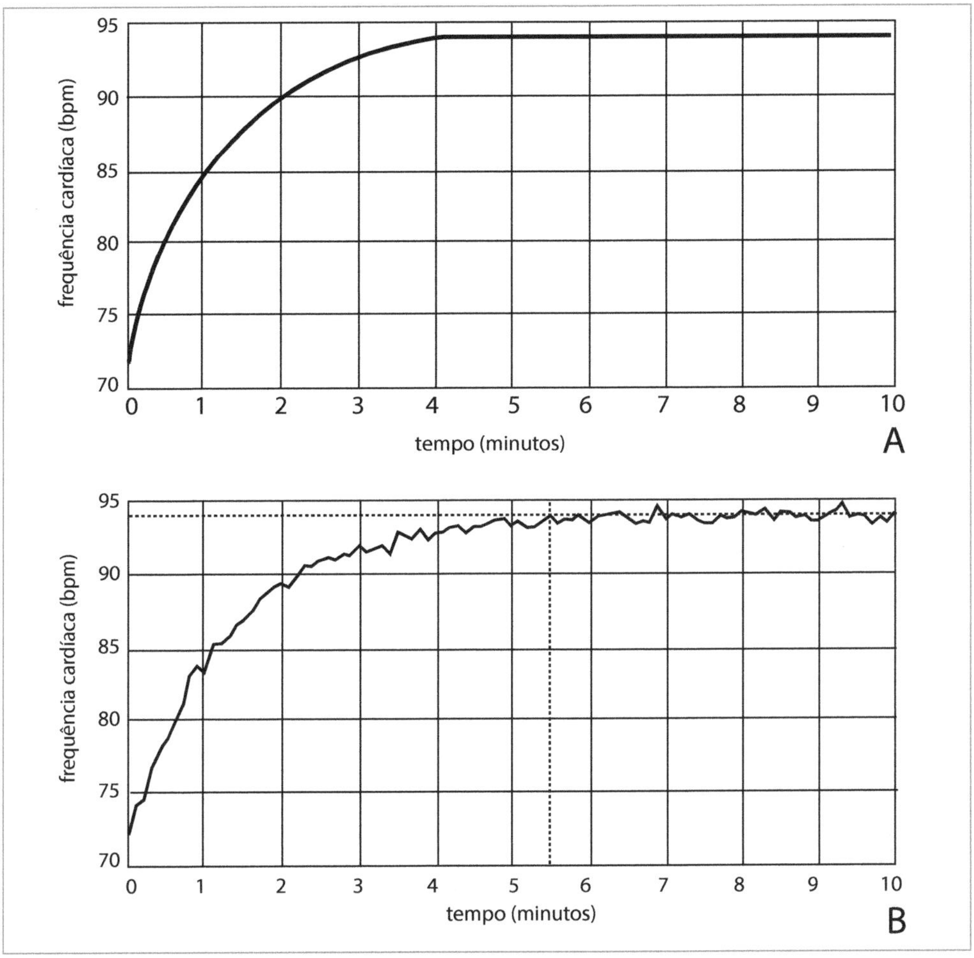

FIGURA 13 Simulação da elevação da frequência cardíaca. A: função sem acréscimos estocásticos (aleatórios). B: mesma função que em A com valores estocásticos somados.
Fonte: elaborada pelo autor.

Nota: quando a variável independente é o tempo, na maioria das vezes não se utiliza "t_{50}", mas a denominação "t-meio" ou "$t_{½}$", como no decaimento de material radioativo.

Retomando o exemplo, a variável independente é o tempo t. Assim, busca-se o t_{50} ou $t_{½}$ (veja Nota). Como 50% da amplitude são 11 bpm, então se quer o tempo no qual 83 bpm são atingidos (i.e., 72 + 11). Isso é ilustrado na Figura 14B. Assim, um dos indivíduos tem t_{50} = 0,6 minuto (36 segundos) e o outro tem t_{50} = 1 minuto. Isso diferencia a dinâmica da transição da frequência cardíaca entre esses indivíduos.

Considere o seguinte problema: o tempo t de expiração forçada de 500 mL de ar depende do calibre médio C dos bronquíolos terminais. Quanto menor esse calibre médio C, maior o tempo t para eliminar 500 mL de ar dos pulmões. O C mínimo é de 0,50 mm e, para esse calibre, t_{max} = 1,7 segundo. O t mínimo de eliminação, t_{min}, é ao redor de 0,3 segundo. A Figura 15 ilustra essa relação e a equação que descreve o processo é:

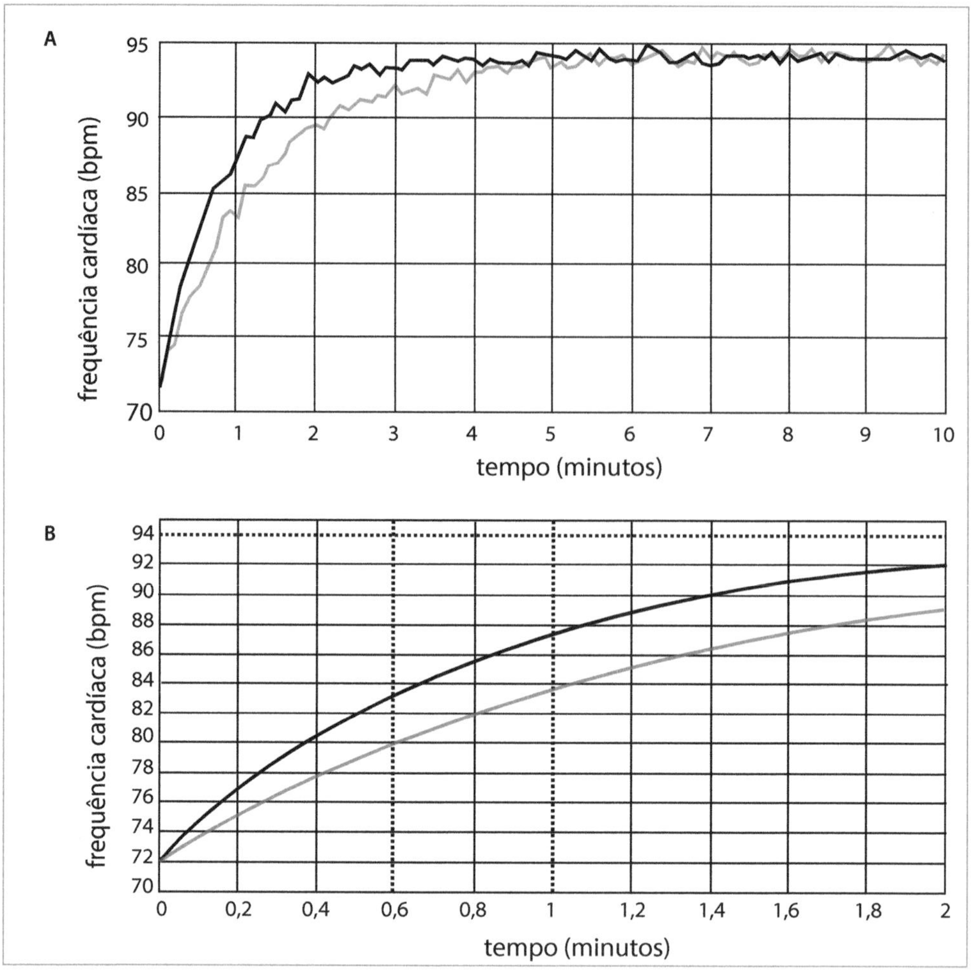

FIGURA 14 A: simulação da elevação da frequência cardíaca em dois indivíduos. B: obtenção do t_{50} para os dois casos.
Fonte: elaborada pelo autor.

$$t = t_{min} + \tau \cdot e^{10 \cdot (0,5 - C)}$$

- Quanto vale τ?
- Graficamente, qual é o C_{50} desse processo?
- Analiticamente, qual o C_{50} do processo?

1. Primeiro, determina-se o valor de τ. Sabe-se que o tempo de expiração dos 500 mL vale 1,7 segundo se o calibre é o calibre mínimo de 0,5 mm. Se C = 0,5 mm, o valor do expoente 10·(0,5 – C) vale zero; e, portanto, tem-se:

$$t(0,5) = 1,7 = t_{min} + \tau \cdot e^{10 \cdot (0,5-0,5)} = t_{min} + \tau \cdot e^{0}$$

Como $e^0 = 1$, então:

$$\tau = 1{,}7 - t_{min} = 1{,}7 - 0{,}3 = 1{,}4$$

Assim, τ vale 1,4 segundo.

2. A amplitude da variação de tempo vale o tempo máximo menos o tempo mínimo. Logo, a amplitude da variação do tempo vale τ, ou seja, 1,4 segundo. Em que valor do calibre o tempo vale metade da amplitude total? Uma vez que metade da amplitude é 0,7 segundo (i.e., 1,4/2), então o tempo é de 1 segundo: 0,7 + t_{min} = 0,7 + 0,3 = 1.

   Portanto, quando o tempo de expiração é de 1 segundo, o calibre médio é aquele que leva a se estar em metade da amplitude da variação total de tempo. Assim, pela Figura 15, tem-se que, para t = 1 segundo, C vale, aproximadamente, 0,56 mm. Ou seja, graficamente, $C_{50} \cong 0{,}56$ mm.

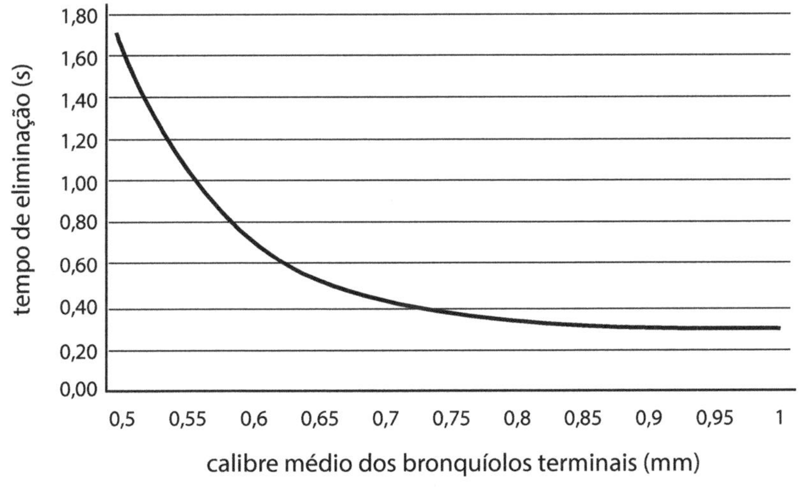

FIGURA 15 Exemplo fictício da relação entre calibre de bronquíolos terminais e tempo para eliminar 500 mL de ar.
Fonte: elaborada pelo autor.

3. Como visto no item 2, a amplitude vale τ = 1,4 segundo. Como também foi determinado anteriormente, 50% da amplitude são os 0,7 segundo também já determinados. Qual o valor do calibre C que resulta em $\tau \cdot e^{10\cdot(0,5-C)} = 0{,}7$?

   Rearranjando os termos, tem-se:

$$e^{10\cdot(0,5-C)} = \frac{0{,}7}{\tau} = \frac{1}{2}$$

Como já visto em logaritmos, aplicando ln (i.e., o logaritmo de base natural *e*) de ambos os lados, será obtida a seguinte equação e seu desenvolvimento (ver a seção Propriedades dos Logaritmos):

$$\ln\left(e^{10\cdot(0{,}5-C)}\right) = \ln\frac{1}{2}$$

$$10 \cdot (0{,}5 - C) \cdot \ln e = \ln 1 - \ln 2$$

Como $\ln(e) = 1$ e $\ln(1) = 0$, tem-se, já rearranjando os termos:

$$0{,}5 - C = -\frac{\ln 2}{10}$$

$$C = \frac{\ln 2}{10} + 0{,}5$$

O ln(2) vale 0,693... e, assim, ln(2)/10 é, aproximadamente, 0,069, o que resulta em:

$$C_{50} = 0{,}5693\ldots \cong 0{,}57 \text{ mm}$$

Dessa maneira, analiticamente, o C_{50} é 0,57 mm. Graficamente, no item 2, determina-se o C_{50} como sendo 0,56 mm, uma aproximação muito boa do valor analítico (correto).

Duas funções em um gráfico

Alguns dos gráficos utilizados nos exemplos deste capítulo contêm mais que uma função representada. Veja, por exemplo, as Figuras 7, 11 e 13. Quando se representam, em um único gráfico, duas ou mais funções, é importante ter em mente quatro aspectos, como explicaremos a seguir. Utilizaremos para tal explicação duas funções hipotéticas, f(x) e g(x).

1. A variável independente "x" é a mesma para as funções. Ou seja, se "x" é "concentração da substância X" em f(x), x também tem de ser "concentração da substância X" em g(x). Se "x" é "tempo" em g(x), "x" tem de ser "tempo" em f(x), e assim por diante.[36]
2. A variável e as unidades das funções devem ser as mesmas. Ou seja, se f(x) é, por exemplo, velocidade, g(x) também tem de ser velocidade. Se f(x) é massa, g(x) também tem de ser massa etc. (ver item 4). Além disso, as unidades de f(x) e g(x) devem ser as mesmas. Por exemplo, se f(x) é a taxa metabólica medida em calorias por dia, g(x) tem de ser calorias por dia, e não qualquer outra unidade de demanda energética (como watts); se f(x) é massa em gramas, g(x) não pode ser massa em libras etc.

36 Existem casos nos quais se pode ter variáveis independentes diferentes no eixo x, mas esses são casos muito particulares e sua representação requer cuidados especiais que vão além dos objetivos da presente discussão.

3. Se há pontos de cruzamento entre f(x) e g(x), esses são os pontos em que f(x) = g(x) e há uma inversão de qual função é maior; se f(x) e g(x) têm inclinações semelhantes em certos trechos do eixo x, ou em todo o intervalo de x, então f(x) e g(x) variam de forma semelhante.
4. Existe o recurso gráfico de se colocarem dois eixos de variáveis dependentes (i.e., dois eixos y), um à esquerda, como habitual, outro à direita, cada um referente a uma das funções, de modo que variáveis diferentes e/ou unidades diferentes fiquem contidas em um mesmo gráfico. Por exemplo, "x" é a "temperatura ambiente", e f(x), relacionada ao eixo y à esquerda, é "temperatura corpórea" enquanto g(x), relacionada ao eixo y à direita, é "taxa metabólica". Contudo, **quando se utiliza esse recurso gráfico, o item 3 não tem mais validade, ou seja, pontos de cruzamento não significam nem igualdade nem inversão de qual função é maior ou menor, e inclinações semelhantes não significam que as funções estejam variando de forma semelhante, pois elas representam processos diferentes.**

A Figura 16A ilustra o item 3 e a Figura 16B ilustra o item 4.

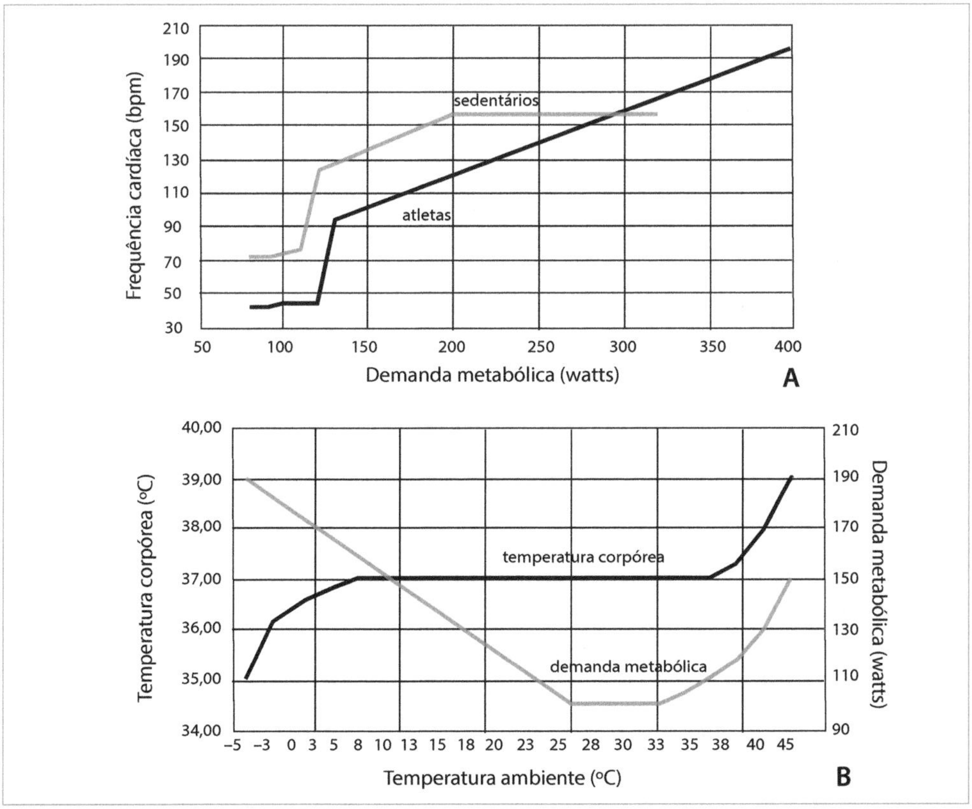

FIGURA 16 Gráficos com duas funções. A: dados simulados de frequência cardíaca (fc) *versus* demanda metabólica do exercício em indivíduos atletas (linha preta) e em indivíduos sedentários (linha cinza). A linha dos atletas tem valores mais baixos que a dos sedentários em repouso. Com o aumento da demanda em decorrência do exercício, tanto a fc dos atletas quanto a dos sedentários aumenta. Con-

(continua)

Figura 16 *(continuação)*

tudo, a partir de um certo valor de demanda, os sedentários não mais conseguem ter aumento da fc e, ao redor de 320 watts, não conseguem mais realizar o esforço. Os atletas, por outro lado, mantêm um aumento progressivo da fc com o aumento da demanda e, ao redor de 290 watts, sua fc ultrapassa a fc dos sedentários, permitindo demandas de até 400 watts. Note, portanto, que o ponto no qual há o cruzamento das funções, ou seja, 290 watts/156 bpm, é, efetivamente, o valor de demanda a partir do qual a fc dos atletas é maior que a dos sedentários. Além disso, nota-se que para valores de demanda menores que 200 watts, os indivíduos sedentários têm uma inclinação da relação fc *versus* demanda maior que os atletas, significando que há um maior aumento de fc por watt nesses indivíduos. B: dados simulados de temperatura corpórea (linha preta) e demanda metabólica (linha cinza) *versus* temperatura ambiente (T_A) para um mamífero. Existe uma faixa de temperatura ambiente na qual praticamente não há alteração da taxa metabólica: a chamada **zona de termoneutralidade** (ZTN).[37] Para valores de T_A abaixo da ZTN, o metabolismo se eleva e o mesmo ocorre para valores de T_A acima da ZTN. Em uma ampla faixa de temperatura ambiente, a temperatura corpórea do animal é mantida em valor fixo. Contudo, para T_A abaixo de um certo valor, o aumento da taxa metabólica não mais consegue manter a temperatura corpórea no valor fixo e cai. Para valores de temperatura ambiente muito elevados, o animal não consegue dissipar energia em uma taxa suficiente para evitar o aquecimento corpóreo. Note que, diferentemente do que é ilustrado em A, o cruzamento entre as linhas preta e cinza, que ocorre neste gráfico ao redor de T_A = 9°C, não tem qualquer significado, pois é meramente um artefato das escalas. Não há nada de especial ocorrendo nessa temperatura ambiente (diferentemente do que ocorre em 290 watts no gráfico A). Da mesma maneira, as inclinações aparentemente semelhantes das linhas preta e cinza para T_A > 40°C não têm qualquer significado, pois, novamente, é um mero artefato de escalas que dizem respeito a variáveis de naturezas diferentes.

Fonte: elaborada pelo autor.

Termina aqui a seção de Modelos Básicos. Como explicado no início do capítulo, o entendimento de processos fisiológicos depende muito da correta interpretação de modelos representativos desses processos. Portanto, esta seção teve como intuito apresentar certos modos de representação que serão básicos no restante do livro. A próxima seção, Modelos Avançados, apresenta abordagens extremamente úteis e necessárias, porém podem ser adiadas para estudos mais aprofundados.

MODELOS AVANÇADOS

Básico de cálculo diferencial

Derivadas

Antes de iniciar esta seção, é preciso explicar que serão trabalhadas apenas o que se conhece como "funções bem-comportadas". Essas funções bem-comportadas são, em essência, funções com mudanças suaves ao longo do domínio, ou seja, não há variações bruscas no valor da função entre dois valores adjacentes da variável independente. Esse aviso é importante, pois como foge à finalidade do presente livro formalizar as operações de derivação, antiderivação e integração, não serão discutidas continuidade de funções, limites etc. Contudo, o(a) leitor(a) precisa saber que, em certos casos, essas operações não podem ser realizadas da maneira tão direta e simples como será abordado aqui.

37 Este assunto é discutido no capítulo "Energética" do volume 3 desta obra.

Vamos considerar a pergunta: quanto uma certa função $y = F(x)$ varia quando x varia? Se $y_1 = F(x_1)$ e $y_2 = F(x_2)$, tem-se as Equações 3A e 3B, respectivamente:

$$\Delta x = x_2 - x_1 \qquad \text{Equações 3A}$$

$$\Delta y = y_2 - y_1 = F(x_2) - F(x_1) \qquad \text{Equações 3B}$$

Portanto, para a variação de x indo de x_1 a x_2, F(x) varia indo de y_1 a y_2. A inclinação, como já apresentado no início do capítulo, é dada por:

$$\frac{\Delta y}{\Delta x} = \frac{y_2 - y_1}{x_2 - x_1} \qquad \text{Equação 3C}$$

A inclinação, como também já mostrado anteriormente, tem valor fixo se F(x) é linear (uma reta). Contudo, se F(x) não é linear, ou seja, qualquer outra função que não uma reta, a inclinação não terá um valor fixo: a variação da F(x) depende do valor de x (ou, em outras palavras, a inclinação da função depende do local onde se está no eixo x).

Para explorar melhor essa questão, será utilizada, a título de exemplo, uma parábola, para verificar o que ocorre em dois valores de x, com Δx fixo. A Equação 4 será nossa função de exemplo, com $\Delta x = 3$:

$$F(x) = 5x^2 - 2x + 1 \qquad \text{Equação 4}$$

Se $x_1 = 1$, $F(1) = 4$ e, como $\Delta x = 3$, $x_2 = 4$ ($x_1 + \Delta x = 1 + 3$), sendo $F(4) = 73$ e, então, a "inclinação":

$$\frac{\Delta y}{\Delta x} = \frac{73 - 4}{4 - 1} = 23$$

Tome-se, agora, $x = -1$ e tem-se, com $\Delta x = 3$:

$$\frac{\Delta y}{\Delta x} = \frac{17 - 8}{2 - (-1)} = 3$$

Logo, a "inclinação" para $x = 1$ é diferente da "inclinação" para $x = -1$, a despeito de que o Δx tenha sido fixo (= 3). Contudo, se $\Delta x = 1$ tivesse sido escolhido, o que ocorreria? Haveria, então, para $x = 1$, uma "inclinação" de 13 em vez de 23, e, para $x = -1$, uma "inclinação" de -7.

Como o(a) leitor(a) deve ter notado, **inclinação** foi escrita entre aspas. Por quê? Porque, como se viu, dependendo do valor escolhido para Δx, essa "inclinação" será diferente para um mesmo x_1. Assim, a pergunta é: qual a taxa de variação de uma função F(x) em um dado valor de x? Ou seja, o quanto a função varia estando, ela, em um certo x?

A Tabela 5 ilustra valores da inclinação para a função de exemplo em x = −1 e em x = 2 para diversos valores de Δx. A Figura 17 ilustra algumas dessas inclinações.

TABELA 5 Inclinações da função de exemplo para diferentes valores de Δx

x = −1	**x = 2**	**Δx**
Inclinação = ΔF(x)/Δx		
8	38	4
3	33	3
−2	28	2
−7	23	1
−9,5	20,5	0,5
−11,5	18,5	0,1
−11,75	18,25	0,05
−11,95	18,05	0,01
−11,995	18,005	0,001
−11,99995	18,00005	0,00001
−12,00005	17,99995	−0,00001
−12,005	17,995	−0,001
−12,05	17,95	−0,01
−12,25	17,75	−0,05
−12,5	17,5	−0,1
−14,5	15,5	−0,5
−17	13	−1
−22	8	−2
−27	3	−3
−32	−2	−4

Fonte: elaborada pelo autor.

O que se pode notar, tanto por meio dos valores de ΔF(x)/Δx apresentados na Tabela 5 quanto das retas esquematizadas na Figura 17, é que, conforme o valor de Δx tende a zero, o valor da inclinação tende a um certo valor (particular para o valor de x a partir do qual se faz o Δx). Contudo, vejamos o que ocorre se, literalmente, se coloca Δx = 0:

$$\frac{\Delta y}{\Delta x} = \frac{\Delta F(x)}{\Delta x} = \frac{F(x_1) - F(x_1)}{x_1 - x_1} = \frac{0}{0}$$

Ou seja, obtém-se zero dividido por zero, uma impossibilidade matemática. Contudo, pode-se fazer Δx tão pequeno quanto se quiser, ou, de maneira mais formal, pode-se tomar Δx infinitesimalmente pequeno, tendendo a zero, mas sem nunca ser, de fato, zero. Em notação: $dx = \lim(\Delta x) \mid \Delta x \rightarrow 0$.

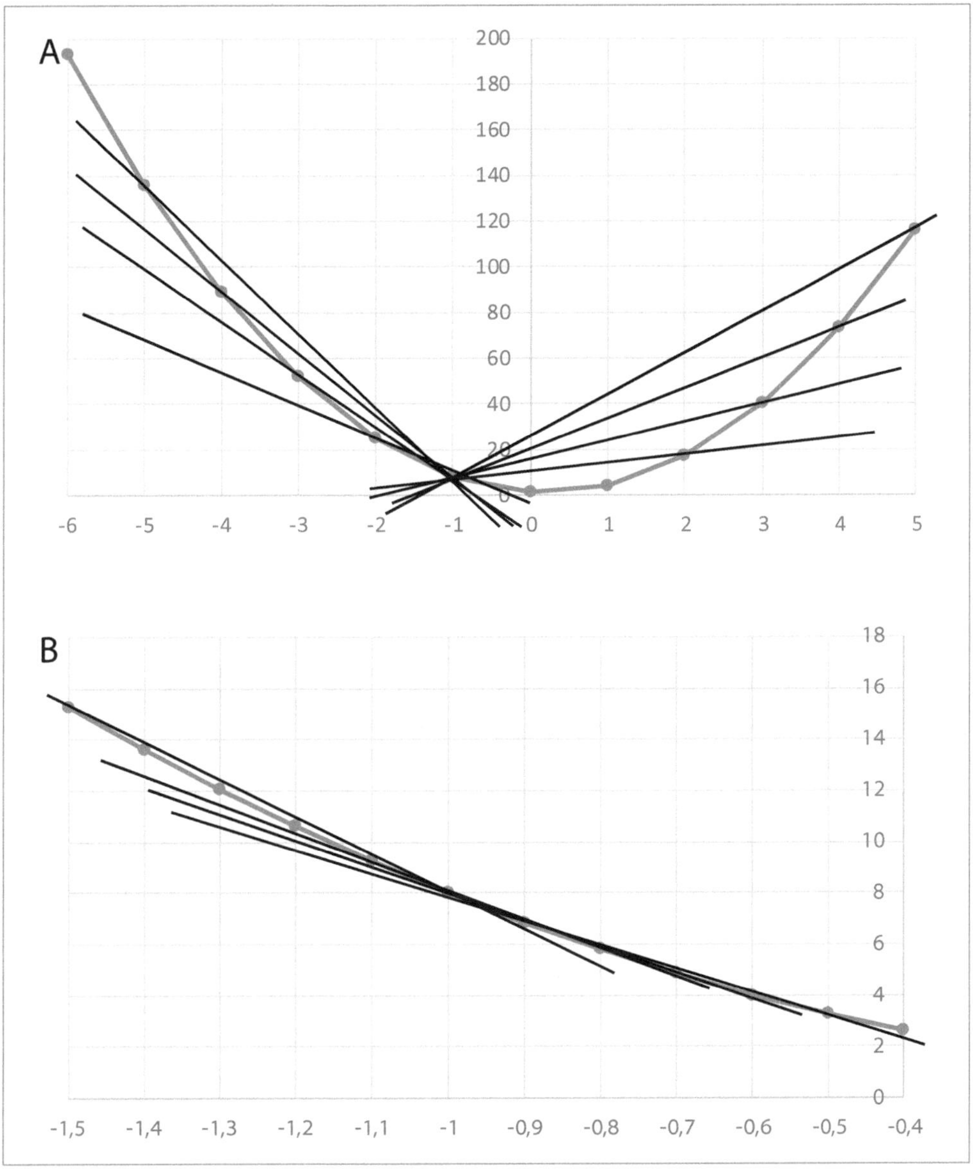

FIGURA 17 Inclinações de retas para a função de exemplo (cinza) a partir do valor x = −1. A: intervalo −6 ≤ x ≤ 5. B: intervalo −1,5 ≤ x ≤ −0,4. Note como as retas se tornam cada vez mais tangentes à função conforme se faz Δx tender a zero (isto é, os pontos se aproximarem de x = −1).
Fonte: elaborada pelo autor.

Nessa condição, a taxa de variação de F(x) para um dado valor de x corresponde à inclinação da reta que tangencia a função F(x) no dado valor de x. Considere o valor de x como sendo "a" (i.e., x = a). A operação é indicada por:[38]

38 Lembre-se que o símbolo "|" quer dizer "dado que". Nesse caso, é "dado que x = a".

$$\frac{F(a+dx)-F(a)}{a+dx-a}=\frac{F(a+dx)-F(a)}{dx}=\frac{dF(x)}{dx}|_{x=a} \qquad \text{Equação 5}$$

Note que, exatamente como ocorre para logaritmos, ao se tomar $\frac{dF(x)}{dx}|_{x=a}$ para um valor específico de x (no caso, x = a), *dF/dx* é um número que corresponde, como citado anteriormente, à inclinação da reta que tangencia a função F(x) em x = a e indica a taxa de variação de F(x) em x = a.

Por outro lado, se não for especificado um valor de x, a operação ***dF/dx* se torna uma nova função de x**. Ou seja, se essa nova função for chamada de f(x):

$$f(x)=\frac{F(x+dx)-F(x)}{dx}=\frac{dF(x)}{dx} \qquad \text{Equação 6}$$

A operação representada na Equação 6 chama-se **derivação** e *f*(*x*) **é dita a derivada de F(x).**

Há um formalismo para se mostrar a validade da relação entre os infinitesimais dx e dF, mas que sai dos objetivos do capítulo.

Por oposição, **F(x) é dita uma primitiva de f(x), ou uma antiderivada de f(x)**. O motivo pelo qual se afirmou que f(x) é **a** derivada de F(x), mas F(x) é **uma** antiderivada de f(x) ficará claro adiante. Há várias notações para a derivada de F(x) [se ela não é especificada como f(x)], e a utilização dessas diferentes notações é bastante dependente de contexto. Alguns exemplos são (de agora em diante, por simplicidade de notação, a variável independente x será omitida, a não ser quando essa omissão puder trazer alguma ambiguidade ao que se está discutindo/apresentando):

$$f$$

$$\frac{dF}{dx}$$

$$F'$$

$$\dot{F}$$

Note que, por enquanto, trata-se *dF/dx* como um fator único, isto é, para nós, por enquanto, *dF/dx* não é uma razão entre dois valores, mas um único termo representando a operação de derivação.

A derivada de uma função é, portanto, a taxa de variação dessa função. Caso se tome um certo valor da variável independente, é a taxa de variação da função nesse ponto. Caso se tome o domínio todo da função, é a função que descreve a taxa de variação da função primitiva ao longo de seu domínio.[39]

39 Note que o domínio da derivada pode ser diferente do domínio da primitiva.

Vamos a alguns exemplos que tornam a **derivada** algo mais palpável que a definição dada pela Equação 6:

- Se x é o espaço (localização) e t é o tempo, dx/dt é a taxa de variação do espaço (da localização) no tempo, ou seja, velocidade.
- Se u é velocidade e t é tempo, du/dt é a variação da velocidade ao longo do tempo, ou seja, aceleração.
- Se h é a saturação de hemoglobina[40] por oxigênio e P é a pressão parcial de oxigênio no meio, dh/dP é a taxa de saturação de hemoglobina ao longo da pressão de oxigênio, ou seja, a capacitância da hemoglobina por oxigênio.
- Se f é a frequência cardíaca e W é a potência muscular desenvolvida, df/dW é a taxa de variação da frequência cardíaca pela potência muscular desenvolvida.
- Se uma reação química transforma o substrato *A* no produto *B*, sendo [A] a concentração de *A* e [B] a concentração de *B*, e t é tempo, d[A]/dt é a taxa com que *A* se transforma em *B* e d[B]/dt é a taxa com que *B* é formado. Por analogia, pode-se dizer que d[A]/dt é a velocidade da reação *A* → *B*, e d[B]/dt é a velocidade de formação de *B*.
- Se a taxa de uma reação que transforma o substrato *A* no produto *B* é *r* (ou seja, *r* é, no exemplo anterior, d[A]/dt), e [B] é a concentração do produto, d*r*/d[B] é a taxa de variação da velocidade da reação em função da concentração do produto.

O entendimento da derivada como uma função e a "intuição" gráfica da relação entre a função primitiva F e sua derivada f é muito importante. Contudo, antes de passarmos a essa visualização da relação entre F e dF/dx, vamos obter alguns resultados analíticos utilizando a definição de derivada apresentada na Equação 6.

A derivada de uma constante

Considere F(x) = k, sendo k uma constante, ou seja, para qualquer valor de x que se tenha, a função F(x) vale k. Utilizando Equação 6 tem-se:

$$f(x) = \frac{F(x+dx)-F(x)}{dx} = \frac{k-k}{dx} = \frac{0}{dx} = 0 \qquad \text{Equação 7}$$

Ou seja, a derivada de uma constante vale zero, independentemente do valor da constante. Isso é claro (ou óbvio) ao se pensar no significado da derivada. Uma vez que a derivada é a taxa de variação da função e a função não varia (pois é igual a uma constante ao longo de todo o domínio), a taxa de variação tem de ser nula.

40 Geralmente, quando não há especificação, entende-se por "hemoglobina" o conjunto de moléculas desse composto, e não uma única molécula.

A derivada de uma reta de intercepto nulo

Considere F(x) = A·x. Como já visto, essa é uma função que descreve uma reta e cujo intercepto com o eixo y vale zero. Utilizando a Equação 6, tem-se:

$$f(x) = \frac{F(x+dx)-F(x)}{dx} = \frac{A\cdot(x+dx)-A\cdot x}{dx} = \frac{A\cdot x+A\cdot dx-A\cdot x}{dx} = \frac{A\cdot dx}{dx} = A \qquad \text{Equação 8}$$

Note que, quando se faz referência à função F, F(x) indica qual é a variável independente na função; ou seja, **F não está multiplicando x**. Por outro lado, quando se explicita a função, no caso A·x, então A·(x + dx) é, literalmente, a multiplicação de x por A e de dx por A.

Assim, a Equação 8 mostra que a derivada de uma reta de intercepto nulo vale o coeficiente A. De fato, isso já havia sido visto na discussão sobre relações lineares (ver Figura 4, por exemplo). Novamente, ao pensar no significado da derivada, isso se torna claro. Uma vez que a derivada indica a taxa de variação de uma função, e uma reta tem uma taxa de variação única ao longo de todo o domínio, essa taxa de variação tem de ser o coeficiente que dá a linearidade da relação entre as variáveis (no caso, "A"). Esse é o coeficiente angular da reta. Por que angular? Veremos isso mais adiante. Contudo, para adiantar, a reta faz um ângulo com o eixo x, e a inclinação da reta corresponde ao valor da tangente desse *ângulo.*

Dessa forma, o valor da derivada em um certo valor de x = a indica o valor da inclinação que tem a reta que tangencia a função no ponto (a, F(a)). No exemplo apresentado na Figura 17 (e Tabela 5), para x = –1, essa inclinação vale –12 (como será mostrado adiante).[41]

A derivada de uma reta de intercepto não nulo

Considere F(x) = A · x + k, sendo k uma constante. Quanto deve valer a derivada dessa função? Utilizando apenas o conceito da derivada, pode-se deduzir isso (mais abaixo, esse resultado será mostrado de maneira analítica). Assim:

1. A derivada indica a taxa de variação de uma função.
2. Uma reta, independentemente do valor do intercepto y, mantém uma relação linear entre as variáveis ao longo de todo o domínio.
3. Viu-se que uma relação linear tem a derivada igual ao coeficiente da relação.
4. Viu-se que a derivada de uma constante (o valor do intercepto y) vale zero.

Portanto, deve-se concluir que a derivada da função F(x) = A·x + k deve ser "A", o mesmo valor obtido para uma reta de intercepto nulo.

---

41 Esse valor, –12, corresponde a um ângulo de, aproximadamente, –85 graus (ou –1,487 radiano). A tangente de –1,487 radiano é –12 (aproximadamente).

Isso dá uma importante "dica" acerca da derivada de somas (ou subtrações). O resultado obtido anteriormente sugere que a derivada seja f = A + 0 = A, sendo "A" a derivada do termo "A·x" e "0" a derivada do termo "k". Ou seja, a derivada de somas (ou subtrações) é igual à soma (ou subtração) das derivadas de cada termo tomado isoladamente. Esse resultado será provado mais adiante.

A derivada de uma função quadrática simples

Considere F(x) = B·x^2. Utilizando a Equação 6:

$$f(x) = \frac{F(x+dx) - F(x)}{dx} = \frac{B \cdot (x+dx)^2 - B \cdot x^2}{dx} = \cdots$$
$$\cdots \frac{B \cdot x^2 + 2 \cdot B \cdot x \cdot dx + B \cdot dx^2 - B \cdot x^2}{dx} = \frac{2 \cdot B \cdot x \cdot dx + B \cdot dx^2}{dx}$$ Equação 9A

Antes de prosseguir, note que se utilizou o desenvolvimento do termo (z + w)^2:

$$(z+w)^2 = z^2 + 2zw + w^2$$

Sabe-se, pela Equação 9A, que não se pode levar dx até zero, pois haveria a impossibilidade de 0/0. Contudo, observa-se que:

$$\frac{2 \cdot B \cdot x \cdot dx + B \cdot dx^2}{dx} = \frac{2 \cdot B \cdot x \cdot dx}{dx} + \frac{B \cdot dx^2}{dx}$$

E, assim:

$$2 \cdot B \cdot x \cdot \frac{dx}{dx} + B \cdot \frac{dx^2}{dx} = 2 \cdot B \cdot x \cdot 1 + B \cdot dx$$ Equação 9B

E, agora, na Equação 9B, **pode-se levar dx a zero**:

$$f(x) = 2 \cdot B \cdot x \cdot 1 + B \cdot 0 = 2Bx$$ Equação 9C

Assim, obtém-se que a derivada de $F(x)=B \cdot x^2$ é $f(x) = 2 \cdot B \cdot x$.

Note que, diferentemente do caso da relação linear (as retas), agora a taxa de variação da função **depende** do local do domínio onde se está, ou seja, depende do valor de x.

De fato, como regra, para quaisquer funções que não sejam relações lineares (aí inclusas as funções constantes), a derivada depende do valor da variável independente.

A derivada de uma função que é multiplicada por uma constante

Considere uma certa função $F(x) = C \cdot G(x)$, sendo G(x) uma outra função de x. Assim, a função F é a função G multiplicada por uma constante, C. Aplicando a Equação 6 para obter a derivada de F, tem-se:

$$f(x) = \frac{F(x+dx) - F(x)}{dx} = \frac{C \cdot G(x+dx) - C \cdot G(x)}{dx} =$$

$$= C \cdot \left(\frac{G(x+dx) - G(x)}{dx} \right) = C \cdot g(x) \qquad \text{Equação 10}$$

Reconhece-se, no quarto termo a partir da esquerda, que esse corresponde à derivada da função G(x), indicada por g(x). Logo, a derivada de uma função multiplicada por uma constante é a derivada da função multiplicada por essa mesma constante.

A derivada de $F(x) = C \cdot x^n$

Considere a função $F(x) = C \cdot x^n$ e a expansão do binômio $(z + w)^n$. A expansão tem o seguinte resultado:

$$(z+w)^n = \alpha_0 \cdot z^n \cdot w^0 + \alpha_1 \cdot z^{n-1} \cdot w^1 + \alpha_2 \cdot z^{n-2} \cdot w^2 + \cdots + \alpha_n \cdot z^0 \cdot w^n$$

Os termos α_0 e α_n valem 1. Como se sabe, um número elevado a zero também vale 1. Portanto, o primeiro termo no lado da mão direita vale z^n e o último termo vale w^n. Os demais termos α_i (sendo $i \neq 0$ e $i \neq n$) são obtidos pelo triângulo de Pascal, como ilustrado na Figura 18.

Como se observa pelo Triângulo de Pascal, o termo α_1 vale n. Portanto, o segundo termo da expansão vale:

$$\alpha_1 \cdot z^{n-1} \cdot w^1 = n \cdot z^{n-1} \cdot w$$

Note que em todos os demais termos α_i com $i > 1$, a variável w está elevada a potências maiores que 1.

1
1 1
1 2 1
1 3 3 1
1 4 6 4 1
1 5 10 10 5 1
1 6 15 20 15 6 1
1 7 21 35 35 21 7 1

FIGURA 18 Triângulo de Pascal.
Fonte: elaborada pelo autor.

Lembrando que, como visto logo acima, a derivada de uma função multiplicada por uma constante é a derivada da função multiplicada por essa constante (Equação 10), então substituindo z por x e w por dx, e aplicando a definição de derivada da Equação 6 para $F(x) = C \cdot x^n$, tem-se:

$$f(x) = \frac{F(x+dx) - F(x)}{dx} = C \cdot \left(\frac{(x+dx)^n - x^n}{dx}\right) \quad \text{Equação 11A}$$

Ao aplicar a expansão do binômio e os resultados descritos acima, tem-se:

$$f(x) = C \cdot \left(\frac{x^n + n \cdot x^{n-1} \cdot dx + \alpha_2 \cdot x^{n-2} \cdot dx^2 \ldots + dx^n - x^n}{dx}\right) \quad \text{Equação 11B}$$

Note que o termo x^n se anula com o termo $-x^n$:

$$f(x) = C \cdot \left[\frac{n \cdot x^{n-1} \cdot dx}{dx} + \left(\frac{\alpha_2 \cdot x^{n-2} \cdot dx^2 \ldots + dx^n}{dx}\right)\right]$$

$$\leftrightarrow$$

$$f(x) = C \cdot [n \cdot x^{(n-1)} + (\alpha_2 \cdot x^{(n-2)} \cdot dx^1 \ldots + dx^{(n-1)})] \quad \text{Equação 11C}$$

Note que os termos que se encontram entre parênteses contêm dx elevado a alguma potência igual ou maior que 1. Fazendo dx tender a valores infinitamente próximos a zero (ou seja, dx é um infinitesimal), todos os termos que se encontram entre parênteses tendem a zero. Portanto, a derivada de $F(x) = C \cdot x^n$ vale:

$$\frac{d(Cx^n)}{dx} = C \cdot n \cdot x^{n-1} \quad \text{Equação 11D}$$

Note que a notação $\frac{d(Cx^n)}{dx}$ foi utilizada para indicar que se está derivando a função $C \cdot x^n$.

O resultado apresentado na Equação 11D indica como obter a derivada de termos do tipo x^n para todo $n \neq 0$ (esse ponto será explicado mais à frente). Esse resultado é, muitas vezes, conhecido como "regra do tombo": para derivar x^n, n "cai" multiplicando x elevado a $n-1$. Assim, alguns exemplos:

$$\frac{d(Cx^5)}{dx} = C \cdot 5 \cdot x^4$$

$$\frac{d(Cx^{-3})}{dx} = C \cdot (-3) \cdot x^{-4} = -3Cx^{-4}$$

$$\frac{d\left(Cx^{\frac{1}{2}}\right)}{dx} = C \cdot \frac{1}{2} \cdot x^{-\frac{1}{2}}$$

$$\frac{d\left(Cx^{\frac{5}{3}}\right)}{dx} = C \cdot \frac{5}{3} \cdot x^{\frac{2}{3}}$$

$$\frac{d(Cx^{-\pi})}{dx} = -C \cdot \pi \cdot x^{-\pi-1}$$

Uma palavra de cuidado: deve-se ter atenção ao seguinte: a "regra do tombo" se aplica aos casos " x^n " (x elevado a n). Se a função for $F(x) = B^x$, **não se pode aplicar a regra, pois agora, x é a potência**. Esse caso será visto mais adiante.

A *derivada de somas (ou subtrações) de funções*

Considere três funções: G(x), H(x) e M(x). Cada uma dessas funções é relacionada a um único termo dependente de x. Por exemplo, G(x) = k, H(x) = Ax, M(x) = Bx^2. Ou seja, cada uma dessas funções não envolve somas (ou subtrações) de termos.

Agora considere a função F(x) = G(x) – H(x) + M(x). Quanto vale a derivada de F? Utilizando a Equação 6, escreve-se:

$$f(x) = \frac{F(x + dx) - F(x)}{dx}$$

$$\leftrightarrow$$

$$f(x) = \frac{[G(x + dx) - G(x)] - [H(x + dx) - H(x)] + [M(x + dx) - M(x)]}{dx}$$

Reconhece-se, contudo, que os termos entre colchetes são as derivadas respectivas de G, H e M:

$$f(x) = \frac{[G(x + dx) - G(x)]}{dx} - \frac{[H(x + dx) - H(x)]}{dx} + \frac{[M(x + dx) - M(x)]}{dx}$$

$$\leftrightarrow$$

$$f(x) = g(x) - h(x) + m(x)$$

Portanto, tem-se o seguinte resultado generalizado:

A derivada de uma soma (ou subtração) é a soma (ou subtração) das derivadas de cada termo.

Assim, no exemplo, G = k, H = A·x, M = B·x^2, então g = 0, h = A, m = 2·B·x. Se F = G – H + M, então a derivada de F vale: f = g – h + m = 0 – A + 2Bx = –A + 2·B·x.

A derivada de um polinômio de grau n

Conforme visto anteriormente (Figura 3), um polinômio de grau n é escrito na seguinte forma:

$$p(x) = \sum_{j=0}^{n} a_j \cdot x^j = a_0 \cdot x^0 + a_1 . x^1 + a_2 \cdot x^2 + a_3 \cdot x^3 \ldots + a_n \cdot x^n \qquad \text{Equação 12A}$$

Também já foi visto que: 1) a derivada de x^n é $n{\cdot}x^{n-1}$; 2) a derivada de uma constante multiplicando uma função é essa constante multiplicando a derivada da função; 3) a derivada de uma soma (subtração) é a soma (subtração) da derivada de cada termo da soma (subtração); e 4) a derivada de uma constante vale zero.

Juntando tudo isso em um "pacote":

$$\frac{dp(x)}{dx} = \sum_{j=0}^{n} a_j \cdot j \cdot x^{j-1} = 0 + a_1 + 2 \cdot a_2 \cdot x + 3 \cdot a_3 \cdot x^2 \ldots + n \cdot a_n \cdot x^{n-1} \qquad \text{Equação 12B}$$

Como se percebe pela Equação 12B, a derivada de um polinômio é um novo polinômio, de grau n−1.

Nas próximas três subseções, será mostrado, mas sem a preocupação de provar ou formalizar, três resultados muito importantes da derivação. O primeiro é o do produto de duas (ou mais) funções; o segundo é a derivada de funções aninhadas; o terceiro é a derivada da divisão entre funções.

A derivada do produto

Considere $F(x) = G(x_1) \cdot H(x_2)$, sendo $dx = dx_1 + dx_2$. Ou seja, F(x) é o produto de duas funções e separam-se as variações de x em duas: uma correspondente à variação causada em uma das funções, e outra correspondente à variação causada na outra função. Note, no entanto, que tanto x_1 quanto x_2 são "o mesmo x", então:

$$F(x) = G(x_1) \cdot H(x_2)$$

$$\leftrightarrow$$

$$F(x + dx) = G(x_1 + dx_1) \cdot H(x_2 + dx_2)$$

$$\leftrightarrow$$

$$f(x) = \frac{F(x + dx) - F(x)}{dx} = \frac{G(x_1 + dx_1) \cdot H(x_2 + dx_2) - G(x_1) \cdot H(x_2)}{dx_1 + dx_2}$$

Agora, com a variação de x_2 nula ($dx_2 = 0$), tem-se:

$$\frac{G(x_1 + dx_1) \cdot H(x_2 + 0) - G(x_1) \cdot H(x_2)}{dx_1 + 0} = \qquad \text{Equação 13A}$$

$$= \frac{[G(x_1 + dx_1) - G(x_1)] \cdot H(x_2)}{dx_1} = g \cdot H$$

E, com a variação de x_1 nula ($dx_1 = 0$), tem-se:

$$\frac{G(x_1+0)\cdot H(x_2+dx_2)-G(x_1)\cdot H(x_2)}{0+dx_2}= \quad \text{Equação 13B}$$

$$=\frac{[H(x_2+dx_2)-H(x_2)]\cdot G(x_1)}{dx_2}=h\cdot G$$

Dessa forma, juntando os resultados das equações 13A e 13B, a variação total da função F(x) será:

$$f=g\cdot H+h\cdot G \quad \text{Equação 13C}$$

Ou seja, a derivada de um produto é a derivada da primeira função vezes a segunda mais a derivada da segunda função vezes a primeira.

A derivada de funções aninhadas

Considere $F(x)=G(H(x))$, ou seja, a função F é obtida por meio da função G agindo sobre a função H, a qual age sobre x. Quanto vale a variação de F quando x varia?

Uma maneira simples de entender isso é a seguinte: quando x sofre uma variação infinitesimal, indo de x para x + dx, H sofre uma variação infinitesimal, indo de H para H + dH. Mas, então, pode-se considerar H como "o x de G", ou seja, H indo para H + dH causa uma variação infinitesimal em G, que vai para G + dG. Há, assim, duas variações, $\frac{dG}{dH}$ e $\frac{dH}{dx}$, que se combinam para resultar na variação de $F(x)=G(H(x))$:

$$f=\frac{dF}{dx}=\frac{dG}{dH}\cdot\frac{dH}{dx} \quad \text{Equação 14}$$

A título de exemplo, pode-se utilizar uma função "tola" para ilustrar o resultado obtido acima. Suponha $F(x) = G(H(x))$ com:

$$H(x)=x^3$$

$$G(H)=2{,}5H^4$$

Obviamente, colocando-se H diretamente em G, tem-se $F(x) = 2{,}5 \cdot x^{12}$, e sabe-se que a derivada vale, então, $f(x) = 30 \cdot x^{11}$. Contudo, o intuito é mostrar como a Equação 14 funciona. Então, tem-se:

$$\frac{dH}{dx}=3\cdot x^2$$

$$\frac{dG}{dH}=10\cdot H^3$$

$$\frac{dF}{dx}=\frac{dG}{dH}\cdot\frac{dH}{dx}=10\cdot H^3\cdot 3\cdot x^2$$

Note que, para fazer $\frac{dG}{dH}$, trata-se H como uma variável independente, e, como estava elevada à 4ª potência, aplica-se a regra de derivação de polinômios (ou "regra do tombo"). Como $H^3 = (x^3)^3 = x^9$, então:

$$\frac{dF}{dx} = \frac{dG}{dH} \cdot \frac{dH}{dx} = 30 \cdot x^9 \cdot x^2 = 30 \cdot x^{11}$$

Exatamente como previsto.

Se F(x) fosse $F(x) = G\big(H(M(x))\big)$, a derivada de F em relação a x seria:

$$\frac{dF}{dx} = \frac{dG}{dH} \cdot \frac{dH}{dM} \cdot \frac{dM}{dx}$$

E assim por diante para um número maior de funções aninhadas.

Essa regra de derivação para funções aninhadas chama-se "regra da cadeia", pois a derivada mais externa [no caso, de F(x)] é o produto sequencial das derivadas cada vez mais internas.

A derivada da divisão

Considere $F(x) = \frac{G(x)}{H(x)}$. Utilizando a derivada do produto e a derivada de funções aninhadas, é possível obter a derivada da divisão. Sugere-se que o(a) leitor(a) obtenha esse resultado como exercício, cuja solução será apresentada a seguir.

1. $F(x) = G(x) \cdot M(x)$
2. $M(x) = H(x)^{-1}$
3. $f = g \cdot M + m \cdot G$
4. $m = \frac{dM}{dH}\frac{dH}{dx} = -H^{-2} \cdot h = -\frac{h}{H^2}$
5. $f = \frac{g}{H} - \frac{h \cdot G}{H^2}$

Dessa maneira, reescrevendo o passo 5, tem-se que a derivada da divisão é a derivada do numerador vezes a função do denominador menos a derivada do denominador vezes a função do numerador, tudo dividido pela função do denominador ao quadrado. $F(x) = \frac{G(x)}{H(x)}$:

$$\frac{dF}{dx} = f = \frac{g \cdot H - h \cdot G}{H^2} \qquad \text{Equação 15}$$

Note que, no denominador, é a função ao quadrado, e não o quadrado da derivada.

Vamos trabalhar um exemplo, também "tolo" como da seção anterior, mas que, como se sabe o resultado, pode-se checar mais facilmente o procedimento. Suponha:

$$G(x) = 8x^4 - \sqrt{2}x^{\sqrt{2}} + \sqrt{x} - 1$$

$$H(x) = \sqrt{x}$$

$$F = \frac{G}{H}$$

Obviamente, pode-se colocar diretamente G/H e obter[42]

$$F = 8x^{3,5} - \sqrt{2}x^{(\sqrt{2}-0,5)} + 1 - x^{-0,5}$$

A qual, derivada, é:

$$f = 28x^{2,5} - \left(\frac{4-\sqrt{2}}{2}\right)x^{(\sqrt{2}-1,5)} + 0 + 0,5x^{-1,5}$$

Vamos, agora, obter f utilizando a derivada da divisão:

$$g = 32x^3 - 2x^{(\sqrt{2}-1)} + 0,5x^{-0,5} - 0$$

$$h = 0,5x^{-0,5}$$

$$g \cdot H = 32x^{3,5} - 2x^{(\sqrt{2}-0,5)} + 0,5x^{-0,5+0,5}$$

$$h \cdot G = 4x^{3,5} - \frac{\sqrt{2}}{2}x^{(\sqrt{2}-0,5)} + 0,5x^{0,5-0,5} - 0,5x^{-0,5}$$

$$g \cdot H - h \cdot G = 28x^{3,5} - \left(\frac{4-\sqrt{2}}{2}\right)x^{(\sqrt{2}-0,5)} + 0,5 - 0,5 + 0,5x^{-0,5}$$

$$H^2 = \left(x^{0,5}\right)^2 = x$$

E, assim:

$$f = \frac{g \cdot H - h \cdot G}{H^2} = \frac{28x^{3,5} - \left(\frac{4-\sqrt{2}}{2}\right)x^{(\sqrt{2}-0,5)} + 0,5x^{-0,5}}{x}$$

$$f = 28x^{2,5} - \left(\frac{4-\sqrt{2}}{2}\right)x^{(\sqrt{2}-1,5)} + 0,5x^{-1,5}$$

42 Lembrar que $\sqrt{x} = x^{0,5}$.

Como previsto.

A derivada de e^x

Até aqui, derivaram-se, exclusivamente, funções que tinham o formato geral $C \cdot x^n$. Agora, vamos derivar uma função que tem x no expoente e não na base. Pode talvez parecer curioso ao(à) leitor(a) porque iniciou-se com uma base que é um número irracional e, em vez de algo aparentemente mais simples, como 3. A razão disso se tornará clara em breve.

Utilizando a definição da Equação 6, escreve-se:

$$\frac{d(e^x)}{dx} = \frac{e^{(x+dx)} - e^x}{dx} = \frac{e^x \cdot e^{dx} - e^x}{dx} = \frac{e^x \cdot \left(e^{dx} - 1\right)}{dx} \qquad \text{Equação 16A}$$

A passagem da segunda para a terceira igualdade foi feita utilizando as propriedades de potências de mesma base (ver "Potenciação"). Como visto em "A Base dos Logaritmos Naturais":

$$e = \lim_{\delta \to 0}(1 + \delta)^{\left(\frac{1}{\delta}\right)} \qquad \text{Equação 16B}$$

Certamente, $\delta \to 0$ é equivalente a dx, uma vez que esse último é, exatamente, obtido por meio dessa definição. Assim, substitui-se δ por dx na Equação 16B e coloca-se esse resultado na Equação 16A:

$$\frac{d(e^x)}{dx} = e^x \frac{\left(\left[(1 + dx)^{\frac{1}{dx}}\right]^{dx} - 1\right)}{dx} = e^x \frac{\left((1 + dx)^{\frac{dx}{dx}} - 1\right)}{dx} =$$

$$= e^x \frac{(1 + dx - 1)}{dx} = e^x \frac{dx}{dx} = e^x \qquad \text{Equação 16C}$$

Ou seja, a derivada de F(x) = e^x é f(x) = e^x. Em outras palavras, a derivada da função e^x é ela mesma; ou a taxa de variação da função e^x vale e^x; ou, ainda, a função cuja derivada vale ela própria é e^x.

Portanto, apesar de ser aparentemente "complicado" o uso de e^x como primeiro caso para funções com x no expoente, percebe-se que o resultado foi obtido muito facilmente.

Passa-se, então, ao caso geral.

A derivada de B^x

Como visto na seção de logaritmos, pode-se escrever um número β como sendo um outro número α elevado a uma potência γ: $\beta = \alpha^\gamma$. Então, isso será feito para B, utilizando a base natural *e*:

$$B = e^b \qquad \text{Equação 17A}$$

Por enquanto, não é necessário se preocupar com o valor de b.

Considere $F(x) = B^x$. Pela equação 16a e pelas propriedades da potenciação, tem-se:

$$F(x) = B^x = \left(e^b\right)^x = e^{b \cdot x} \qquad \text{Equação 17B}$$

Então, tratando b·x como uma função e utilizando a regra da cadeia para funções aninhadas, obtém-se:

$$f = \frac{d(B^x)}{dx} = \frac{d\left(e^{b \cdot x}\right)}{dx} = \frac{d\left(e^{b \cdot x}\right)}{d(b \cdot x)} \cdot \frac{d(b \cdot x)}{dx} = b \cdot e^{b \cdot x} = b \cdot B^x \qquad \text{Equação 17C}$$

Qual o valor de b? Pela Equação 17A e utilizando o logaritmo natural *ln*, $b = ln(B)$. Portanto:

$$\frac{d(B^x)}{dx} = \ln(B) \cdot B^x \qquad \text{Equação 17D}$$

Um resultado mais generalizado para e

Considere as equações 16B e 17A:

$$e = \lim_{\delta \to 0}(1 + \delta)^{\left(\frac{1}{\delta}\right)}$$

$$B = e^b$$

Logo:

$$B = (1 + \delta)^{\left(\frac{b}{\delta}\right)}$$

Conclui-se, assim, que, apesar de tanto 1/δ quanto *b*/δ tenderem ao infinito quando δ tende a zero, de alguma maneira essas razões tendem ao infinito com taxas diferentes pois, no caso 1/δ, obtém-se *e*, enquanto no caso *b*/δ, obtém-se B. Observe, agora, que:

$$\left[(1 + \delta)^{\left(\frac{b}{\delta}\right)}\right]^{\frac{1}{b}} = \left[(1 + \delta)^b\right]^{\frac{1}{b\delta}} = e$$

A expansão do binômio, como já visto, resulta em:

$$(1 + \delta)^b = 1 + b\delta + \sum_{i=2}^{b} \alpha_i \delta^i$$

Os termos no somatório contêm potências de δ. Assim, quando δ → 0, os termos no somatório tendem mais rapidamente a zero que o termo bδ fora do somatório. Dessa forma:

$$\lim_{\delta \to 0}(1 + \delta)^b = 1 + b\delta$$

Obtém-se, assim, uma definição mais geral para a base dos logaritmos naturais:

$$e = \lim_{\delta \to 0}(1 + b\delta)^{\frac{1}{b\delta}} \qquad \text{Equação 18A}$$

Ou, de maneira simplificada, sabendo que está implícito que δ tende a zero:

$$e = (1 + b\delta)^{\frac{1}{b\delta}} \qquad \text{Equação 18B}$$

Logo, por consequência:

$$B = e^b = (1 + b\delta)^{\frac{1}{\delta}} \qquad \text{Equação 18C}$$

Considere, agora, o seguinte. Sem se preocupar com as constantes que surgem multiplicando as derivadas, pela "regra do tombo" uma certa função $f(x) = x^m$ é a derivada de outra função polinomial com expoente igual a m + 1 (lembre-se que, por simplicidade, as constantes multiplicativas estão sendo ignoradas). Assim, x^4 é derivada de x^5, x^{-3} é derivada de x^{-2}, e assim por diante. Vem, então, a pergunta: x^{-1} é derivada de qual função? Desavisadamente, pode-se pensar que, pela "regra do tombo", x^{-1} é derivada de x^0. Contudo, x^0 é uma constante, e a derivada de uma constante vale zero (aliás, ao aplicar a regra do tombo, o zero do expoente passa a multiplicar o restante e, assim, tem-se que a derivada vale zero, como esperado). Conclui-se, portanto, que x^{-1} **não** pode ser a derivada originária de uma função polinomial.

A derivada do ln(x)

Considere $F(x) = \ln(x)$. Então, por equação 5, tem-se a derivada de F(x):

$$f = \frac{dF}{dx} = \frac{F(x + dx) - F(x)}{dx} = \frac{ln\,(x + dx) - ln(x)}{dx} \qquad \text{Equação 19A}$$

Agora, deixaremos de tratar dF/dx como uma "coisa única", e passaremos a tratar como uma razão (uma fração). A Equação 19A é reescrita como:

$$f \cdot dx = \ln(x + dx) - \ln(x) = \ln\left(\frac{x + dx}{x}\right) = \ln\left(1 + \frac{1}{x} \cdot dx\right) \qquad \text{Equação 19B}$$

Obtendo-se:

$$\left(1 + \frac{1}{x} \cdot dx\right) = e^{f \cdot dx} \qquad \text{Equação 19C}$$

Utilizando a Equação 18B:

$$\left(1 + \frac{1}{x} \cdot dx\right)^{\frac{1}{f \cdot dx}} = e$$

E, dessa forma, identifica-se que:

$$\frac{d(\ln(x))}{dx} = f = \frac{1}{x} = x^{-1} \qquad \text{Equação 19D}$$

Ou seja, a função $\frac{1}{x}$ (ou x^{-1}) é a derivada da função *ln(x).*

Antiderivadas

Considere uma função f(x) qualquer.[43] Essa função é um conjunto de valores ao longo do domínio (eixo x), valores esses que não são aleatórios, mas originados por uma certa regra: a função f(x). Pode-se, assim, considerar que os valores de f(x) representam taxas de variação de uma outra função, F(x). Vamos, agora, **inventar** uma notação para representar a operação de ir de f(x) para F(x). Por exemplo:

$$F(x) = \text{Ⱥ}\{\mathrm{f(x)}\}$$

Dessa maneira, para ir de F(x) para f(x), como visto nas seções anteriores, realiza-se a operação de derivação, definida na Equação 6:

$$f = \frac{dF}{dx} = \frac{F(x + dx) - F(x)}{dx}$$

Portanto, nessa notação **inventada**, tem-se:

$$F = \text{Ⱥ}\{\mathrm{f}\} = \text{Ⱥ}\left\{\frac{dF}{dx}\right\}$$

Obviamente, se f é a derivada de F, F é (uma) antiderivada de f. Contudo, a operação de encontrar a derivada é, na maior parte dos casos, possível (mesmo que extremamente trabalhoso), mas a de encontrar (uma) antiderivada não segue essa mesma regra. Tendo isso em mente, vamos aplicar a definição de Ⱥ{ f } a alguns casos já conhecidos.

Suponha $f(x) = 0$. Temos, então:

$$\text{Ⱥ}\{0\} = \mathrm{c} = \mathrm{F(x)} \qquad \text{Equação 20A}$$

Sendo c uma constante. Note que, como visto, a derivada de uma função constante vale zero, e, portanto, a antiderivada de uma função que vale zero ao longo de todo o domínio é uma função que tem um valor constante ao longo de todo o domínio.

Suponha $f(x) = k$, sendo k uma constante:

$$\text{Ⱥ}\{\mathrm{k}\} = \mathrm{k \cdot x + c} = \mathrm{F(x)} \qquad \text{Equação 20B}$$

Como visto, ao derivar $F(x) = k \cdot x + c$, obtém-se $f(x) = k$.

43 É importante ter em mente as considerações feitas logo no início da seção de Derivadas: são casos de "funções suaves".

Agora, já é possível entender por que se insistiu tanto em dizer que F(x) é uma antiderivada de f(x). Como se nota, pode-se escrever o seguinte:

$$f_i = f + 0$$

Ou seja, qualquer função f_i pode ser escrita como uma combinação da função f somada a zero. Pela Equação 20A, sabe-se que a antiderivada de zero é uma constante, e sabe-se que a derivada de uma soma é a soma das derivadas de cada termo. Portanto, ao antiderivar uma função f, também se está antiderivando um termo zero que se encontra somado a f. Logo, a função F(x) que se obtém tem o seguinte formato, para qualquer função f(x):

$$A\{f\} = \widetilde{A}\{f\} + A\{0\} = \widetilde{A}\{f\} + c = F$$

Na qual $\widetilde{A}\{f\}$ utilizamos para indicar a antiderivada de f **desconsiderando** o zero que se encontra somado. Por exemplo, $\widetilde{A}\{k\} = k \cdot x$. Como $F = A\{f\} = \widetilde{A}\{f\} + c$, então é possível escrever $F_i = A\{f\} = \widetilde{A}\{f\} + c_i$ como uma solução particular da operação $A\{f\}$ na qual a constante c vale c_i. Dessa maneira, $F = A\{f\}$ representa uma **família** de funções F_i, todas com o mesmo termo $\widetilde{A}\{f\}$, cada uma com um valor de constante c_i particular.

Considere $f = b + a \cdot x$. Qual é $\widetilde{A}\{f\}$? Qual é uma antiderivada de f?

$$\widetilde{A}\{f\} = \widetilde{A}\{b + a \cdot x\} = b \cdot x + \tfrac{1}{2} \cdot a \cdot x^2$$

Uma antiderivada de f é:

$$A\{f\} = b \cdot x + \tfrac{1}{2} \cdot a \cdot x^2 + c_i = F_i$$

Note que "surgiu" o fator ½ multiplicando $a \cdot x^2$. Por quê? Vamos escrever duas funções primitivas H e G:

$$H = \tfrac{1}{2} \cdot a \cdot x^2$$

$$G = a \cdot x^2$$

Em ambas, o valor de a é o mesmo. Vamos, agora, derivar estas funções:

$$h = \frac{d\left(\frac{1}{2} \cdot a \cdot x^2\right)}{dx} = 2 \cdot \tfrac{1}{2} \cdot a \cdot x = a \cdot x$$

$$g = \frac{d\left(a \cdot x^2\right)}{dx} = 2 \cdot a \cdot x$$

Ou seja, a derivada de H corresponde ao termo "$a \cdot x$" em $f = b + a \cdot x$, mas a derivada de G **não** corresponde a esse termo e sim a duas vezes esse termo (em razão do expoente 2 que desce multiplicando). Assim, em toda a antiderivação é preciso ter atenção aos eventuais coeficientes multiplicativos que possam ter "desaparecido" (isto é, tenham sido levados a 1) no processo de derivação. Poderíamos desenvolver, aqui, como é o algoritmo de antiderivação de polinômios, mas isso será deixado a encargo do(a) leitor(a), e restringimo-nos a apresentar o resultado:

$$\widetilde{A}\{k \cdot x^n\} = \frac{k}{n+1} \cdot x^{n+1} \qquad \text{Equação 21}$$

A Equação 21 é válida para todo n ≠ −1 (como visto anteriormente).

Como exercício, propõe-se que o(a) leitor(a) obtenha a família de antiderivadas de $f = \frac{1}{4} \cdot (x^3 - 3x^4)$.

Solução:

Sabe-se que $\widetilde{A}\{4x^3\} = x^4$, ou, de maneira inversa, $\frac{d(x^4)}{dx} = 4x^3$. Contudo, observa-se que, na função dada, x^3 não está multiplicado por 4, mas sim por ¼. Portanto, tem-se que 4 · "alguma coisa" = ¼, e, assim, "alguma coisa" = 1/16.

Sabe-se que $\widetilde{A}\{5x^4\} = x^5$. Contudo, na função dada, x^4 não está multiplicado por 5, mas sim por ¾. Logo, há um coeficiente que vale 3/20 multiplicando x^5. Assim:

$$A\left\{\frac{1}{4} \cdot (x^3 - 3x^4)\right\} = \frac{1}{16}x^4 - \frac{3}{20}x^5 + c = \frac{1}{4} \cdot \left(\frac{1}{4}x^4 - \frac{3}{5}x^5\right) + c$$

Como já se sabe, a partir de uma função f obtém-se F, a qual representa uma família de funções do tipo $\widetilde{A}$ {f} + c_i. Por simplicidade de notação e de texto, será omitido, de agora em diante, o termo constante c_i e a antiderivada de f será tratada apenas por $\widetilde{A}$ {f}.

Veremos, a seguir, três antiderivadas importantes:

1. $\widetilde{A}\{e^x\}$ ➔ Pela definição do operador $\widetilde{A}$ {f}, a função que se encontra entre chaves representa uma derivada de alguma outra função. Portanto, qual função que derivada, vale e^x? Como já visto, a derivada de e^x é a própria e^x. Dessa maneira, $\widetilde{A}\{e^x\} = e^x$.

2. $\widetilde{A}\{x^{-1}\} = \widetilde{A}\left\{\frac{1}{x}\right\}$ ➔ Queremos, agora, a função que, derivada, resulte em $\frac{1}{x}$. Como visto anteriormente, essa função é ln(x). Portanto, $\widetilde{A}\{x^{-1}\} = \widetilde{A}\left\{\frac{1}{x}\right\} = \ln(x)$.

3a. $\widetilde{A}\{ke^{kx}\}$ ➔ Tem-se, aqui, o caso de funções aninhadas. Sabe-se que o processo de derivação de funções aninhadas corresponde à derivada de função externa em relação à função interna vezes a derivada da função interna em relação à variável independente. Observa-se que "k" corresponde à derivada de "kx" e, como já visto, a derivada da função $e^{\text{"alguma coisa"}}$ é $e^{\text{"alguma coisa"}}$. Assim, $\widetilde{A}\{ke^{kx}\} = e^{kx}$(caso haja dúvida em uma antiderivação, faz-se o processo inverso: deriva-se o resultado e observa-se se a função a ser originalmente antiderivada é obtida; assim, sugere-se que o(a) leitor(a) derive e^{kx} para verificar o resultado).

3b. $\tilde{A}\{e^{kx}\}$ ➔ Note que, novamente, é um caso de funções aninhadas e muito semelhante ao anterior. Contudo, o termo "k" "desapareceu". Sabe-se que a derivada interna do termo "kx" resulta em "k". Supõe-se, então, que exista o termo $\frac{1}{k}$ multiplicando a função de modo que, quando se derive "kx", obtenha-se "1".

Dessa forma, $\tilde{A}\{e^{kx}\} = \frac{1}{k}e^{kx}$.

Integrais – a área sob uma curva

O estudo sobre o processo de derivação começou com a pergunta "Qual a taxa de variação de uma função em um dado valor da variável independente?". Com base nessa pergunta, desenvolveu-se o raciocínio que nos levou a definir a derivada (Equação 6). De modo semelhante, vamos propor uma pergunta, agora, como ponto de partida para obtermos o processo de integração. A pergunta é: "Qual a área sob uma determinada curva?".

Do mesmo modo que havia uma definição para inclinação (pois partiu-se do caso simples de o que é inclinação de uma reta), vamos partir de uma definição básica de o que é área. O caso mais trivial é o de um retângulo, sendo que, então, a área é definida como o produto do comprimento da base pelo comprimento da altura, ou comprimento horizontal vezes comprimento vertical.

Como se está lidando com *funções*, o que se chamou "altura" ou "comprimento vertical" é o valor da função para um determinado valor da variável independente. Vamos, assim como fizemos para antiderivadas, inventar uma simbologia para a função que vai representar a área: Â. Assim, *grosso modo*, a área será:

$$\hat{A} = (x_2 - x_1) \cdot \left(\frac{f(x_2) + f(x_1)}{2}\right) = \Delta x \cdot \bar{f} \qquad \text{Equação 22}$$

Sendo $\bar{f}$ o valor médio da função entre x_2 e x_1. Note que a Equação 22 nada mais é que uma pequena modificação da nossa definição de "base vezes altura", com o valor médio da função fazendo o papel da "altura" e a diferença entre dois valores da variável independente fazendo o papel da "base".

Suponha que f(x) = k = 71, ou seja, uma função de valor constante igual a 71, e se queira a área Â entre $x_2 = 5$ e $x_1 = 2$. Assim, aplicando a equação 21, tem-se:

$$\hat{A} = (x_2 - x_1) \cdot \left(\frac{f(x_2) + f(x_1)}{2}\right) = (5 - 2) \cdot \left(\frac{71 + 71}{2}\right) = 3 \cdot 71 = 213 = \Delta x \cdot k$$

Mas, obviamente, isso corresponde a um retângulo de base 3 e altura 71.

Por outro lado, o que ocorreria se f(x) = k = −71? Agora, tem-se uma "altura negativa". Em termos de área, o valor absoluto continua sendo o mesmo (213). Contudo, em termos da operação definida na Equação 22, Â = −213, ou seja, agora existe a possibilidade de a área ser negativa. Portanto, a Equação 22 é uma generalização do conceito da **área**.

E se, em vez de irmos de 2 para 5, fôssemos de 5 para 2? Ou seja, se $x_1 = 5$ e $x_2 = 2$? Então, se k = 71, pela Equação 22 teríamos, novamente, Â negativo (-213), e, se k = −71, Â seria, então, positiva (+213).

Dessa forma, a definição de Â apresentada na Equação 22 permite uma grande generalização da ideia de "área", que será explorada mais adiante.

Contudo, percebe-se que a Equação 22 traz um problema: será que, sempre, o valor médio da função é uma medida adequada da "altura" para calcular a área?

Vamos considerar um triângulo retângulo. Qual a área de tal triângulo? Como ilustrado na Figura 19, um triângulo retângulo corresponde à metade de um retângulo. Dessa forma, se a área do retângulo vale "base vezes altura", a área do triângulo retângulo vale "base vezes altura dividido por dois" (ver Figura 19A).

Percebe-se que o que estamos chamando de altura é o local em que a diagonal do retângulo encontra o vértice oposto. E se tomarmos, então, um retângulo um pouco maior (ou menor), como ilustrado na Figura 19B? A área continua sendo calculada da mesma maneira, obviamente. Contudo, se prestarmos atenção, veremos que a "altura" pode ser escrita como uma função do comprimento da "base". O que relaciona, neste caso, a altura à base? Uma função linear, representada pela diagonal do retângulo. Ou seja, pode-se escrever que a altura h é o comprimento da base b multiplicado por um coeficiente α: $h = \alpha \cdot b$. Mas isso é exatamente a nossa função de reta:

$$f(x) = \alpha \cdot x$$

Com f(x) fazendo o papel da altura, x fazendo o papel da base e α sendo a constante que relaciona ambas, vamos aplicar a Equação 21 para vermos o que obteremos considerando, inicialmente, um certo valor x_2 e sendo $x_1 = 0$:

$$\hat{A}_2 = (x_2 - x_1) \cdot \left(\frac{f(x_2) + f(x_1)}{2}\right) = (x_2 - 0) \cdot \left(\frac{\alpha \cdot x_2 + \alpha \cdot 0}{2}\right) = \frac{\alpha \cdot x_2^2}{2}$$

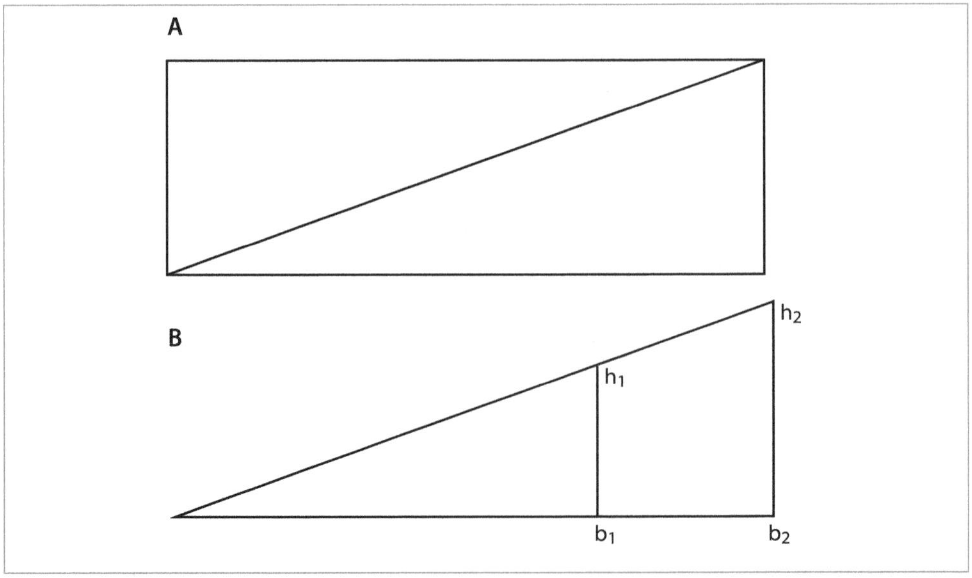

FIGURA 19 A: a área de um triângulo retângulo inscrito em um retângulo é metade da área do retângulo. B: a altura h de um triângulo retângulo pode ser escrita como uma função linear da base b.
Fonte: elaborada pelo autor.

Considere, agora, $x_1 \neq 0$. Pode-se perguntar "qual a área compreendida pela função entre 0 e x_1", e se obteria:

$$\hat{A}_1 = (x_1 - 0) \cdot \left(\frac{f(x_1) + f(0)}{2}\right) = \frac{\alpha \cdot x_1^2}{2}$$

Logo, para saber a área compreendia entre x_2 e x_1, bastaria fazer:

$$\hat{A}_2 - \hat{A}_1 = \frac{\alpha \cdot x_2^2 - \alpha \cdot x_1^2}{2} = \alpha \cdot \frac{x_2^2 - x_1^2}{2}$$

Vamos supor que somássemos uma constante "c" em $\hat{A}_2$ e, como a função é a mesma para x_1, somamos a mesma constante "c" em $\hat{A}_1$:

$$\hat{A}_2 = \frac{\alpha \cdot x_2^2}{2} + c$$

$$\hat{A}_1 = \frac{\alpha \cdot x_1^2}{2} + c$$

$$\hat{A}_2 - \hat{A}_1 = \frac{\alpha \cdot x_2^2 - \alpha \cdot x_1^2}{2} + c - c = \alpha \cdot \frac{x_2^2 - x_1^2}{2}$$

Ou seja, o valor da diferença $\hat{A}_2 - \hat{A}_1$ não muda se adicionarmos uma constante à função "área".

Inspecione, novamente, as equações para $\hat{A}_2$ e para $\hat{A}_1$ dadas. Se tomarmos qualquer uma delas e deixarmos de indexar "x", teríamos Â como uma função direta de x:

$$\hat{A}(x) = \alpha \cdot \frac{x^2}{2} + C \qquad \text{Equação 23A}$$

Sendo "C" maiúsculo o valor da função no valor de x a ser mantido fixo (por exemplo, $C = \frac{\alpha \cdot x_1^2}{2}$. Vamos derivar Â(x) da Equação 23A. Como já se sabe, trata-se de um polinômio e pode-se aplicar, diretamente, a "regra do tombo":

$$\frac{d\hat{A}}{dx} = \frac{d\left(\alpha \cdot \frac{x^2}{2} + C\right)}{dx} = \alpha \cdot x = f(x) \qquad \text{Equação 23B}$$

Ou seja, obteve-se a função $f(x) = \alpha \cdot x$ da qual se partiu.

E se tentássemos aplicar esse mesmo raciocínio para a função de valor constante f(x) = k com a qual iniciamos essa discussão?

Nota-se, inicialmente, que a diferença $\hat{A}_2 - \hat{A}_1$ não muda, independentemente de se somar uma constante à função Â:

$$\hat{A}_2 - \hat{A}_1 = k \cdot x_2 - k \cdot x_1 + c - c = k \cdot (x_2 - x_1) = k \cdot \Delta x$$

Tornando x não indexado e fazendo a derivada, teríamos:

$$\hat{A}(x) = k \cdot x + C$$

$$\frac{d\hat{A}}{dx} = \frac{d(k \cdot x + C)}{dx} = k$$

Ou seja, como no caso anterior, ao derivar a função $\hat{A}(x)$, obtém-se a função $f(x)$ da qual se partiu para o cálculo da área.

O que ocorre se a função for $f(x) = x^2$? Não iremos desenvolver esse problema aqui. No entanto, para interessados(as), no Apêndice ao final desse capítulo mostramos o raciocínio que leva à solução da questão. O resultado sugere, fortemente, que:

$$\hat{A}(x) = \widetilde{\mathbb{A}}\{f(x)\} + C \qquad \text{Equação 24}$$

Note, novamente, que o "C" maiúsculo indica que $\widetilde{\mathbb{A}}\{f(x_{fixo})\}$ é o valor de em x_{fixo}.

Vamos, agora, generalizar esse resultado, sem preocupações com a formalização mais rígida da prova em si. Pela Equação 22, temos a área calculada como $\Delta x \cdot \bar{f}$.

Contudo, o valor "$\bar{f}$" é adequado para funções cujas variações são independentes do local no eixo-x no qual se esteja, ou seja, para retas. Para generalizarmos o resultado, devemos diminuir o intervalo Δx de modo que $\bar{f}$ seja um valor sem ambiguidades (isto é, não seja um valor que somente pode ser aplicado para retas). Ao mesmo tempo, a área delimitada por $\Delta x \cdot \bar{f}$ se torna infinitesimal, e a área total deve, portanto, ser uma soma dessas diminutas áreas:

$$\hat{A}_T = [\sum F(x + \Delta x) - F(x)] \cdot \Delta x \qquad \text{Equação 25}$$

Note que, como já sabemos pelos resultados anteriores, o $\bar{f}$ é uma diferença entre valores de uma antiderivada de f(x), e, assim, já o escrevemos como F(x). Levando Δx a um valor infinitesimal dx, a soma na Equação 25 se dá sobre infinitos termos e o símbolo do somatório é substituído por um "S" modificado. Em vez de indicar os índices "j" do somatório, indica-se o trecho da variável independente no qual se está computando a área, ou seja, x_{final} e $x_{inicial}$, de modo que:

$$\hat{A}(x) = \int_{x_{inicial}}^{x_{final}} \frac{dF}{dx} \cdot dx = F(x_{final}) - F(x_{inicial}) \qquad \text{Equação 26}$$

A Equação 32 é chamada de **integral definida** ou **integral de Riemann**. Ela corresponde à área sob a função f(x), nos moldes propostos na Equação 22, ou seja, essas áreas podem ser positivas, negativas ou mesmo nulas, pois são calculadas em relação ao eixo x. Além disso, se uma determinada área teve valor A entre $x_{inicial}$ e x_{final}, ao inverter o final com o inicial, a área passa a ter o valor −A. A área sob a função f(x) é calculada pela diferença dos valores da antiderivada F(x) de f(x) nos valores final e inicial da variável independente.

Note que se enfatizou a integração da função f(x), que é a derivada da função F(x). Em outras palavras, considere uma F(x) qualquer. A integral de sua derivada f(x) é a própria F(x), que é chamada, também, de "a primitiva de f(x)".

A diferença entre a integral definida (de Riemann) e a "integral" é que a "integral" é uma função (basicamente é a antiderivada de uma função), enquanto a "integral definida" é um número, um valor que corresponde à área de definição geral pela Equação 26.

Aplicações de derivadas, antiderivadas e integrais definidas

Visualização da relação de F com f

Como dito anteriormente, é muito importante que o(a) leitor(a) reconheça a relação que existe entre uma certa função F(x) e sua derivada, f(x); o que é similar a reconhecer a relação entre uma função f(x) e sua primitiva F(x). Dessa maneira, ilustram-se, na Figura 20, algumas funções e suas respectivas derivadas (ou primitivas, dependendo de qual função se escolha como referência).

Usando a derivada para interpretar crescimento ou diminuição de F

Considere a função $F(x) = 5x^4$, apresentada na Figura 20C. Essa função nunca fica negativa e tende ao infinito positivo tanto quando x tende a menos infinito quanto quando x tende a mais infinito. Quando x = 0, F(0) = 0. Assim, para x pertencente ao intervalo $]-\infty , 0]$, a função F(x) é decrescente. Portanto, sua derivada deve ser negativa nesse intervalo. Já no intervalo $[0 , \infty[$, a função F(x) é crescente, e, assim, sua derivada deve ser positiva.

Dessa maneira, muitas vezes não se conhece a função primitiva, uma certa F(x), mas se conhecem valores de sua derivada. Com isso, mesmo desconhecendo a função F(x), sabe-se se em um dado intervalo de x essa função terá valores crescentes ou decrescentes. Um bom exemplo disso são os chamados "balanços", como o balanço hídrico, o balanço nitrogenado etc. Considere o balanço hídrico. Não se sabe a quantidade de água total em um dado organismo, mas, ao somar todos os ganhos de água desse organismo em um dado período e subtrair todas as perdas nesse mesmo período, sabe-se se o organismo está em um balanço positivo (ganho), negativo (perda) ou nulo de água. Esse balanço nada mais é que a taxa de variação de água corpórea ao longo do tempo e, portanto, a "derivada" da função "água corpórea total".

Min/Max

Como visto, se a derivada é positiva, a primitiva é crescente, e se a derivada é negativa, a primitiva é decrescente. Assim, se uma função derivada f(x) é positiva (negativa) em um intervalo]a , b[e negativa (positiva) em um intervalo]b , c[, então a primitiva F(x) é crescente (decrescente) no intervalo]a , b[e decrescente (crescente) no intervalo]b , c[. Logo, quando x = b, F(x) está na transição entre uma porção crescente para uma porção decrescente da função (ou decrescente para crescente) e, portanto, F(b) não varia: em x = b, a derivada de F(x) vale zero.

Se a transição é entre crescente para decrescente, localmente, em x = b, F(x) atingiu um ponto de máximo. Se a transição é entre decrescente para crescente, então, em x = b, F(x) atingiu um ponto de mínimo (veja as Figuras 20B e 20C como exemplos).

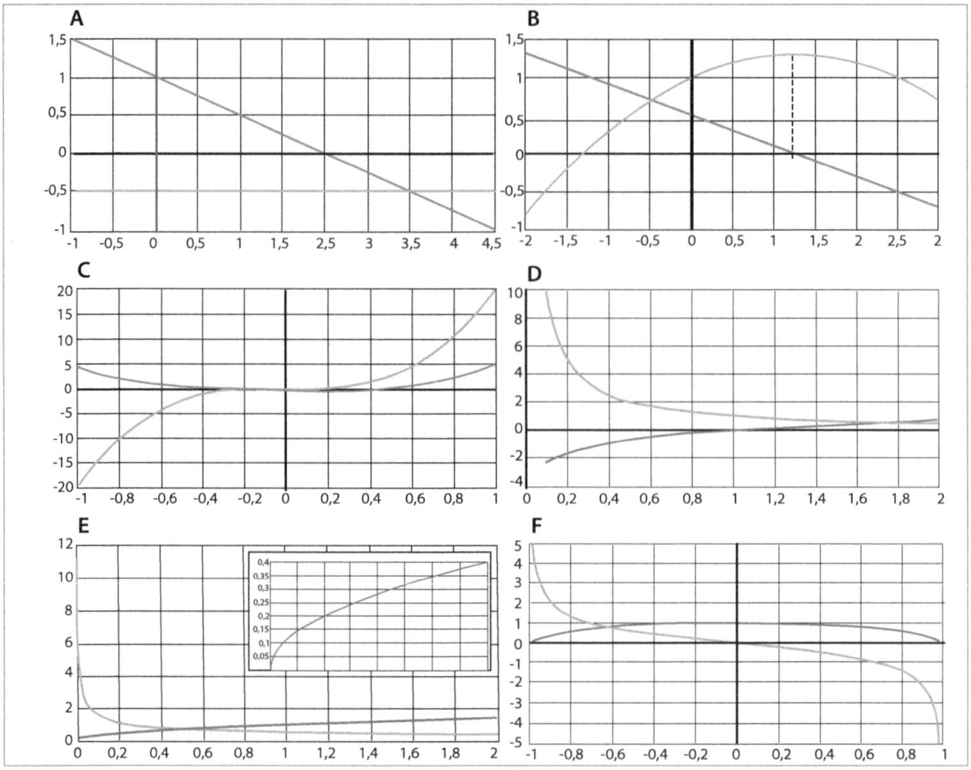

FIGURA 20 Relação entre funções F(x), em cinza escuro, e as respectivas derivadas f(x), em cinza claro. Os eixos das abcissas e das ordenadas estão em preto. A: $F(x) = 1 - 0{,}5x \leftrightarrow f(x) = -0{,}5$; note, assim, que a derivada é uma reta de valor constante. B: $F(x) = 1 + 0{,}5x - 0{,}2x^2 \leftrightarrow f(x) = 0{,}5 - 0{,}4x$; note, no extremante (no caso, um ponto de máximo indicado pela linha vertical tracejada), que a derivada, que é uma reta de inclinação negativa, vale zero. C: $F(x) = 5x^4 \leftrightarrow f(x) = 20x^3$; (D) $F(x) = \ln(x) \leftrightarrow f(x) = 1/x$; (E) $F(x) = \sqrt[2]{x} \leftrightarrow f(x) = \frac{1}{2}\frac{1}{\sqrt[2]{x}}$; na inserção, a ampliação da região próxima a x = 0; (F) $F(x) = \sqrt[2]{1-x^2} \leftrightarrow f(x) = -\frac{x}{\sqrt[2]{1-x^2}}$; note que a função F(x) é limitada a $-1 \leq x \leq 1$ para que permaneça no conjunto dos Reais.
Fonte: elaborada pelo autor.

Dessa maneira, pode-se utilizar a derivada de uma função para estabelecer se essa função tem, em um determinado local (isto é, em um determinado intervalo da variável independente), um ponto extremante, ou seja, um ponto de máximo ou um ponto de mínimo.

Considere o seguinte problema: um certo hormônio com concentração H atinge uma certa massa M de células. A resposta obtida é linear em relação à massa m de células ativadas pelo hormônio. Contudo, ao atingir uma célula, uma certa quantidade do hormônio é sequestrada e, assim, resta uma menor concentração para estimular as próximas células em um dado local, de modo que a massa ativada m é dada pela função:

$$m = \frac{H \cdot M}{K \cdot M^2 + 1}$$

Problema: para ter uma resposta máxima para uma dada concentração H do hormônio, é adequado tentar maximizar a massa M de células-alvo?

Solução: como a resposta é linear à massa ativada m, maximizar a resposta é o mesmo que maximizar m. Logo, a pergunta é se a função que descreve a massa ativada tem um extremante em relação à massa total M. Assim, deve-se responder se existe a seguinte condição:

$$\frac{dm}{dM} = 0$$

Fazendo $\frac{dm}{dM}$, obtém-se:

$$\frac{dm}{dM} = \frac{H \cdot \left(1 - K \cdot M^2\right)}{(K \cdot M^2 + 1)^2}$$

Para a condição de extremo $\frac{dm}{dM} = 0$, tem-se:

$$1 - K \cdot M^2 = 0 \leftrightarrow M = K^{-\frac{1}{2}}$$

Ou seja, quando $M = \frac{1}{\sqrt{K}}$, a derivada da função m é nula e está em um valor extremo.

Para saber se o extremo é um ponto de máximo ou um ponto de mínimo, é preciso saber como é o comportamento da função ao redor do extremo. Analiticamente, utiliza-se a segunda derivada da função para isso. Contudo, essa operação será deixada para mais adiante. Por agora, observe que:

1. Se M = 0, m = 0.
2. Em M = 0, $\frac{dm}{dM} = H > 0$, ou seja, a derivada em M = 0 é positiva e, portanto, m é crescente nessa região.
3. Para $M > \frac{1}{\sqrt{K}}$, $\frac{dm}{dM} < 0$.

Portanto, ao associar essas três informações, percebe-se que, em $M = \frac{1}{\sqrt{K}}$, a massa de células ativada é um ponto de máximo, e conclui-se que não é adequado tentar maximizar a massa M de células a serem ativadas para ter a resposta máxima ao hormônio desse exemplo: se M é maior que $\frac{1}{\sqrt{K}}$, a quantidade de células ativadas diminui. A massa de células ativadas no ponto de máximo vale $m_{max} = \frac{H}{2\sqrt{K}}$. A Figura 21 ilustra a relação entre a massa total M e a massa ativada m para H = 5 e K = 2.

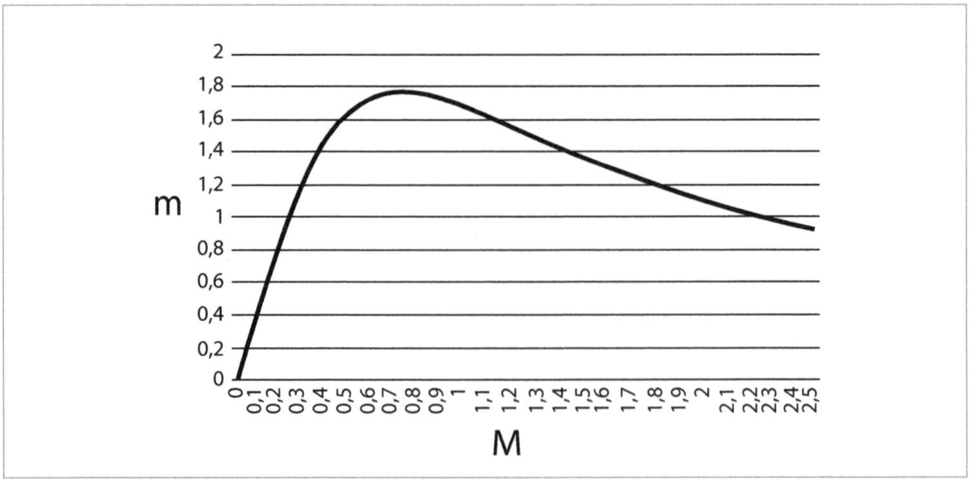

FIGURA 21 Relação entre a massa total M e a massa ativada m para H = 5 e K = 2. Note que a função tem um ponto de máximo (no caso, esse ponto é um máximo global).
Fonte: elaborada pelo autor.

A segunda derivada e extremantes

Vamos continuar com o problema do hormônio H e a ativação e uma massa de células M, cuja massa ativada m é uma função de M, m = F(M). Nos valores da massa total M menores que $1/\sqrt{K}$, a função F(M) é crescente (ver Figura 21). Logo, a primeira derivada dF/dM é positiva (> 0). Para valores de M maiores que $1/\sqrt{K}$, a função F(M) é decrescente e, assim a primeira derivada é negativa (< 0). Entre os valores de dF/dM positivos e os negativos, passa-se por dF/dM = 0, que se utiliza para determinar o extremante.

Considere, agora, a própria derivada dF/dM como outra função de M, f(M). Note que f(M) é uma função decrescente de M, pois f(M) é positiva para valores de M menores que $1/\sqrt{K}$ e negativa para valores de M maiores que $1/\sqrt{K}$. Mas, se f(M) é decrescente, isso quer dizer que sua derivada é negativa: df/dM < 0.

Quem é "df/dM"? Essa função nada mais é do que a segunda derivada de F em relação a M:

$$\frac{df}{dM} = \frac{d\left(\frac{dF}{dM}\right)}{dM} = \frac{d^2F}{dM^2}$$

Portanto, pode-se saber se um extremante é um ponto de máximo ou um ponto de mínimo de maneira analítica: se a segunda derivada é negativa, o ponto é de máximo e, se a segunda derivada é positiva, o ponto é de mínimo.

Uma nota importante: a primeira derivada pode ser nula em um determinado valor de x e não estar associada a um extremo. Nesses casos, a função primitiva está mudando sua concavidade. Quando isso ocorre, ou a segunda derivada é, também, nula, ou é indeterminada. Discutir esse assunto, contudo, foge aos nossos objetivos.

Fica a cargo do(a) leitor(a) obter a segunda derivada da função m = F(M) para conferir se a segunda derivada é, no intervalo de interesse, negativa.

Também fica a cargo do(a) leitor(a) mostrar que polinômios de segundo grau $y = a \cdot x^2 + b \cdot x + c$ têm o extremante global em $x = \frac{-b}{2a}$, sendo esse extremante um ponto de máximo se $a < 0$ e um ponto de mínimo se $a > 0$. O extremante é dito "global", pois é um único extremante para a função y em todo o domínio $x \in]-\infty, +\infty[$.

Osciladores

Um fenômeno ou processo é dito oscilatório se, a intervalos regulares de tempo, o fenômeno ou processo retorna a um mesmo conjunto dos valores de suas variáveis. Vejamos um exemplo simples e óbvio. A cada 24 horas, o Sol se encontra em uma mesma posição relativa em relação à Terra,[44] ou seja, a variável "posição relativa do Sol em relação à Terra" é um fenômeno oscilatório.

O fenômeno oscilatório pode ser mensurado de maneira contínua ou de maneira discreta. Assim, no exemplo dado, se medirmos a intensidade luminosa do céu, essa medida será contínua ao longo das 24 horas, e o ciclo será representado de maneira contínua. Por outro lado, se contarmos a passagem do Sol por uma certa linha imaginária no céu, essa contagem nos fornecerá eventos que ocorrem isoladamente, em uma contagem discreta de um em um.

Um processo oscilatório contínuo tem alguns parâmetros que o caracterizam (ver Figura 22):

- Ciclo: um conjunto completo de valores que ocupa um certo intervalo e que se repetirá no próximo intervalo.
- Período: o intervalo para repetição (a unidade do período é [tempo]).
- Frequência: o inverso do período (a unidade da frequência é [tempo^{-1}]), e indica quantos ciclos ocorrem a cada unidade de tempo.
- Fase: ponto inicial do ciclo.
- Linha de base: valor médio do processo, ou um valor de referência arbitrariamente designado dadas as características do processo em foco.
- Amplitude de pico: valor máximo atingido durante o ciclo em relação à linha de base.
- Amplitude de nadir: valor mínimo atingido em relação à linha de base.
- Amplitude pico a pico: soma, em valores absolutos, das amplitudes de pico e de nadir.

Como modelar um processo cíclico? Foge aos nossos objetivos um tratamento extenso e sofisticado em relação a osciladores. Vamos, então, nos limitar a examinar um modelo simples de representação de um processo oscilatório. Tal modelo supõe

44 É claro que tanto "24 horas" quanto "mesma posição" são aproximações. Contudo, isso foge ao escopo do presente texto.

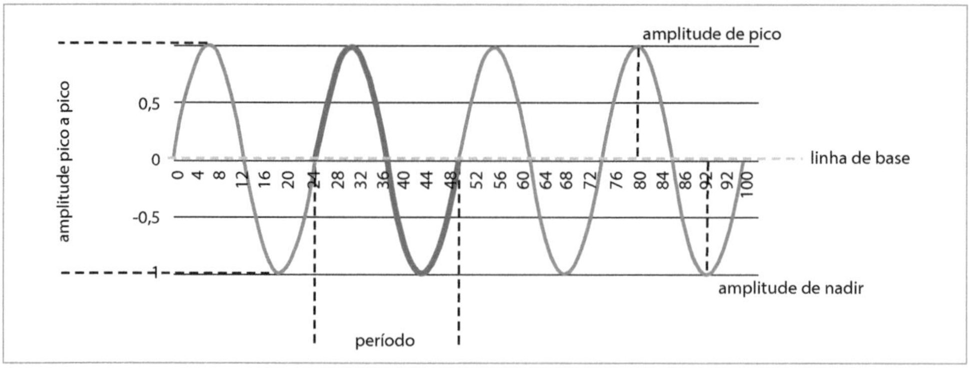

FIGURA 22 Processo oscilatório e seus parâmetros, com um dos ciclos em realce mais escuro. Note que a fase não foi apontada, pois depende do momento em que se determina que o ciclo se inicia (não necessariamente na linha de base).
Fonte: elaborada pelo autor.

que o ciclo seja simétrico em relação à linha de base e em relação ao tempo. Ou seja, o modelo tem o valor da amplitude de pico igual ao valor absoluto da amplitude de nadir, a duração da fase acima da linha de base é igual à duração abaixo dela, com a linha de base coincidindo como valor médio do ciclo, sendo esse valor igual a zero.

Para modelar tal fenômeno, é preciso, então, de uma função que seja cíclica, ou seja, que tenha essa propriedade de se repetir identicamente a intervalos regulares (o qual será nossa variável independente). Uma função que tem essa propriedade é o cosseno, ou o seno (que, no fundo, são a mesma função com uma diferença de fase). O que são as funções cosseno e seno?

Considere um círculo com raio R e escolha um ponto no círculo. Imagine, agora, que esse ponto começa a se deslocar sobre o círculo e, apenas por simplicidade, que esse deslocamento seja no sentido anti-horário. Também por simplicidade, imagine que esse deslocamento ocorra com uma rapidez constante, ou seja, a cada intervalo fixo nosso ponto se desloca por um mesmo comprimento linear sobre o círculo. Do centro do círculo, saem dois eixos perpendiculares entre si, por simplicidade, os eixos x e y. Veja a Figura 23.

Se tomarmos a projeção do nosso ponto sobre o eixo x, encontraremos um valor, X(t), e esse valor varia ao longo do tempo conforme o ponto percorre o círculo. O mesmo ocorre com a projeção sobre o eixo y, Y(t). Note que se forma um triângulo retângulo com o raio R, a projeção no eixo x e a projeção no eixo y. Ou seja, R, X(t) e Y(t) formam um triângulo retângulo, com o raio R sendo a hipotenusa e X(t) e Y(t) sendo os catetos. Note que tanto a projeção no eixo x quanto a projeção no eixo y variam conforme o tempo passa e o ponto se desloca sobre o círculo, porém o raio R é constante. Similarmente, o ângulo que o raio R faz com os eixos muda ao longo do tempo. Chamaremos o ângulo com o eixo x de $\theta(t)$.

Pelo teorema de Pitágoras:

$$R^2 = X(t)^2 + Y(t)^2 \qquad \text{Equação 27A}$$

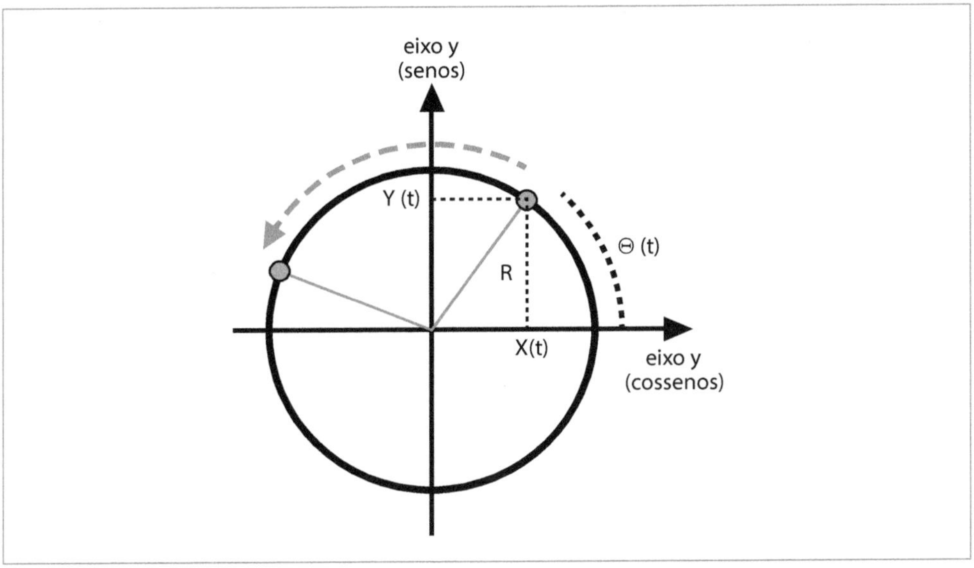

FIGURA 23 Um círculo de raio R cujo centro é a origem (cruzamento) dos eixos x e y. Um ponto nesse círculo faz um ângulo θ com o eixo horizontal, tendo X e Y como as respectivas projeções desse ponto nos eixos. Com o passar do tempo, esse ponto se desloca sobre o círculo (seta tracejada cinza), alterando o ângulo θ (e, consequentemente, as projeções X e Y), porém sem alterar o raio R.
Fonte: elaborada pelo autor.

Suponha que escolhamos r = 1 (note que colocamos r minúsculo para indicar essa escolha). Como o teorema de Pitágoras continua sendo válido, temos (note que colocamos, agora, x e y minúsculos):

$$r^2 = x(t)^2 + y(t)^2 \qquad \text{Equação 27B}$$

Um certo raio R qualquer é o raio unitário r multiplicado por um fator f:

$$R = f \cdot r \qquad \text{Equação 28}$$

Vamos inserir a Equação 28 na 27A e utilizar a Equação 27B:

$$R^2 = (f \cdot r)^2 = f^2 \cdot r^2 = f^2 \cdot \left(x(t)^2 + y(t)^2\right) = X(t)^2 + Y(t)^2 \qquad \text{Equação 29}$$

Assim:

$$X(t)^2 = f^2 \cdot x(t)^2 \qquad \text{Equação 30A}$$

$$Y(t)^2 = f^2 \cdot y(t)^2 \qquad \text{Equação 30B}$$

Como f é um fator fixo de escala entre os raios, tem-se $X(t) = f \cdot x(t)$ e $Y(t) = f \cdot y(t)$. Ou seja, R, X(t) e Y(t) são os valores de r = 1, x(t) e y(t) multiplicados (escalados) por um certo fator f. Em outras palavras, trabalhar com o chamado "círculo unitário", no qual r = 1, é o mesmo que trabalhar com qualquer círculo arbitrário de raio R = f · r.

A função x(t) é o cosseno (cos) e a função y(t) é o seno (sen), e toma-se, assim, o eixo x como o eixo dos cossenos e o eixo y como o eixo dos senos (ver Figura 23). Como o que determina o tamanho das projeções é o ângulo θ, diz-se cos(θ) e sen(θ). Como, no caso que estamos estudando, o ângulo θ é uma função do tempo (a rapidez com que o ponto percorre o círculo), tem-se:

$$x(t) = cos(\theta(t))$$

$$y(t) = sen(\theta(t))$$

Quanto vale θ(t)?

Como o ponto se move sobre o círculo com rapidez fixa, isso significa que, onde quer que nosso ponto esteja, a variação que seu movimento causa em θ é fixa. Logo, dado um ângulo inicial θ_0, tem-se:

$$\theta(t) = \theta_0 + \omega \cdot t \qquad \text{Equação 31}$$

Sendo ω a chamada **velocidade angular**, ou seja, a velocidade com que o ângulo θ se modifica (em notação: $\omega = \frac{d\theta}{dt}$), o valor inicial θ_0 é a chamada **fase**. Dessa forma:

$$x(t) = cos(\theta_0 + \omega \cdot t) \qquad \text{Equação 32A}$$

$$y(t) = sen(\theta_0 + \omega \cdot t) \qquad \text{Equação 32B}$$

Note que, a cada volta que o ponto completa no círculo ele retorna ao ângulo θ_0 e todo o processo se reinicia, ou seja, todos os valores de x(t) e de y(t) se repetirão. Note, ainda, que como $x^2 + y^2 = cos^2 + sen^2 = r^2 = 1$ (omitiu-se (t) por simplicidade de notação), então os valores de seno e de cosseno estão restritos ao intervalo [−1 , +1], e quando sen = ±1, então cos = 0, e quando cos = ±1, então sen = 0. Ou seja, a amplitude de pico de x(t) e de y(t) é 1 e a amplitude de nadir dessas funções é −1 (logo, a amplitude pico a pico é de 2).

Como visto, as funções X(t) e Y(t) são o cosseno e o seno em uma escala f. Assim, apesar de a amplitude do seno e do cosseno estar restrita a ±1, a amplitude das funções X(t) e Y(t) vale ±f, e f é um valor arbitrário maior ou igual a zero. Por esse motivo, em grande parte das vezes, encontra-se a notação "A" em vez de "f" quando se escreve X(t) (ou Y(t)):

$$X(t) = A \cdot cos(\theta_0 + \omega \cdot t) \qquad \text{Equação 32C}$$

$$Y(t) = A \cdot sen(\theta_0 + \omega \cdot t) \qquad \text{Equação 32D}$$

Dessa maneira, há, por meio das Equações 32, modelos para representar, de maneira simplificada, processos de caráter oscilatório.

Vetores

Um vetor é um conjunto ordenado de valores (números). Muitas vezes, por razões que ficarão mais claras adiante, diz-se que um vetor é uma grandeza que possui magnitude e direção. Vamos iniciar com o exemplo mais simples: um vetor com dois valores. Se esse vetor for chamado **V**, então se pode, como exemplo, escrever **V** = {a , b}. Os valores "a" e "b" compõem o vetor **V**. Como já mencionado, um vetor é um conjunto ordenado de números e, assim, **V** = {a , b} ≠ {b , a} = **W**, ou seja, o conjunto {b , a} compõe outro vetor, chamado **W** neste exemplo.

Por quais motivos utilizam-se vetores? Porque há grandezas cuja representação por um único valor não se torna completa. Antes de prosseguir, vamos, então, buscar, como contraexemplo, grandezas que **não** necessitam de mais que um valor para serem completamente conhecidas. Essas grandezas, cuja representação por um único valor já é completa, são ditas **grandezas escalares**. Energia é um exemplo de grandeza escalar: ao especificar a energia de um sistema, esse único valor já dá a informação completa. Temperatura e concentração são outros dois exemplos de grandezas escalares.

Retornando, então, ao problema, existem as grandezas para as quais um único valor não as representa completamente. Essas grandezas são ditas **grandezas vetoriais**. Por exemplo, um ponto em um plano necessita de dois valores para ter sua localização especificada. Assim, o vetor **V** escrito acima poderia representar um ponto em um plano, e o valor "a" indica o quanto devemos nos mover sobre um eixo e o valor "b", o quanto devemos nos mover no outro eixo. Com isso, fica claro por que se a ≠ b, então {a , b} ≠ {b , a}. Suponha que a = −3 e b = +4. Os vetores **V** e **W** estão ilustrados na Figura 24.

É convencional negritar os vetores de modo a não serem confundidos com escalares. Assim, utilizando esse tipo de convenção, **a** não é o mesmo que a: o primeiro é um vetor, o segundo é um escalar (isto é, um único valor).

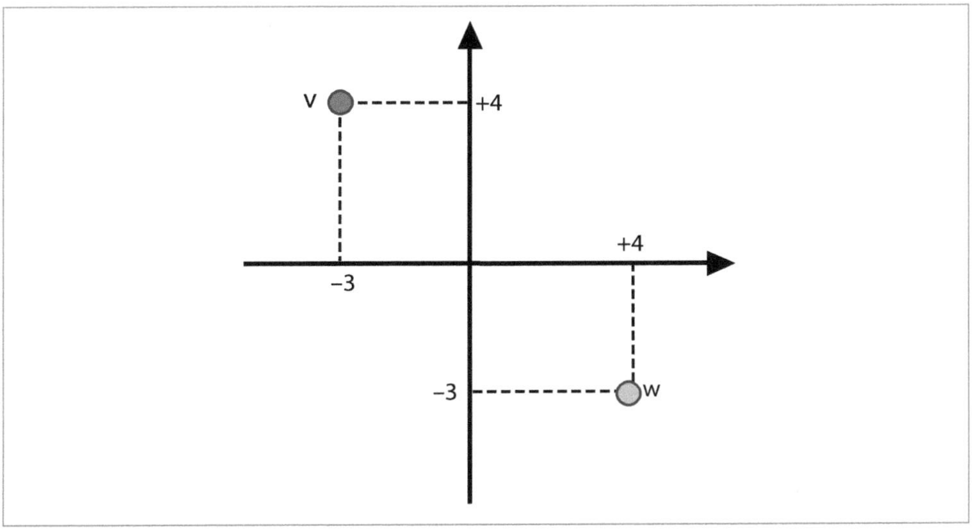

FIGURA 24 Representação dos vetores **V** e **W** em um plano cartesiano.
Fonte: elaborada pelo autor.

E quais são exemplos de grandezas vetoriais? Um deles já foi dado: um ponto em um plano. Um ponto em um volume (ou no espaço tridimensional) é outro exemplo, o qual necessita, então, de três valores para ser especificado. Velocidade, aceleração e força são outros exemplos importantes de grandezas vetoriais.

Vetores, de maneira pragmática

Vamos utilizar a velocidade para explorar um pouco mais as grandezas vetoriais e vetores em geral. No Brasil, não se faz uma clara distinção entre "velocidade" e "rapidez" e, assim, muitos podem se questionar por que velocidade é uma grandeza vetorial. Quando, por exemplo, dizemos que vamos de automóvel da cidade de São Paulo à cidade do Rio de Janeiro e completamos que iremos à velocidade média de 90 quilômetros por hora, nos parece que "velocidade = 90 km h^{-1}". Contudo, note que foi especificado de qual local para qual outro estamos nos deslocando. Ou seja, apesar de não haver um valor, foram dados uma direção e um sentido para o deslocamento. Outra situação comum com a qual nos deparamos é aquela na qual direção/sentido do movimento ficam implícitos no problema ou na fala da pessoa. Por exemplo, "Um corredor se encontra 20 metros à frente de outro, correndo a 17 km h^{-1}, enquanto o segundo corre a 18 km h^{-1}. Quanto tempo e qual a distância percorrida pelo segundo corredor para alcançar o primeiro?". Note que fica implícito que ambos os corredores se deslocam sobre uma mesma linha e ambos vão no mesmo sentido. Assim, novamente, pode-se ter a impressão de que as velocidades são, meramente, os 17 km h^{-1} e os 18 km h^{-1}. Contudo, esses valores são a rapidez dos movimentos.

Portanto, velocidade é uma grandeza que necessita de ao menos dois valores para ser especificada: a rapidez e o sentido do movimento. Por que "ao menos dois valores"? Pois depende de "onde" a velocidade "se encontra". No caso do automóvel ou no caso dos corredores, as velocidades se encontravam em um plano. Para definir um plano, são necessários três pontos não colineares, ou duas retas não paralelas. Mas, uma vez dado um plano, um ponto desse é definido por dois valores. Portanto, planos são ditos bidimensionais (ou 2D), pois seus pontos são definidos por duas dimensões. Um volume, por outro lado, necessita de dois planos não paralelos para ser definido, e os pontos que nele repousam necessitam de três valores para serem especificados. Portanto, volumes são tridimensionais (3D). Logo, a velocidade de um avião ou de um pássaro necessita de três valores para ser especificada completamente.

O "onde a velocidade se encontra" é uma maneira simplista de se referir a um **espaço vetorial** e aos **vetores** que nesse espaço se encontram. O tópico espaço vetorial e vetores é muito abrangente e muito mais elaborado do que o que será apresentado aqui, e iria muito além dos objetivos deste livro. Assim, procuraremos navegar no assunto de um modo pragmático com o objetivo de permitir um trânsito mais facilitado, mas sem aprofundamentos.

Vamos retomar os vetores **V** e **W** apresentados anteriormente (ver Figura 24). Note que impusemos, sem haver declarado explicitamente, que o plano no qual esses vetores se encontram tem uma origem **O** definida, isto é, um ponto que consideramos ser de onde partem os vetores, de modo que **O** = {0 , 0}. Por esse motivo é que pudemos falar em "a = −3" e "b = +4", pois fazíamos alusão à origem: "a" é um ponto sobre o eixo horizontal que se encontra 3 unidades à esquerda da origem; "b" é um ponto sobre o eixo vertical que se encontra 4 unidades acima da origem, no caso do vetor **V**. Também impusemos, sem declarar explicitamente, que os eixos contendo a origem são ortogonais entre si. A ortogonalidade desses eixos é o que permite a obtenção da localização dos pontos **V** e **W** através das linhas pontilhadas ilustradas na Figura 24. A ortogonalidade dos eixos é uma sutileza que facilita as operações entre vetores. Contudo, um espaço vetorial não necessita ser definido por eixos ortogonais entre si (mas não iremos nos aventurar neste assunto). Impusemos, ainda, também sem declarar explicitamente, que tínhamos um modo de caminhar sobre os eixos, com "unidades de distância" e "sentido" do caminhar.

Vamos colocar outros dois vetores no plano que contém os vetores **V** e **W** que já conhecemos. Vamos supor que estes quatro vetores (**V**, **W**, **U**, **Z**) representem locais em uma cidade, e a origem foi determinada como o local no qual a cidade foi fundada e a região que contém os nossos vetores é formada por quarteirões regulares (Figura 25). A que distância os vetores se encontram do local da fundação da cidade? A que distância se encontram uns dos outros?

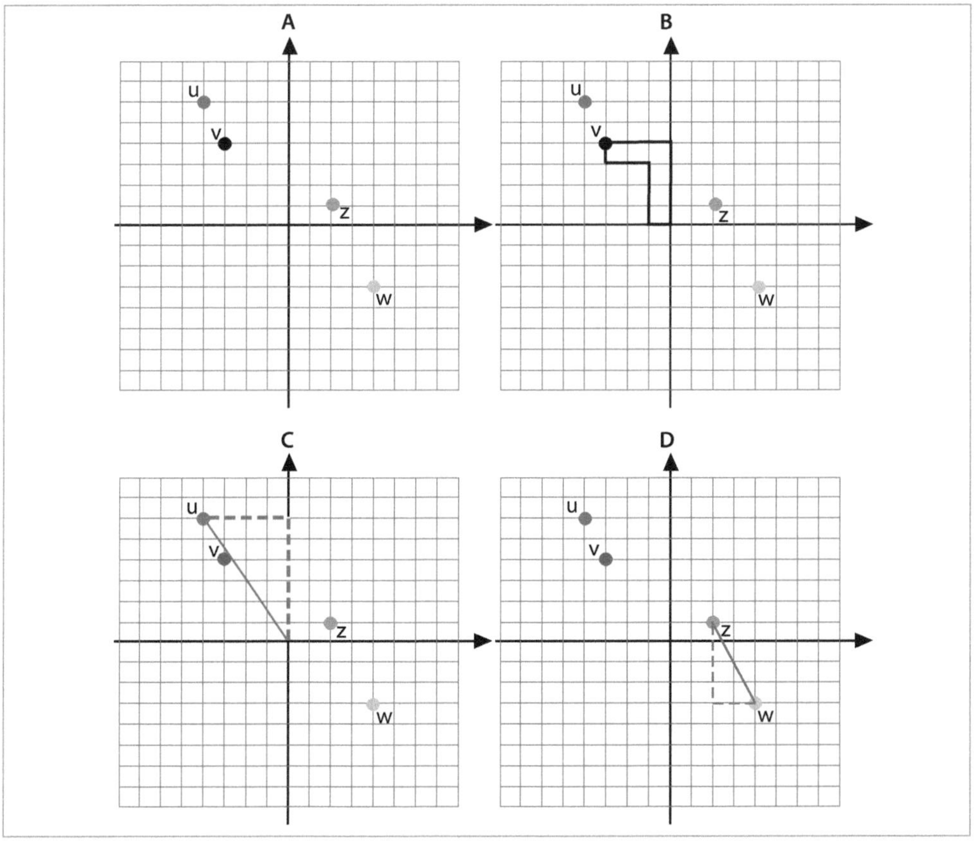

FIGURA 25 Quatro vetores (V, W, U, Z) em um espaço bidimensional de um plano representando uma cidade. Os quadriculados tracejados representam quarteirões regulares dessa cidade e a origem é o local de fundação da cidade.
Fonte: elaborada pelo autor.

Uma vez que se quer, agora, saber "distâncias", é preciso estar em um espaço (vetorial) no qual "distância" seja definida, e isso fará desse espaço um espaço dito métrico. Em outras palavras, é necessário ter um modo de calcular distâncias, que é chamado de métrica do espaço (vetorial). Uma métrica é, portanto, um modo de calcular distâncias em um espaço. Para ser uma métrica, d, há quatro condições que devem ser obedecidas (de fato, a quarta condição pode, em certas circunstâncias, não ser considerada):

1. $d(x, y) = d(y, x)$
2. $d(x, x) = 0$
3. $d(x, y) > 0 \mid x \neq y$
4. $d(x, y) + d(y, z) \geq d(x, z)$

A condição 1 diz que a distância calculada de x para y deve ser a mesma se calcularmos a distância de y para x; a condição 2 diz que a distância de um ponto para ele mesmo é zero; a condição 3 diz que, se os pontos x e y não são o mesmo ponto, a distância entre eles deve ser maior que zero. A condição 4 é conhecida como desigualdade triangular e diz que a distância para ir de x a y e, em seguida, de y para z, deve ser maior ou igual à distância para ir de x diretamente a z.

Vamos retomar a Figura 25. Se somos uma pessoa que se encontra no vetor **V** (ponto {−3, +4}), para irmos até a origem temos de percorrer as ruas delimitadas pelos quarteirões da cidade. No gráfico B da Figura 25, há dois possíveis trajetos para ir de **V** até a origem: podemos andar três quarteirões para a direita e, em seguida, quatro quarteirões para baixo; podemos andar um quarteirão para baixo, dois para a direita, três para baixo e mais um para a direita. Esses são, apenas, dois dos trajetos possíveis. Contudo, percebemos que, qualquer que seja o trajeto escolhido, iremos, invariavelmente, caminhar 3 quarteirões para a direita e 4 quarteirões para baixo, perfazendo, sempre, 7 quarteirões. Percebemos também que, em termos de quarteirões, para irmos da origem até o vetor **V**, percorreremos, invariavelmente, 7 quarteirões. Note, assim, que as condições 1, 2 e 3 estão satisfeitas. Note, ainda, que, se formos de **V** até a origem e da origem até **Z**, percorreremos, invariavelmente, 10 quarteirões, mas se formos diretamente de **V** até **Z**, percorreremos 8 quarteirões, satisfazendo a condição 4. A distância, medida em quarteirões (regulares), é uma métrica? Sim, esse modo de computar distâncias é uma métrica dada pela Equação 33A:

$$d_{L_1}(\alpha, \beta) = abs(H_\alpha - H_\beta) + abs(V_\alpha - V_\beta) \qquad \text{Equação 33A}$$

Assim, a distância "em quarteirões", denominada norma-L_1 (por razões que fogem aos nossos objetivos), é dada pela soma dos valores absolutos das diferenças entre as posições horizontais (H) e verticais (V) dos pontos (no caso, α e β – não confundir "V" da posição vertical com "**V**" do vetor {-3, +4}). A título de completude, vamos calcular a distância entre os pontos **V** e **Z** pela norma-L_1:

$$d_{L_1}(\mathbf{V}, \mathbf{Z}) = abs(-3 - 2) + abs(4 - 1) = 5 + 3 = 8$$

Considere, agora, que apesar dos quarteirões, tenhamos um helicóptero para nos transportar pela cidade. A que distância o vetor **U** se encontra da origem? O gráfico C da Figura 25 ilustra o trajeto "de helicóptero" entre o vetor **U** e a origem. Notamos que essa distância é a hipotenusa de um triangulo-retângulo formado pelas coordenadas em quarteirões do vetor **U**. Assim, essa distância é comumente chamada de **distância euclidiana** e dada pela norma L_2 (Equação 33B):

$$d_{L2}(\alpha,\beta) = \sqrt{\left(H_\alpha - H_\beta\right)^2 + \left(V_\alpha - V_\beta\right)^2} \qquad \text{Equação 33B}$$

A título de completude, vamos calcular a distância entre os vetores **Z** e **W** pela norma L_2 (distância euclidiana):

$$d_{L2}(\mathbf{Z},\mathbf{W}) = \sqrt{(2-4)^2 + (1-(-3))^2} = \sqrt{4+16} = 2\sqrt{5}$$

Existe uma infinidade de métricas e não iremos nos alongar nesse assunto. Note, ainda, que exemplificamos as métricas utilizando espaços bidimensionais. Contudo, as métricas podem ser aplicadas em espaços de maior dimensão sem qualquer alteração a não ser na quantidade de termos que entram nos cálculos. Por exemplo, em um espaço 3D, a raiz na Equação 33B conteria, somado, o termo da diferença ao quadrado entre as "alturas".

Uma vez definida a (ou uma) métrica a ser aplicada em um espaço vetorial, passa-se a ter um modo de calcular distâncias nesse espaço. Sem maiores formalidades, segue a definição da **norma** de um vetor:[45]

Norma de um vetor: distância do ponto até a origem

Assim, continuando na não formalidade, a norma de um vetor dá o tamanho do percurso para ir da origem até o ponto do vetor. Note, contudo, que esse tamanho deve ser calculado pela métrica escolhida ou inerente ao espaço vetorial em questão. Dessa maneira, a norma de um vetor pode ser diretamente relacionada à intensidade da grandeza representada pelo vetor. A norma é representada pelo símbolo $||\cdot||$ (sendo " · " o vetor em foco). Tendo isso em mente, retorna-se à velocidade.

Como citado anteriormente, a velocidade é uma grandeza vetorial e, no caso de um plano, são necessários dois valores para caracterizá-la. Um desses valores nada mais é que a rapidez do deslocamento, ou seja, a intensidade. O outro valor é aquele que indica o sentido do movimento. Como visto, a norma nos dá a intensidade do vetor. Portanto, pode-se representar a velocidade por meio de um vetor cuja norma seja a intensidade (rapidez do movimento) e cujo ângulo θ com um determinado eixo indique o sentido do movimento. A Figura 26 ilustra essa representação, chamada de representação polar.

Caso retornemos à Figura 23, vamos notar que a descrição que fizemos acerca de osciladores nada mais é que a representação de vetores na forma polar, tendo uma intensidade fixa de 1 e um ângulo que varia ao longo do tempo.

45 Formalmente, deveríamos definir o produto interno no espaço vetorial e, então, a norma.

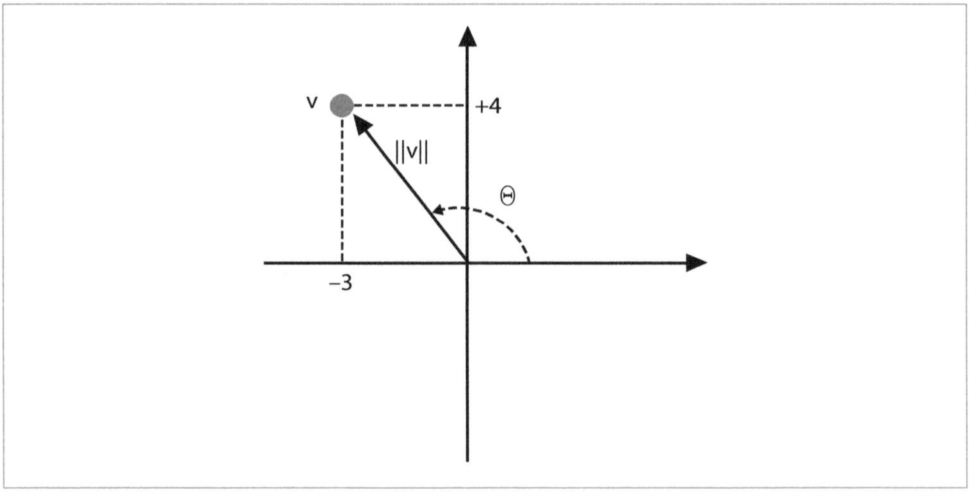

FIGURA 26 Representação de um vetor (**V**) através de coordenadas cartesianas (nos eixos) e polares, através da norma ||·|| e ângulo θ com o eixo horizontal.
Fonte: elaborada pelo autor.

Note que fica implícito que a métrica do espaço na Figura 26 é dada pela distância euclidiana. Em um plano sem curvatura, essa distância coincide com uma reta que une dois pontos e cujo tamanho coincide com a norma[46] entre esses dois pontos do espaço. O mesmo vale para qualquer espaço n-dimensional sem curvatura. Uma reta é um caso particular de uma geodésica quando o espaço não tem curvatura. As geodésicas são as menores distâncias entre pontos em um espaço, independentemente de curvatura (pois as geodésicas se originam a partir da própria curvatura). Como, para as aplicações em que estamos interessados, o espaço pode ser considerado tridimensional e sem curvatura, a distância euclidiana passa a ser inerente como a métrica que utilizaremos.

Cálculo da norma e do ângulo de um vetor

Uma vez que nossa métrica será a distância euclidiana, a norma corresponde à hipotenusa de um triângulo retângulo formado pelas projeções do vetor nos eixos,[47] como a Equação 33B mostra. Assim, temos:

$$||\boldsymbol{\alpha}|| = \sqrt{H_\alpha^2 + V_\alpha^2} \qquad \text{Equação 34A}$$

E o ângulo θ? Elegendo um dos eixos como referência, o ângulo é dado pela inclinação da reta formada pelo vetor em relação a esse eixo. Se, por simplicidade, escolhermos o eixo horizontal (abcissas) como referência, então, como visto anteriormente, a inclinação de uma reta é dada pela variação no eixo das ordenadas dividida pela variação no eixo

46 Ver nota anterior.

47 Isso pode ser estendido para espaços de qualquer dimensão.

das abcissas (ver Equação 1C). No caso de um vetor, os próprios valores na representação cartesiana já são as variações (pois fazemos referência à origem):

$$inclinação(\boldsymbol{\alpha}) = \frac{V_\alpha}{H_\alpha}$$

Para o vetor **V** do exemplo, tem-se:

$$inclinação(\mathbf{V}) = \frac{+4}{-3} = -1{,}33\,...$$

Uma vez tendo a inclinação, calcula-se o ângulo pelo arco cuja tangente equivale à inclinação, de modo que:

$$\theta(\boldsymbol{\alpha}) = atan\left(\frac{V_\alpha}{H_\alpha}\right) \qquad \text{Equação 34B}$$

Sendo *atan* a operação arco tangente. No caso do vetor **V** do exemplo, a inclinação corresponde a um ângulo de, aproximadamente, 2,21 radianos ou 127°.

Multiplicação por escalar positivo

Quando um vetor, em sua representação cartesiana, é multiplicado por um escalar, todos os elementos desse vetor são multiplicados por esse escalar. Nesta seção, o tema será essa multiplicação quando o escalar é positivo. Mais adiante, veremos os casos da multiplicação por escalares negativos.

No nosso exemplo de duas dimensões, no qual estamos denominando os eixos horizontal e vertical por H e V, respectivamente, a representação cartesiana de um vetor **α** é $\{H_\alpha, V_\alpha\}$. Dessa forma, se um escalar Λ multiplica o vetor **α**, tem-se:

$$\boldsymbol{\alpha} = \{H_\alpha, V_\alpha\} \leftrightarrow \Lambda \cdot \boldsymbol{\alpha} = \{\Lambda \cdot H_\alpha, \Lambda \cdot V_\alpha\} = \boldsymbol{\gamma} \qquad \text{Equação 35}$$

Note que, com a multiplicação escalar, obtém-se um novo vetor, que, no caso, chamamos de **γ**.

O que ocorre em termos de norma e ângulo do vetor quando fazemos a multiplicação por um escalar? Em outras palavras, quais as relações entre $||\boldsymbol{\alpha}||$ e $||\boldsymbol{\gamma}||$, e entre θ_α e θ_γ?

No exemplo da Figura 26, $||\mathbf{V}|| = 5$ e $\theta \cong 2{,}21$ radianos (ou $\cong 127°$), sendo a representação cartesiana dada por $V = \{-3\ ,\ +4\}$. Aplicando a Equação 35, tem-se:

$$\Lambda \cdot \mathbf{V} = \{\Lambda \cdot (-3), \Lambda \cdot (+4)\}$$

Uma vez que a métrica é a distância euclidiana, a norma de *V* é:

$$||\mathbf{V}|| = \sqrt{(-3)^2+(+4)^2}$$

Consequentemente, a norma do novo vetor obtido pela multiplicação escalar será:

$$||\Lambda \cdot \mathbf{V}|| = \sqrt{(\Lambda \cdot (-3))^2 + (\Lambda \cdot (+4))^2} = \sqrt{\Lambda^2 \cdot [(-3)^2 + (+4)^2]} = \Lambda \cdot \sqrt{(-3)^2 + (+4)^2}$$

Ou seja, a multiplicação por um escalar positivo resulta na norma do vetor original sendo multiplicada pelo escalar:

$$||\Lambda \cdot \mathbf{V}|| = \Lambda \cdot ||\mathbf{V}|| \qquad \text{Equação 36}$$

Vamos, agora, verificar o efeito da multiplicação escalar sobre o ângulo do vetor. Ao multiplicarmos por um escalar, obtemos:

$$inclinação(\Lambda \cdot \boldsymbol{\alpha}) = inclinação(\boldsymbol{\gamma}) = \frac{\Lambda \cdot V_\alpha}{\Lambda \cdot H_\alpha} = \frac{V_\alpha}{H_\alpha} = inclinação(\boldsymbol{\alpha})$$

Ou seja, o novo vetor obtido por multiplicação um escalar positivo tem a mesma inclinação que o vetor original.

Se o vetor **V** representasse a velocidade de uma partícula (ou de um corpo), e fosse multiplicado, por exemplo, por 7, o novo vetor de velocidade teria magnitude (intensidade ou, no caso da velocidade, "rapidez") 7 vezes maior, mas continuaria apontando na mesma direção e sentido, isto é, a partícula estaria se deslocando com uma rapidez 7 vezes maior e indo na mesma trajetória.

Portanto, em resumo, a multiplicação por escalar positivo leva a uma multiplicação da magnitude do vetor pelo escalar sem alterar o ângulo do vetor original.

Soma de vetores

Outro tópico de imensa importância é a soma vetorial. Uma das razões, mas não a única para essa importância, está em que duas grandezas vetoriais (de mesma natureza) interagindo, como dois corpos colidindo, se somarão e resultarão em um novo vetor.

Vamos utilizar força[48] como grandeza para nos auxiliar a estudar a soma vetorial. Considerando o solo terrestre como eixo horizontal de referência e a altura em relação ao solo como eixo vertical ortogonal ao solo, temos que a aceleração da gravidade **g** é um vetor que aponta "para baixo" paralelamente ao eixo vertical da altura (isto é, no sentido do solo).[49] Se um objeto de massa M está sobre o solo, esse objeto aplica uma força, chamada força-peso, sobre o solo, sendo essa força dada por $\mathbf{F}_P(M) = M \cdot \mathbf{g}$. Note: a força-peso da massa M é um vetor resultante da multiplicação escalar do vetor aceleração da gravidade **g** pelo escalar massa, M. Já sabemos que a multiplicação escalar não altera o sentido do vetor e, portanto, a força-peso aponta, também, "para baixo". O que ocorre se uma força $\mathbf{F}_1$, cuja magnitude é o dobro de $\mathbf{F}_P(M)$, ou seja, $||\mathbf{F}_1|| = 2 \cdot ||\mathbf{F}_P(M)||$,

48 O conceito de força é detalhado no capítulo "Músculos e movimento" do volume 4 desta coleção.

49 A gravidade não é uma força, e, em termos precisos, é o solo que acelera um corpo sobre ele apoiado para cima. Contudo, para as finalidades deste livro, iremos tratar a questão de maneira newtoniana simplificada e, assim, falaremos em "aceleração" e, eventualmente, em "força", da gravidade.

e cujo ângulo com o solo é de 60° ($\pi/3$ radianos) for aplicada sobre o objeto? A Figura 27 ilustra o problema e a solução gráfica. Note que, para simplificar o problema, fizemos a origem coincidir com o ponto no qual as forças estão sendo exercidas. A Figura 28 ilustra a solução analítica (descrita a seguir).

Graficamente, a soma vetorial consiste em deslocar um dos vetores de modo a fazer coincidir sua extremidade inicial com a extremidade final do outro e, então, unir as extremidades livres, criando um terceiro vetor, dito vetor resultante. O procedimento analítico pode ser feito tanto pela representação polar quanto pela cartesiana. Na versão

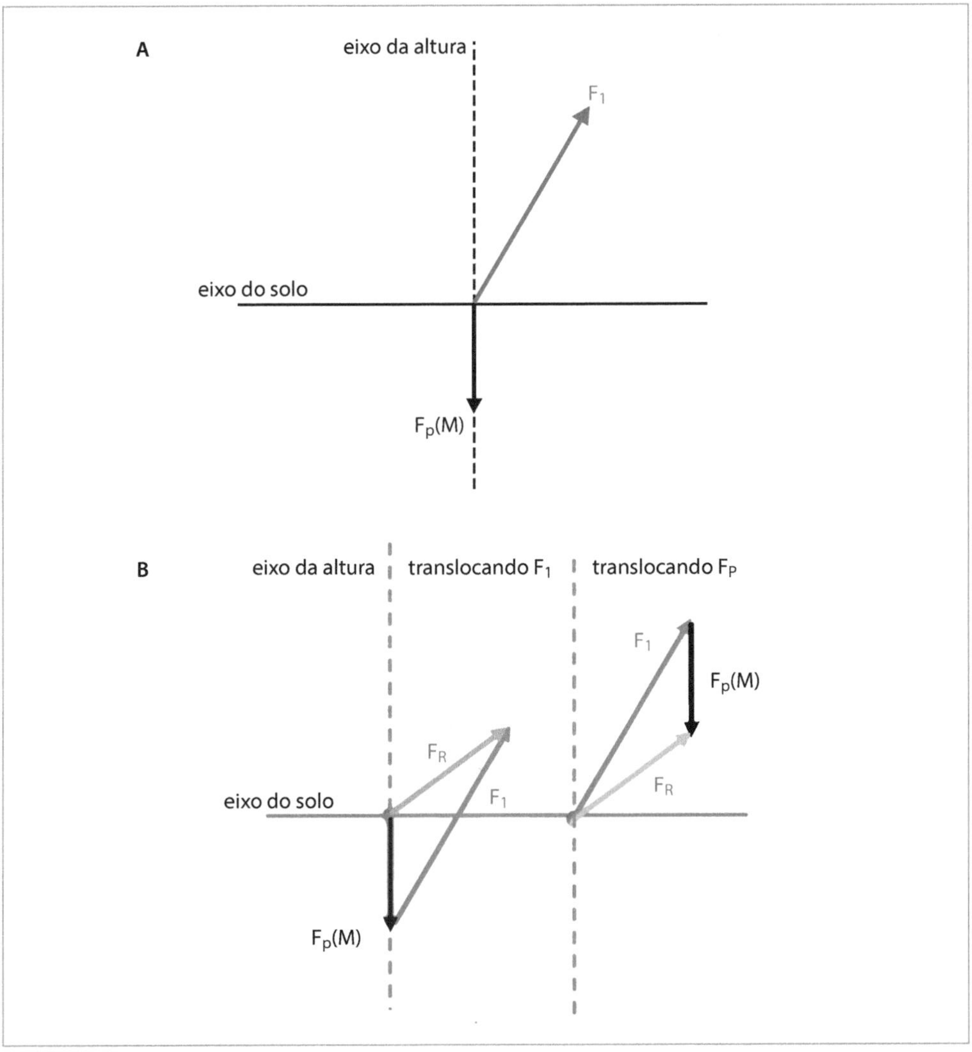

FIGURA 27 O problema proposto no texto (gráfico A) e sua solução gráfica (gráfico B). A solução gráfica é obtida translocando o "início" de um dos vetores para o "final" do outro vetor. Vetor em preto: força-peso; vetor em cinza escuro: força $\mathbf{F_1}$ aplicada; vetor em cinza claro: força resultante $\mathbf{F_R}$ agindo sobre o objeto de massa M. No gráfico B, vemos que podemos deslocar o vetor $\mathbf{F_1}$ ou o vetor $\mathbf{F_P}$ e obtemos o mesmo resultado.
Fonte: elaborada pelo autor.

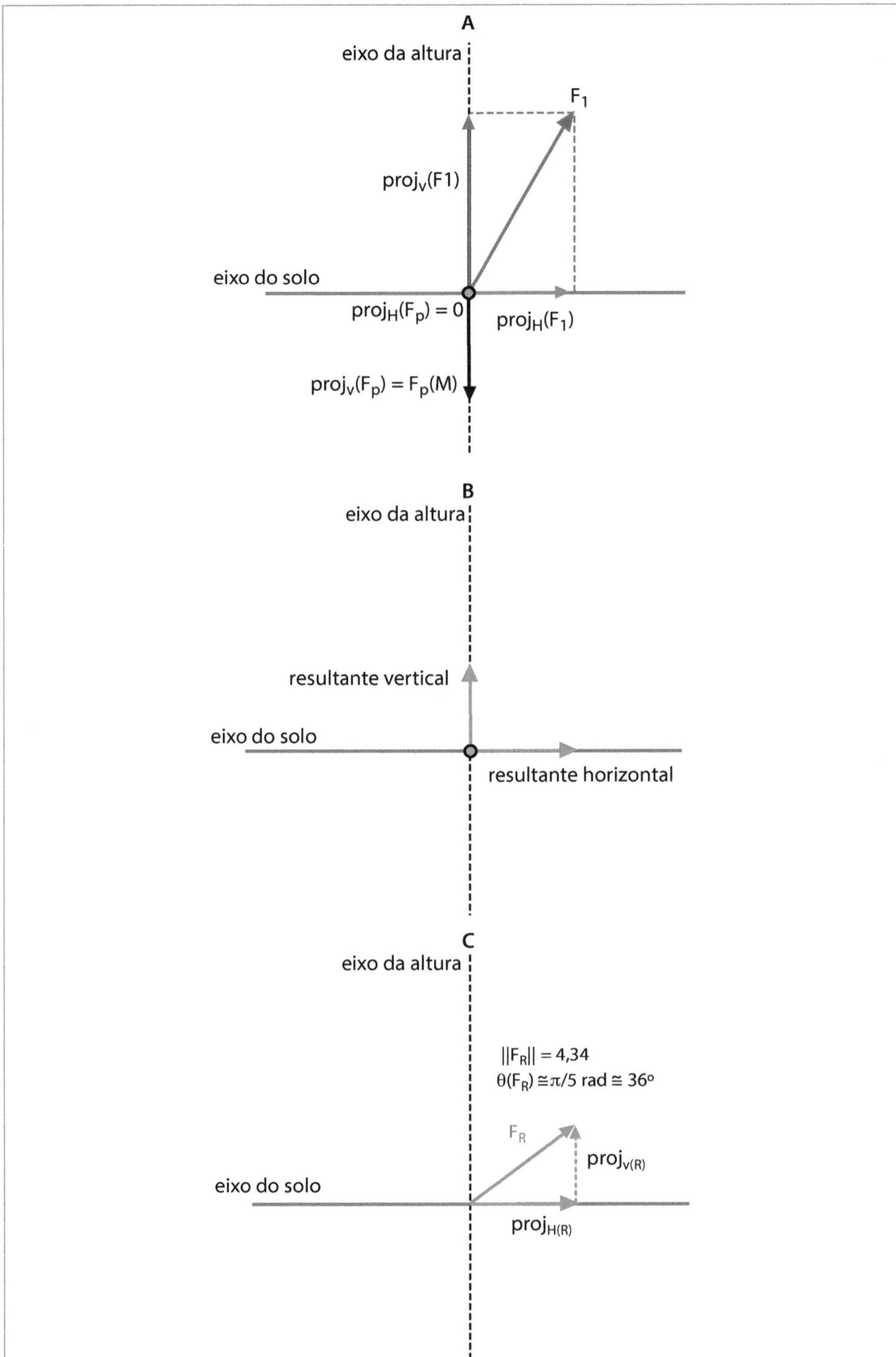

FIGURA 28 Esquema da solução analítica para o problema de soma vetorial proposto no texto.
Fonte: elaborada pelo autor.

polar, o procedimento é mais convoluto que o procedimento na versão cartesiana e, assim, vamos nos restringir a esse último.

Cada um dos vetores envolvidos tem um componente (ou projeção) sobre cada um dos eixos utilizados para criar a origem do espaço em questão. Se um vetor coincide, em direção, com um dos eixos, sua projeção é nula no outro eixo (esse é um dos motivos pelos quais utilizar eixos ortogonais facilita a resolução de problemas). No caso do nosso exemplo, a força-peso coincide com o eixo vertical. Tendo-se as projeções em cada eixo, basta, agora, fazer o procedimento algébrico direto de soma de escalares, uma em cada eixo. Os resultados, um em cada eixo, são os componentes do vetor resultante.

Assim, para dois vetores $\boldsymbol{\alpha}$ e $\boldsymbol{\beta}$, denotando as projeções verticais e horizontais por $proj_V$ e $proj_H$, respectivamente, os componentes do vetor resultante $\boldsymbol{R}$ são:

$$proj_{V_{\boldsymbol{R}}} = proj_{V_\alpha} + proj_{V_\beta} = V_R \qquad \text{Equação 37A}$$

$$proj_{H_{\boldsymbol{R}}} = proj_{H_\alpha} + proj_{H_\beta} = H_R \qquad \text{Equação 37B}$$

Obtidos os componentes vertical e horizontal, encontram-se a norma e o ângulo do vetor resultante por meio das Equações 34A e 34B, respectivamente.

Subtração de vetores

Para finalizar este capítulo, vamos procurar, por meio da subtração de vetores, apresentar uma conceituação mais generalizada sobre as operações de soma e subtração. Vamos, então, começar por um problema trivial. Temos um número real A e outro número real B. Quanto vale A – B? Suponha que A = 15 e B = 11. De pronto, responderemos 15 – 11 = 4.

Podemos indicar essa mesma operação como sendo composta por A + (–B). No exemplo numérico, 15 + (–11) = 4. Podemos ir além e indicar a operação como sendo $(-1)^0 \cdot abs(A) + (-1)^1 \cdot abs(B)$, pois $(-1)^0 = 1$ e $(-1)^1 = -1$. Podemos ir mais adiante, e dizer que "15" é um vetor composto por magnitude 15 e ângulo zero com o eixo x. O mesmo para "11". O gráfico A da Figura 29 ilustra essa concepção.

Observa-se que nosso eixo x nada mais é que a linha dos números Reais. O que é, então, a soma de "A + B"? É um vetor de magnitude "A" somado a um vetor de magnitude "B", e ambos fazem ângulo zero com o eixo dos Reais. Seguindo o procedimento estabelecido para soma de vetores, coloca-se o "início" de um no "término" do outro e se obtém um vetor resultante, o qual manterá, também, ângulo zero com o eixo dos Reais. Nota-se, ainda, que $abs(A) = ||\boldsymbol{A}||$, e, consequentemente, a norma do vetor, isto é, sua distância até a origem, tem o mesmo valor do escalar na linha dos Reais. No exemplo numérico, 15 + 11 = 26. A Figura 29B ilustra esse procedimento.

Vamos, agora, proceder à subtração. Multiplicamos o vetor **B** (note que para nós, agora, o valor B passou a ser a norma do vetor **B**) por –1 e fazemos a soma vetorial que conhecemos, isto é, colocamos "a ponta de um no início do outro". As Figuras 29C e 29D ilustram essa elaboração. Novamente, para os valores numéricos do exemplo, o ângulo da resultante continua sendo de zero radianos com o eixo dos Reais.

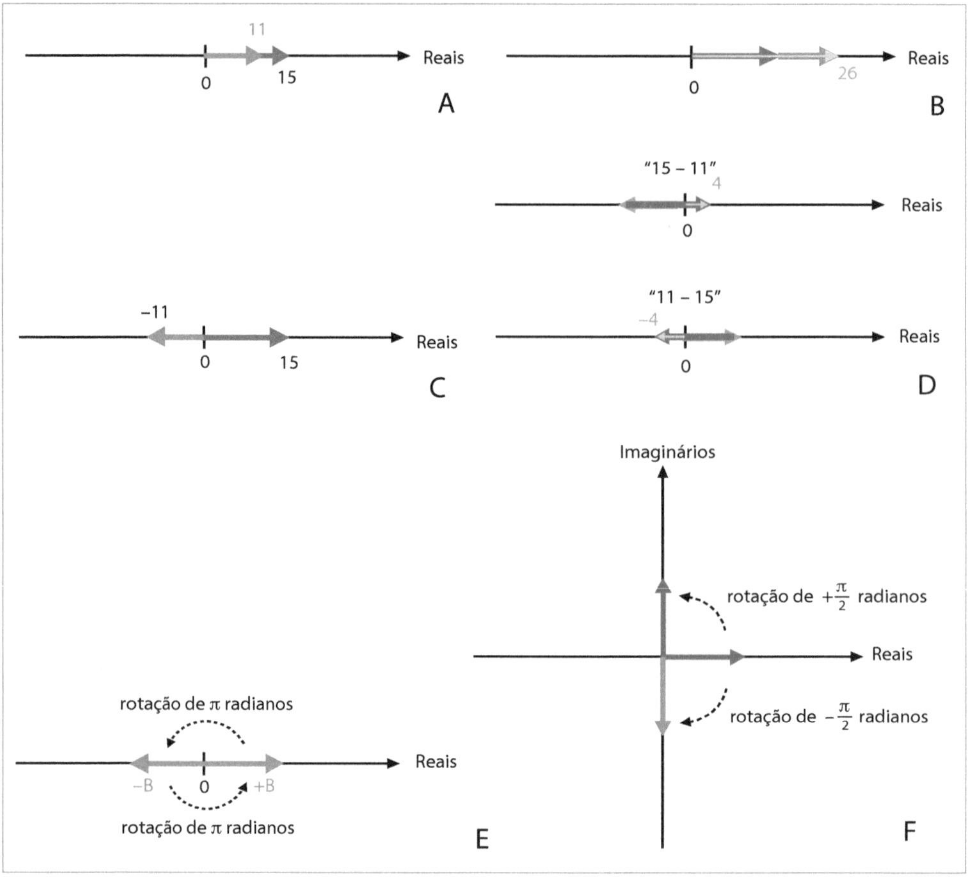

FIGURA 29 Representações vetoriais de números Reais (A-E) e a formação de um número imaginário pela rotação de um vetor real (F).
Fonte: elaborada pelo autor.

Podemos nos perguntar, então, o que significa "multiplicar por −1" o vetor **B**. Como ilustrado na Figura 29E, multiplicar o vetor **B** por −1 equivale a fazer uma rotação de π radianos (180°) do vetor no plano cartesiano. Dessa maneira, se em vez de "15 - 11" tivéssemos feito "11 - 15", cujo resultado é −4, teríamos um vetor de magnitude 4, porém com a ponta rotacionada π radianos no eixo dos Reais, e, portanto, encontrando-se no lado negativo do eixo. A Figura 29D ilustra esse caso.

E se multiplicarmos, novamente, o vetor **B** por −1? Teremos uma nova rotação de π radianos e o vetor volta a repousar na porção positiva do eixo dos Reais (isso está ilustrado na Figura 29E).

Portanto, agora já se sabe como realizar subtração de vetores residindo em qualquer orientação no plano (ou no espaço n-dimensional): deve-se rotacionar o vetor original π radianos (180°) e proceder à soma vetorial que conhecemos. Se o vetor está em notação polar, essa rotação é feita diretamente somando-se π radianos ao valor do ângulo θ (ou 180° se θ estiver em graus). Se o vetor estiver em notação cartesiana, cada componente deve ser, então, multiplicado por −1.

Note, assim, que a multiplicação escalar descrita para escalares positivos pode ser aplicada a escalares negativos, porém o vetor será, agora, rotacionado em π radianos e sua norma será multiplicada pelo valor absoluto do escalar.

Podemos ir além. Uma vez que a norma de um vetor é sua distância até a origem, e sendo uma distância é, por definição, maior ou igual a zero (ver condição 3 de uma métrica, dada anteriormente). Podemos, assim, considerar o valor B de um vetor **B**, que reside sobre o eixo dos reais, como $(-1)^q \cdot ||\boldsymbol{B}||$; $q \in Z^+$ (isto é, q pertence aos Inteiros positivos). Se q é par, então o valor B é positivo; se q é ímpar, então o valor B é negativo. O interessante é que q indica a quantidade de "meias-voltas" dadas. Por exemplo, se q = 2, teremos levado o vetor em uma rotação de 180° e, em seguida, outra rotação de 180°, perfazendo 360°, ou seja, 2π radianos, uma volta completa. Mas, e se q não for um inteiro?

Se cada unidade de q representa uma meia-volta (isto é, uma rotação de π radianos ou 180°), um valor não inteiro de q representa uma fração de uma meia-volta. Por exemplo, se q = ½, isso significa meia-meia-volta e, portanto, ¼ de volta. Mas, ¼ de volta são $\frac{\pi}{2}$ radianos, ou 90°. Portanto, o vetor passa a residir, agora, em um eixo a 90° com o eixo dos Reais. Como eixos ortogonais fazem 90° um com o outro, o vetor passa a ser ortogonal ao eixo dos Reais. A Figura 29F ilustra essa rotação. Esse eixo é chamado de eixo dos Imaginários e representa, assim, vetores que residiam sobre o eixo dos Reais e que foram rotacionados $\pm\frac{\pi}{2}$ radianos (± 90°). Sendo q = ½, isso nos leva a

$$(-1)^q = (-1)^{\frac{1}{2}} = \sqrt{-1} = i$$

Ou seja, a raiz quadrada de −1, cuja notação habitual é "i", indica uma operação de rotação de um vetor em 90°. Dessa maneira, por exemplo, 3i significa um vetor com magnitude 3 orientado +90° em relação ao eixo dos números Reais.

O plano composto pelo eixo dos Reais e pelo eixo dos Imaginários forma o plano Complexo. Um número complexo não é, então, nada mais que um vetor que aponta para um certo sentido no plano. Se esse sentido coincide com o eixo dos Reais, o número termina por ser tratado, muitas vezes, como sendo um escalar, e fazemos operações diretamente sem nos preocupar com "rotações" e "ângulos".

Controle

O tema "controle" é fundamental na fisiologia. E o que deve ser entendido por controle? Roubando a conceituação da cibernética, pode-se pensar o controle como sendo um conjunto de ações oriundas de um dado conjunto de sinais que procuram levar um sistema a um dado estado, e essas mesmas ações terminam por reentrar no sistema via alterações que desencadeiam. Colocado dessa maneira, o tema parece muito abstrato. Vamos, então, procurar construir as ideias e os conceitos com exemplos mais palpáveis.

Em razão de nosso foco serem fenômenos fisiológicos, iremos nos ater a sistemas de controle ditos em malha fechada, isto é, sistemas cuja repercussão das ações de controle geram, ou podem gerar, novas ações. Isso é mais comumente chamado "retroalimentação" (*feedback*). Uma retroalimentação negativa é uma alça na qual a ação desencadeada tende a extingui-la. Uma retroalimentação positiva é uma alça na qual a ação desencadeada tende a incrementá-la.

Como exemplo simples de uma alça de retroalimentação negativa, temos a pessoa tomando banho em um chuveiro elétrico. A temperatura, nesses chuveiros, é dada por uma potência elétrica pré-selecionada (o "quente - morno - frio") em combinação com o fluxo de água. Uma vez selecionada a potência elétrica, se a água está muito quente para o gosto da pessoa, ela abre mais o registro, aumentando o fluxo de água e, com isso, diminuindo a temperatura. Caso esteja muito fria, ela vai fechando o registro, diminuindo o fluxo e, com isso, aumentando a temperatura da água. Assim, a ação "mexer no registro" tende a extinguir a própria ação, pois, uma vez acertada a temperatura, não mais se mexe no registro. Vamos, então, elaborar um esquema desse sistema, como na Figura 30.

A Figura 31 ilustra o sistema de controle da temperatura do banho, agora em uma simbologia mais padronizada de diagrama de blocos. Notamos que a essência do controle se encontra demarcada pelo retângulo branco à nossa esquerda. Ou seja, em essência, mexe-se no registro se a temperatura não é a desejada (veremos como essa decisão é tomada logo adiante). No retângulo cinza, colocamos algumas outras variáveis físicas envolvidas no caso, mas que, do ponto de vista da regulação da temperatura do banho, poderiam ser omitidas sem prejuízo da análise.

Examinemos a Figura 31 no realce "alça de controle (ARN−)". O ARN− é utilizado para indicar que se trata de uma alça de retroalimentação negativa. A temperatura da água ($T_{água}$) é a variável regulada, indicada em cinza escuro. Essa temperatura é um sinal no sistema, sendo os sinais indicados por meio de setas contínuas. Esse sinal é comparado a um valor de referência (T_{REF}) por meio de um operador "SOMA". A comparação entre o sinal e a referência é, abstratamente, tomada como uma soma na qual um dos termos entra como negativo e o resultado é o chamado sinal de erro (ou o Δ_{REF}). Esse sinal de erro gera, em atuadores, uma ou várias ações, as quais tendem a eliminar o

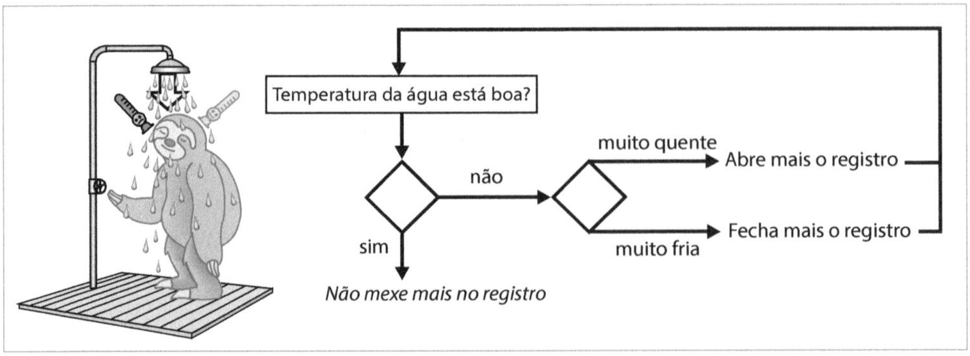

FIGURA 30 Ilustração e esquema de um sistema em malha fechada de retroalimentação negativa do controle da temperatura do banho em um chuveiro elétrico. Note que a ação "mexer no registro" tende a extinguir essa própria ação quando a resposta à pergunta "a temperatura da água está boa?" for sim. Não nos ativemos ao uso estrito dos símbolos. Fizemos uma representação sem nos preocuparmos, ainda, com o significado completo e correto da simbologia, de modo que o esquema pode quase que "ser lido" diretamente.
Fonte: elaborada pelo autor.

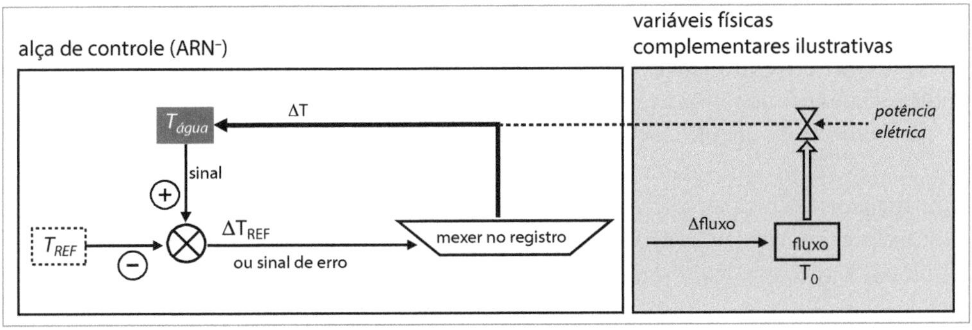

FIGURA 31 Esquema em diagrama de blocos do sistema de controle em malha fechada da temperatura do banho. Note o operador "SOMA" ⊗ e o operador "CONVERSÃO" ⧗.
Fonte: elaborada pelo autor.

sinal de erro alterando a variável regulada. Assim, neste caso, se a temperatura do banho se encontra abaixo da temperatura de referência, o sinal de erro é negativo e isso fará, no atuador, que se mexa no registro diminuindo o fluxo de água. Por outro lado, se a temperatura está acima da referência, o sinal de erro é positivo e o atuador aumenta o fluxo de água. A positividade e negatividade dos sinais não tem qualquer significado real, sendo meramente uma convenção momentânea de conveniência.

No realce em cinza, temos um conjunto de variáveis e processos que poderiam ser omitidos na questão do controle da temperatura da água neste caso. Contudo, em muitos dos fenômenos fisiológicos que estudamos, vale a pena ressaltar parte de processos que, apesar de não serem os que estão relacionados diretamente ao processo controlado, complementam, de modo importante, nosso entendimento do fenômeno. Podemos, assim, em vez de ligar o atuador ("mexer no registro") diretamente à variação na temperatura do banho, indicar que o atuador leva a uma variação de fluxo de água (Δfluxo). O fluxo resultante, por sua vez, sofre a "conversão" de sua temperatura de entrada (T_0) para uma nova temperatura, em decorrência da adição de energia pela resistência elétrica do chuveiro. Note, assim, que os processos físicos de transporte estarão indicados por setas brancas espessas e as eventuais transformações das variáveis envolvidas, pelo símbolo de "conversão".

Além de alças de retroalimentação, um sistema pode ter alças de "antealimentação", nas quais ações ocorrem antes que o sinal desencadeante seja gerado – o que pode ser chamado "antecipação". Um exemplo desse tipo de fenômeno é o aumento da frequência cardíaca que ocorre antes de se iniciar uma atividade física propriamente dita. Apesar de a demanda energética ainda não ter aumentado, existe um fenômeno antecipatório de elevação da frequência cardíaca já preparando o sistema cardiovascular para aumentar a oferta de oxigênio e combustíveis aos músculos.

Sinal *versus* transporte

Estamos fazendo uma diferenciação entre sinais (setas finas) e transportes (setas espessas), ao que se poderia perguntar "mas um sinal não é, também, transportado de certa forma?".

A resposta é sim. Porém, o transporte de um sinal deve ser entendido como a passagem de uma informação entre pontos do sistema. Assim, não é o transporte da substância em si que importa, mas sim a informação carreada.

Por outro lado, quando nos referimos ao transporte, é a passagem do composto *per se* entre locais do sistema que tem relevância. Não há, para as alças de controle envolvidas, informação sendo carreada nesse transporte.

Em Engenharia de Controle não há esse tipo de diferenciação e setas nos diagramas de blocos são sinais. Não iremos, contudo, nos aprofundar em diagramas de blocos.

Controle × regulação

O exemplo do controle da temperatura do banho é simples o suficiente para que se possa fazer uma clara distinção entre "variáveis controladas" e "variáveis reguladas". O atuador pode agir sobre o fluxo de água e, apesar de não termos incluído, também sobre a potência elétrica selecionada, se for o caso. Ao atuar sobre o fluxo (e/ou sobre a potência elétrica selecionada), altera-se a temperatura do banho levando-a ao valor desejado (a referência). Dessa forma, dizemos que o fluxo de água e a potência elétrica são variáveis controladas e a temperatura do banho é a variável regulada. Ou seja, **variáveis controladas são aquelas sobre as quais o(s) aturador(es) do sistema age(m) para alterar a variável regulada**. É por isso que, por exemplo, falamos em termorregulação e não em "termocontrole".

Ganho

Vamos examinar nosso exemplo da termorregulação do banho e ver, mais detalhadamente, o que ocorre no atuador (Figura 32). A chegar no atuador, o sinal de erro é interpretado como, se negativo, a água está fria e o registro deve ser parcialmente fechado (vice-versa para o positivo). Note, contudo, que "o que chega" ao interpretador é "temperatura" e isso precisa ser transformado em "giros no registro". Assim, há uma função que se interpõe entre o sinal de erro e a saída do atuador. No nosso exemplo, colocamos duas funções, f_1 e f_2, uma para o caso quente e outra para o caso frio. Ou seja, a pessoa poderia ter diferentes "graus de reação" à água quente e à água fria. Esses "graus de reação" são os chamados ganhos do sistema. Os ganhos podem ser lineares ou não lineares, e transformam o sinal de erro em uma valoração para a ação a ser desencadeada. Por exemplo, "se a água está 2 °C mais fria que o desejado, gire 1 volta no sentido anti-horário no próximo segundo". Assim, se esse fosse um ganho linear, seria:

$$\frac{0{,}5\ volta}{°C \cdot s}$$

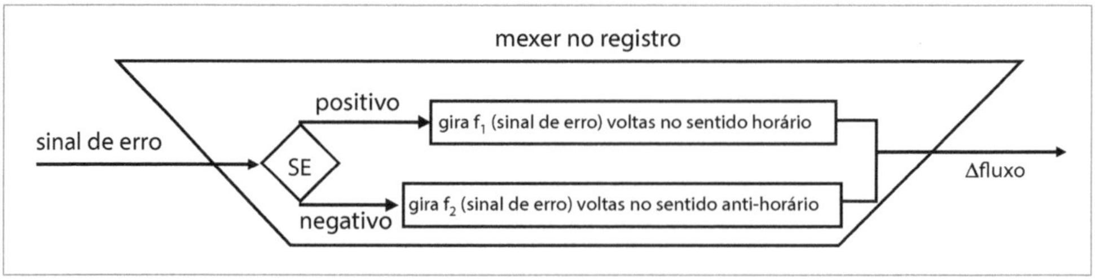

FIGURA 32 Detalhamento do atuador do exemplo na Figura 31.
Fonte: elaborada pelo autor.

Note que escolhemos colocar um operador "SE" no sistema, o qual distingue entre a positividade e a negatividade do sinal de erro. Poderíamos, contudo, ter um modelo no qual o sinal de erro tem uma resposta contínua sem a necessidade do operador "SE". Um exemplo está ilustrado na Figura 33. Nela vemos que as voltas no registro obedecem a duas retas (e essa pessoa tem maior resposta à água fria) e o sentido do giro é dado pelo sinal do sinal de erro.

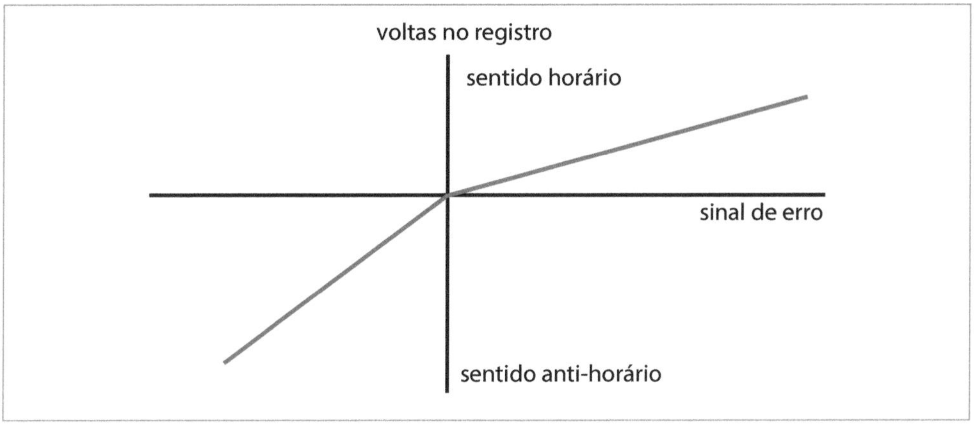

FIGURA 33 Atuador de regulação térmica sem o operador "SE".
Fonte: elaborada pelo autor.

Visto dessa maneira, podemos nos perguntar o que ocorreria se o sinal de erro fosse, por exemplo, 50 °C. A pessoa daria 25 voltas no registro em um segundo? Parece um tanto improvável. Isso nos leva ao nosso próximo assunto.

Respostas fisiológicas gerais

Em geral, os sistemas biológicos apresentam não linearidades em suas respostas. Ou seja, uma certa variação de um sinal de entrada não tem uma resposta proporcionada obedecendo a uma reta de inclinação fixa. Isso porque há, no mínimo, uma saturação para sinais de entrada de grande amplitude. Em outras palavras, a resposta do sistema atinge um máximo do qual não passará por não haver, física ou quimicamente, como passar. Além disso, pode haver faixas de valores da entrada que não suscitam alterações de resposta, as chamadas zonas mortas.

Voltando ao exemplo da termorregulação do banho, a função que se interpõe entre o sinal de erro de temperatura e a ação no registro pode ser mais bem descrita pelo gráfico apresentado na Figura 34. Nesse gráfico podem-se observar várias facetas de não linearidades. Por exemplo, em uma certa faixa de temperaturas (indicada pela barra em preto), a pessoa não reage. Pode ser que a pessoa não se importe se a água estiver entre 30 °C e 34 °C e, portanto, não mexe no registro mesmo havendo um sinal de erro. Essa é uma zona morta. Para sinais de erro muito grandes (isto é, muito afastados do zero, não importa para qual lado), a pessoa não consegue girar o registro mais do que uma certa taxa, independentemente da amplitude do erro. Isso é a saturação da resposta, e

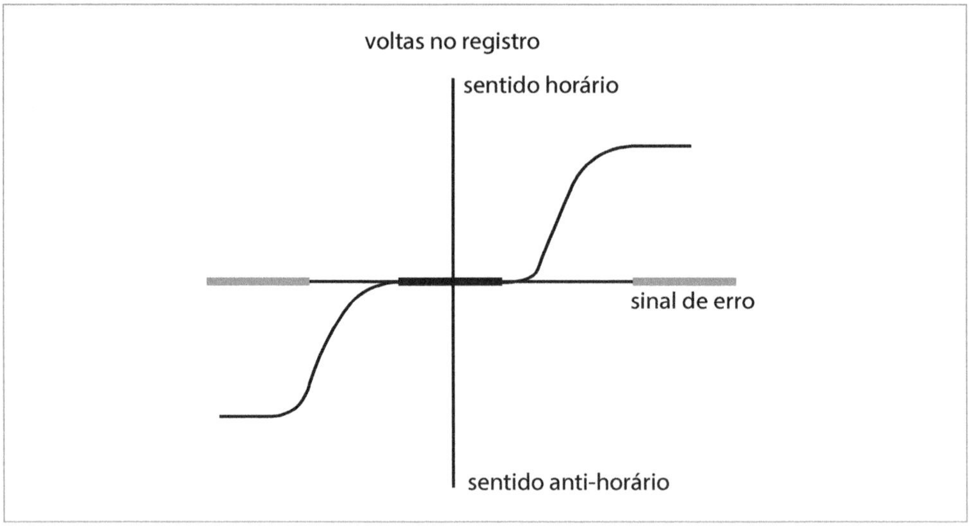

FIGURA 34 Função de resposta mais fisiológica para a regulação da temperatura do banho.
Fonte: elaborada pelo autor.

está indicada pelas barras cinza. A Figura 35 ilustra a concepção das não linearidades de resposta de maneira geral, bem como algumas funções mais comuns.

De modo geral, apesar de respostas biológicas serem inerentemente não lineares, elas podem, sob certas transformações de variáveis, passar a ser representadas como lineares. Além disso, como visto anteriormente, pode haver faixas nas quais uma linearidade pode ser assumida. Assim, na maior parte desta coleção, não nos preocuparemos em distinguir se o caso em questão se trata de uma resposta linear ou não linear, a não ser quando explicitamente citado.

Simbologia habitual para sinais

Um sinal pode ser um estímulo ou uma inibição para um dado processo. Habitualmente, em Engenharia de Controle não se faz essa distinção, pois as próprias funções de ganho ditam os eventos desencadeados por um dado sinal. Contudo, em fisiologia, é importante distinguir se um sinal terá uma ação estimuladora ou inibidora em um processo. Assim, costuma-se utilizar a simbologia do sinal para indicar a ação que ele tem no sistema. A Figura 36 mostra as representações mais comumente encontradas. Deve-se ter atenção para a última das representações mostradas para não confundir com as entradas em um operador "SOMA".

O que é um sistema controlável?

Podemos, então, nos perguntar como saber se o sistema que estamos observando é controlável. Para isso, precisamos de uma definição de controlável.

Um sistema é dito controlável se pode ser levado de um estado A qualquer a um estado B definido em tempo finito.

Vamos utilizar dois exemplos para explorar o significado dessa definição, um para vermos a questão dos "estados" e outro para a questão do "tempo finito":

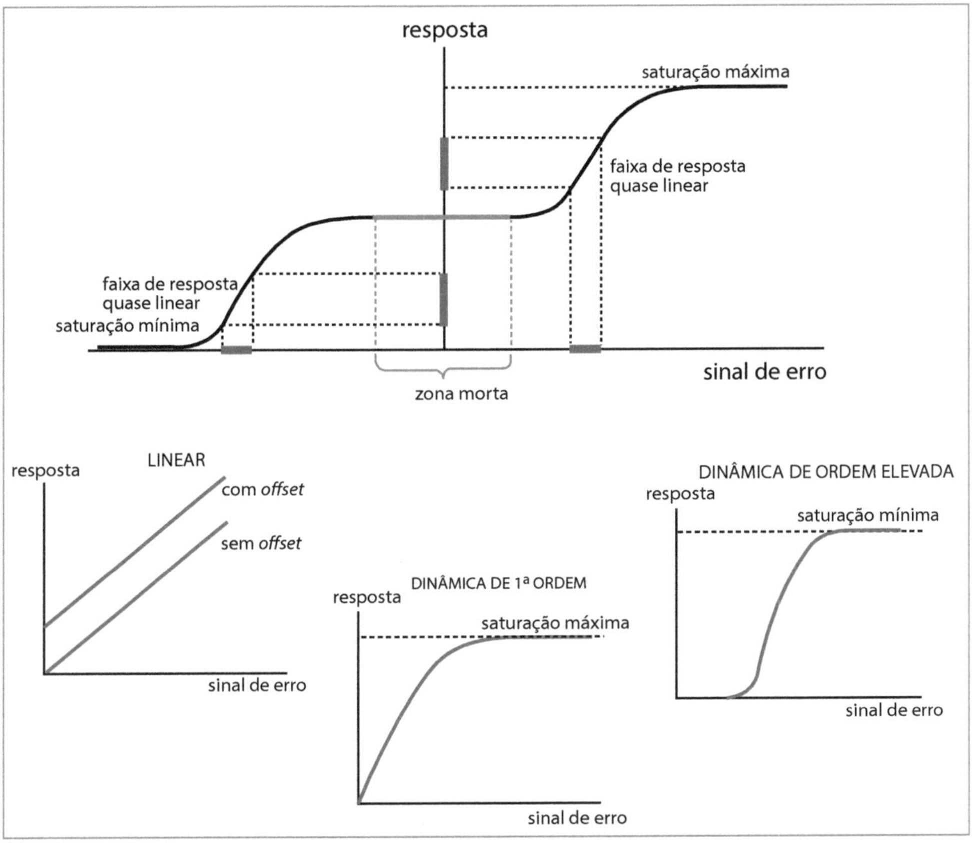

FIGURA 35 No gráfico superior, uma função geral de resposta não linear. Essa função pode se apresentar, dentro de certas faixas, como funções mais simples, como ilustrado nos três gráficos inferiores.
Fonte: elaborada pelo autor.

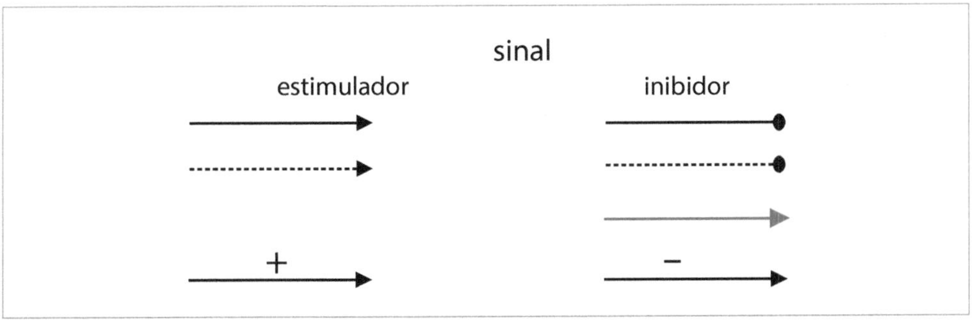

FIGURA 36 Representações mais comuns de sinais estimuladores (excitadores) e inibidores
Fonte: elaborada pelo autor.

- Considere um avião em voo. A posição (ângulo) do nariz da aeronave em relação à linha do horizonte (ou ao solo) é uma variável que deve ser controlada para manter o voo seguro. Em uma ampla faixa de velocidades e inclinações, o piloto consegue levar o nariz da aeronave à posição desejada. Assim, para um conjunto de estados (ângulos) A, pode-se levar o nariz a um estado (ângulo) B desejado, e supõe-se que isso ocorra em um intervalo finito. Logo, sem nos preocuparmos com a parte temporal do processo (ver a seguir), para aquele conjunto A de estados, o sistema é controlável. Contudo, suponha que a aeronave estole, isto é, perca a sustentação para voo. Agora, do conjunto de estados na qual ela pode se encontrar, o piloto não mais consegue levar o nariz do avião a um ângulo desejado. O sistema deixou de ser controlável.

- Considere um material radioativo em um certo local, e que se queira eliminar a radiação produzida, ou seja, levar a radiação a zero (esse é o estado B definido). Contudo, não há como interferir no decaimento radioativo de um tipo atômico e, matematicamente, o decaimento é uma função hiperbólica. Isso quer dizer que, matematicamente, é necessário tempo infinito para se ter radiação igual a zero. Logo, esse sistema não é controlável, apesar de que, na prática, a radiação tenderá ao estado desejado (zero) ao longo do tempo.

Assim, esses dois exemplos ilustram as duas facetas importantes na definição de o que é um sistema controlável.

Esperamos ter finalizado este capítulo tendo fornecido uma visão panorâmica de modelos aplicados em grande parte dos estudos de processos fisiológicos e oferecido um conjunto de ferramentas teóricas que possam ser utilizadas pelas leitoras e pelos leitores.

APÊNDICE – A ÁREA DA FUNÇÃO $f(x) = x^2$

Vamos escrever o quanto vale um certo x_j qualquer no intervalo entre $x_{inicial}$ e x_{final} (nos exemplos anteriores, pela simplicidade das funções, utilizaram-se x_1 e x_2 como os valores inicial e final):

$$x_j = x_{inicial} + j \cdot \Delta x, \mathrm{j} = 1,2,3 \ldots \mathrm{n}$$

Por simplicidade e clareza de notação, vamos escrever $x_{inicial}$ como x_0 e x_{final} como x_f. Dessa maneira, a área da função x^2 será estimada como:

$$\hat{A}_{(n,0)} = \sum_{j=1}^{n} x_j^2 \cdot \Delta x = \Delta x \cdot \sum_{j=1}^{n} (x_0 + j \cdot \Delta x)^2$$

Lembrando que:

$$\Delta x = \frac{x_f - x_0}{n}$$

Então Δx é o mesmo em todo o percurso indo de x_0 a x_n, isto é, uma constante, e pôde ser colocado para fora do somatório. Agora, cada termo j dentro do somatório vale:

$$(x_0 + j \cdot \Delta x)^2 = x_0^2 + 2x_0 j \Delta x + j^2 \Delta x^2$$

O que nos leva a:

$$\sum_{j=1}^{n}(x_0 + j \cdot \Delta x)^2 = n \cdot x_0^2 + 2x_0\Delta x \sum_{1}^{n} j + \Delta x^2 \sum_{1}^{n} j^2$$

Tem-se:

$$\hat{A}_{(n,0)} = \Delta x \cdot \sum_{j=1}^{n}(x_0 + j \cdot \Delta x)^2 = \frac{n\left(x_f x_0^2 - x_0^3\right)}{n} + \left(2x_0 x_f^2 + 2x_0^3 - 4x_0^2 x_f\right)\frac{1}{n^2}\sum j + \cdots$$

$$\ldots \left(x_f^3 - x_0^3 + 3x_0^2 x_f - 3x_0 x_f^2\right)\frac{1}{n^3}\sum j^2$$

Sendo:

$$\sum_{1}^{n} j = \frac{n^2}{2} + \frac{n}{2}$$

E, portanto:

$$\frac{1}{n^2}\sum_{1}^{n} j = \frac{1}{2} + \frac{1}{2n}$$

E:

$$\sum_{1}^{n} j^2 = \frac{n^3}{3} + \frac{n^2}{2} + \frac{n}{6}$$

E, portanto:

$$\frac{1}{n^3}\sum_{1}^{n} j^2 = \frac{1}{3} + \frac{1}{2n} + \frac{1}{6n^2}$$

Assim, ao levar o número de segmentos ao infinito, ou seja, aumentar o número n de subdivisões do intervalo $[x_0, x_f]$, os termos que contêm n no denominador tendem a zero e, após coletar termos semelhantes, tem-se:

$$\hat{A}_{(n,0)} = \sum_{j=1}^{n\to\infty} x_j^2 \cdot \Delta x = \frac{x_f^3}{3} - \frac{x_0^3}{3}$$

E, como já visto:

$$\frac{d\left(\frac{1}{3}x^3\right)}{dx} = x^2$$

Ou

$$\frac{x^3}{3} = \tilde{\mathbb{A}}\{x^2\}$$

Ou seja, mais uma vez, encontra-se uma relação entre a área de uma função e a antiderivada dessa função.

3

Processos celulares

INTRODUÇÃO

A célula, sendo a unidade básica na qual se identifica a "vida", é, por consequência, a unidade básica de funcionamento de um organismo. Claramente, todos os processos reconhecidos no nível macroscópico orgânico são fruto de atividades que ocorrem no nível microscópico celular. Assim, de uma forma ou de outra, o funcionamento de um determinado órgão ou sistema terminará recaindo sobre as atividades das células desse órgão ou desse sistema. Isso, contudo, não deve ser entendido de modo leviano como uma equivalência unívoca entre um evento no nível celular causando um evento no nível orgânico.

As interações causa-efeito entre os diferentes níveis de organização de um sistema multicomponente são, de forma geral, bem mais complicadas do que uma suposta relação um para um. Por outro lado, em alguns casos é possível, ao menos em uma aproximação simplificada ou didática, transpor os eventos de diversos níveis e compor um quadro que parece dar relações unívocas de causa e efeito entre ocorrências celulares e processos observados no organismo. Um exemplo disso é a contração muscular. Nela, é possível ir desde os eventos moleculares até o movimento de um músculo como um todo em uma cadeia de eventos do tipo causa-efeito. Outro exemplo é o metabolismo da glicose relacionado à energética. Nele, é possível estabelecer uma série de eventos desencadeados pela presença ou ausência da glicose, indo desde a absorção no trato gastrointestinal até seu uso para a obtenção de adenosina trifosfato (ATP, do inglês *adenosine triphosphate*) ou estocagem. Esse exemplo será apresentado e discutido no fim do capítulo.

Os parágrafos anteriores podem nos levar a uma certa confusão: afinal, são os processos celulares que determinam os eventos orgânicos ou não? A resposta é sim. O que tentamos deixar claro é que as relações podem, em alguns casos, ser bastante diretas, como nos dois exemplos citados, mas, na maior parte das vezes, é difícil afirmar que tal evento orgânico ocorreu porque tal evento celular o desencadeou. Tendo isso em mente, vamos ao assunto propriamente dito.

As células, sejam quais forem, desde bactérias até neurônios, são, por si sós, elementos bastante intrincados. Além de possuírem estruturas subcelulares espacialmente distribuídas, nas quais ocorrem processos específicos, a própria célula pode manter uma orientação espacial no seu meio. Assim, uma grande parte das células tem sua operação determinada por esse arranjo espacial, dito polarização celular. Por polarização celular entende-se, então, que a célula mantém uma determinada orientação dentro do órgão e que, assim, em geral, eventos que ocorrem em um lado são diferentes dos que ocorrem em outros lados da célula.

Um grande número de tipos celulares morre de forma propositada durante a vida do organismo. Ou seja, há uma grande variedade de células que estão programadas ou são induzidas a morrer em determinados momentos de suas vidas. Esse processo de morte celular programada é chamado de apoptose e é fundamental na vida do organismo como um todo. A maturação de tipos celulares a partir de uma célula progenitora única é outro tipo de processo que depende de intricadíssimas redes de sinalização entre as células e interação com o meio extracelular. A migração de células entre órgãos e mesmo dentro de um determinado tecido é mais um dos processos que dependem de um vasto sistema de comunicação e interação entre as células.

Como facilmente se percebe, os processos celulares são um enorme campo de estudos que abrangem as chamadas biologia e fisiologia celulares. Não é nosso objetivo um aprofundamento nesses campos. O que pretendemos neste capítulo é dar uma visão panorâmica geral de processos que ocorrem no nível microscópico celular sem nos preocuparmos com detalhamentos que fujam aos aspectos macroscópicos orgânicos desenvolvidos em outros capítulos da coleção. Tendo essa expectativa em mente, falaremos, em essência, sobre a membrana celular e seus componentes, considerando que é nela que os eventos de integração orgânica são deflagrados.

A MEMBRANA CELULAR

A separação entre o meio interno à célula e seu meio externo é dada por uma estrutura denominada membrana plasmática (ou membrana citoplasmática, ou membrana celular). Essa separação permite, no entanto, troca de substâncias entre os meios, seja por difusão através da membrana, seja através de estruturas específicas dedicadas a tal finalidade. Além disso, existe a troca de energia através da membrana plasmática, seja na forma de calor, seja na forma de trabalho.[1] Portanto, as células são sistemas abertos no sentido termodinâmico do termo.

Antes de entrarmos no assunto propriamente dito, é interessante fazer uma ressalva. O que iremos apresentar é uma perspectiva, por assim dizer, mais clássica (e, talvez, ortodoxa) da membrana celular, com canais, bombas e transportadores nela imersos. Há, contudo, estudos que sugerem uma perspectiva bastante diferente (heterodoxa) no modo de operação da membrana e seus constituintes, questionando, inclusive, a real relevância dessa e desses no modo como o são considerados na perspectiva clássica (p. ex., Pollack, 2001). Não iremos, contudo, nos aprofundar nesse debate, mas é importante que os leitores e leitoras saibam da existência dessa outra possibilidade.

1 Ver o capítulo "Energética", no volume 3 desta obra.

Isso não significa, contudo, que as trocas de matéria não sejam reguladas pela célula. Ao contrário, as estruturas dedicadas à passagem de substâncias entre os meios intra e extracelular operam, dentro de limites, de modo controlado e orquestrado. Além dessas estruturas de troca, existem várias outras associadas à membrana plasmática. Há estruturas que recebem sinais presentes no meio externo, de modo a integrar o funcionamento de uma célula ao conjunto do órgão e do organismo. Há estruturas que servem como identificadores da célula, sendo expressas no lado externo da membrana. Há estruturas que fixam a ocorrência de processos citoplasmáticos, sendo expressas no lado interno da membrana. Há ancoragem do citoesqueleto, resultando no formato celular e em eventuais movimentações. Há a presença de compostos e a própria composição da membrana que alteram seu grau de fluidez, alterando a dinâmica de trocas. Portanto, a membrana plasmática e suas estruturas tornam-se elementos primordiais no funcionamento das células. Ou, em outras palavras, a membrana deve ser pensada como uma estrutura ativa na manutenção da vida e dos processos celulares.

A membrana plasmática é composta por uma bicamada lipídica, ou, mais especificamente, de fosfolípides (ou fosfátides ou fosfatídeos[2]) ou fosfogliceróis: um grupamento fosfato associado a uma extremidade de uma molécula de glicerol contendo duas caudas de ácidos graxos (Figura 1A). O grupamento fosfato é carregado negativamente, sendo, então, hidrofílico, enquanto as caudas são hidrofóbicas. Como se sabe, o principal componente tanto intra quanto extracelular é a água, ou seja, os fosfolípides, assim como as demais substâncias, então imersos em uma solução aquosa. Disso resulta que o arranjo termodinamicamente favorável das moléculas de fosfolípides é aquele no qual o grupamento fosfato fica exposto à água e as caudas lipídicas se organizam de maneira a não ficarem expostas. Três desses arranjos espontâneos mais comuns são a organização em micelas, em lipossomos e em bicamadas, como, no caso, a membrana plasmática (Figura 1B).

Cada um dos ácidos graxos que compõem a cauda lipídica pode ser saturado, ou seja, todos os carbonos mantêm ligações simples entre si, ou podem ser insaturados, no qual ao menos um par de carbonos mantém uma ligação dupla. Uma cadeia saturada é retilínea, enquanto uma cadeia insaturada apresentará uma ou mais "dobras", dependendo do grau de insaturação. Dessa maneira, uma bicamada formada por fosfolípides saturados tem uma aposição mais perfeita entre suas moléculas que uma contendo fosfolípides insaturados e, como consequência, tem menor fluidez (Figura 1C).

Como já mencionado, além do grau de saturação dos ácidos graxos, há a presença de compostos que também contribuem para o nível de fluidez da membrana. Esses compostos são esteróis, particularmente o colesterol. O colesterol é um lipídio que tem uma terminação hidrofílica muito pequena, dada por uma hidroxila (OH, ver Figura 1D). Portanto, sua presença na bicamada ocorre entre os ácidos graxos, não exposto à água circundante. A presença do colesterol altera a fluidez da membrana e sua permeabilidade à água, contudo esses efeitos dependem da saturação dos ácidos graxos: em uma bicamada predominantemente saturada, o colesterol aumenta a fluidez

2 Há, também, esfingolipídios, mas em quantidade bem menor.

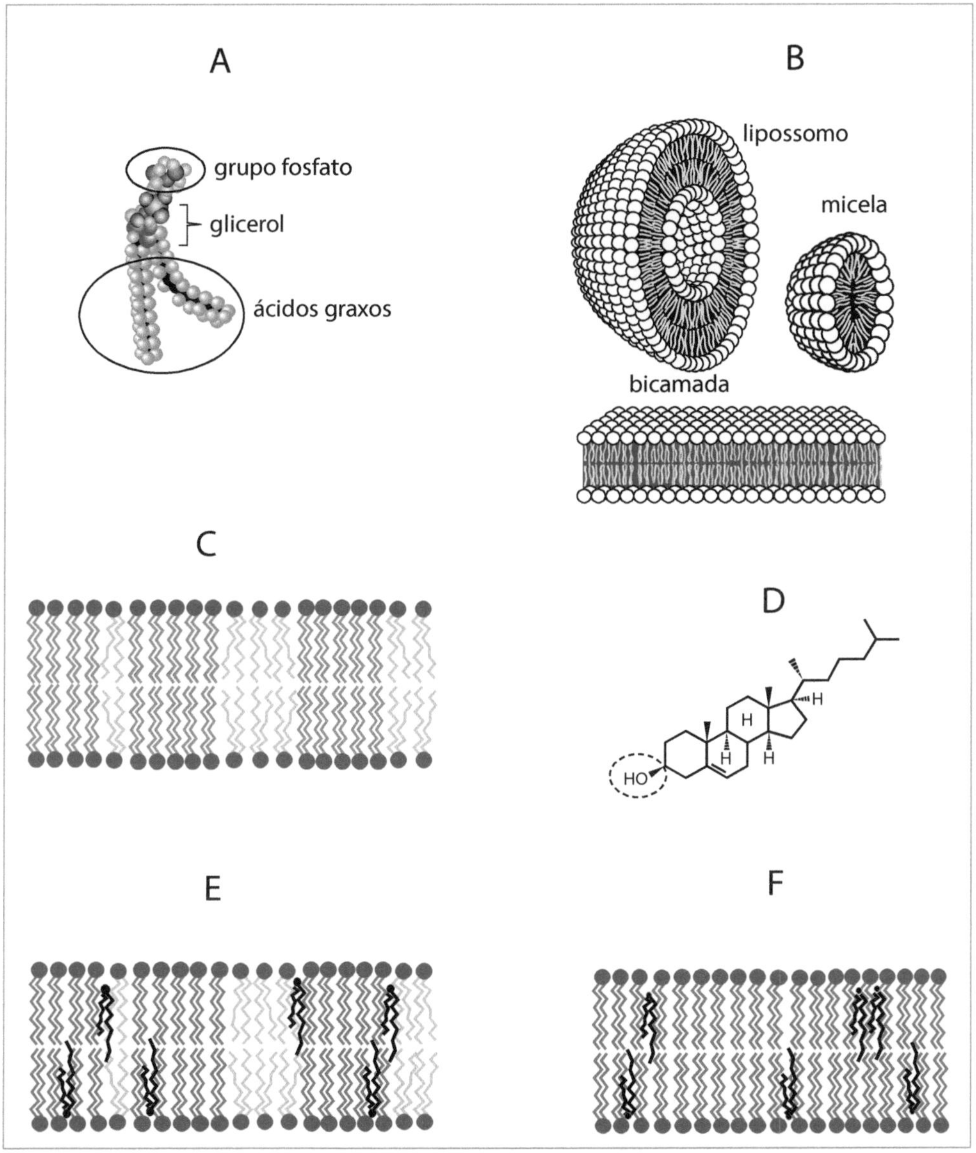

FIGURA 1 A: fosfolípide. B: arranjo em micelas, lipossomos e em bicamada. C: ácidos graxos saturados (cinza escuro) e insaturados (cinza claro) na bicamada. D: molécula de colesterol (hidroxila realçada). E: bicamada com ácidos graxos insaturados (cinza claro) e colesterol (preto) presentes – note como as moléculas de colesterol levam a um aumento da organização retilínea dos fosfolípides. F: bicamada com ácidos graxos saturados (cinza escuro) e colesterol (preto) – note como as moléculas de colesterol levam a uma diminuição da organização retilínea dos fosfolípides.
Fonte: adaptada de Wikipedia.

e a permeabilidade, enquanto em uma bicamada com insaturações há diminuição da fluidez e da permeabilidade. Essa diferenciação de comportamentos decorre do fato de que, na presença de insaturação, o colesterol tende a se aninhar na dobra do ácido graxo, funcionando como um retificador do conjunto, aumentando a aposição entre moléculas; ao passo que, em bicamadas saturadas, a presença do colesterol cria locais de desalinhamentos (Figuras 1E e 1F).

Como apresentado, a membrana plasmática não é meramente uma barreira interposta entre os meios extra e intracelulares. Há uma enorme variedade de estruturas a ela associadas, como canais iônicos, transportadores e bombas dependentes de ATP, receptores de sinalização, moléculas de identificação celular etc. Dessa forma, a bicamada lipídica ilustrada na Figura 1 não é uma representação adequada da membrana plasmática. A Figura 2 apresenta uma ilustração mais completa, na qual se encontram diversas estruturas mencionadas agora representadas, transformando a bicamada lipídica em uma estrutura ativa de fato, isto é, a membrana plasmática como tal.

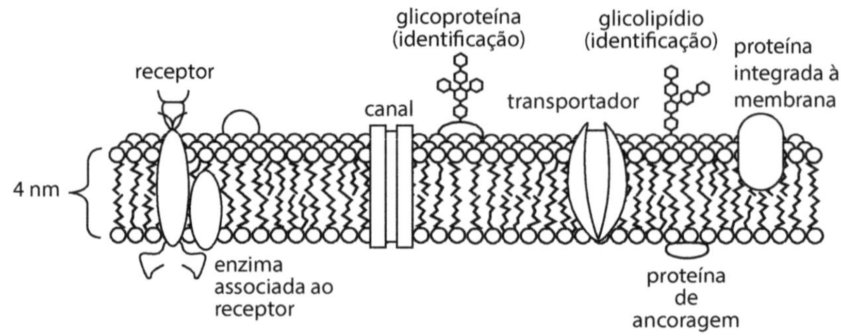

FIGURA 2 Membrana plasmática. A espessura de 4 nm da bicamada foi obtida em B10NUMB3R5.
Fonte: adaptada de Wikipedia.

Permeabilidades

As trocas de matéria no nível celular ocorrem por difusão. Por exemplo, uma molécula de oxigênio deixa o compartimento sanguíneo e chega até uma crista mitocondrial sem que haja algum tipo de força agindo sobre ela e dando uma direcionalidade na movimentação de cada molécula. É a diferença de concentração da substância que gera um potencial cujo resultado é uma aparente direcionalidade para o conjunto das moléculas. Assim, a difusão é um processo passivo, isto é, sem gasto de energia, e primordial para o funcionamento celular. Tanto potenciais quanto difusão são apresentados e detalhados no capítulo "Difusão e potenciais", neste volume da coleção. Neste momento, basta que se tenha essa noção de movimentação passiva com uma direcionalidade aparente dada pela diferença de concentração da substância entre dois pontos do sistema.

Para uma substância chegar até a membrana celular, ela deve se difundir, seja no meio extracelular, seja no meio intracelular. Esses meios são, em sua essência, aquosos. Para passar do meio extra para o intra, ou do intra para o extra, uma substância teria de se difundir pela bicamada lipídica.

A água é uma substância polar, que permite a formação e o trânsito de íons e moléculas eletricamente carregadas. Por outro lado, os lipídios são apolares. Assim, em decorrência da carga elétrica e da consequente camada de hidratação que se forma pela polaridade das moléculas de água, os íons têm energias de ativação extremamente altas para passar pela bicamada lipídica da membrana plasmática. Em outras palavras, apesar de bastante fina (ver Figura 2), a membrana plasmática, sendo apolar em seu interior, torna-se praticamente impermeável à difusão de íons e de moléculas eletricamente carregadas.

A Tabela 1 apresenta valores de permeabilidade da membrana plasmática a algumas substâncias. Observando os valores na Tabela 1, e considerando a espessura de 4 nm da bicamada lipídica, podemos calcular que moléculas como a ureia e o glicerol levam ao redor de 1 segundo para atravessar a membrana por difusão. Por outro lado, um cátion como o potássio demoraria um milhão de segundos (ao redor de 11 dias) para se difundir entre compartimentos separados por uma bicamada lipídica como a da membrana plasmática. Mesmo o cloro, que apresenta uma permeabilidade 20 vezes maior que a do sódio, ainda demoraria cerca de 12 horas para atravessar os 4 nanômetros da membrana por difusão.[3]

TABELA 1 Permeabilidade da membrana plasmática a algumas substâncias

Substância	Diâmetro (pm)	Permeabilidade ($\times 10^{-9}$ m s^{-1})
Água	120	2.200
Ureia	240	4
Glicerol		5,4
Glicose	1.000	0,05
Cl^-	167	0,00009
K^+	227	0,000004
Na^+	186	0,000001

Fonte: Greger, 1996; B10NUMB3R5 (https://bionumbers.hms.harvard.edu/search.aspx).

Para termos uma ideia comparativa da restrição imposta pela bicamada lipídica em relação ao meio aquoso, vamos calcular o valor aproximado da permeabilidade de uma "membrana de água" de 4 nm para o sódio e para o cloro. O coeficiente de difusão do Na^+ na água é ao redor de $1{,}2 \times 10^{-10}$ m² s⁻¹, e o do cloro, ao redor de $1{,}8 \times 10^{-10}$ m^2 s^{-1} (Vitagliano e Lyons, 1956). Assim, para essa nossa "membrana de água", o Na^+ teria uma permeabilidade de 3×10^{-2} m s^{-1}, e o Cl^- teria uma permeabilidade de $4{,}5 \times 10^{-2}$ m s^{-1}. Comparando esses valores com as permeabilidades apresentadas na Tabela 1, nota-se que as permeabilidades para transpor os 4 nm da bicamada lipídica estão na ordem de 10^{11} vezes menores que para transpor 4 nm de água.

Fazendo esses mesmos cálculos para a glicose, cujo coeficiente de difusão na água é de $5{,}2 \times 10^{-10}$ m^2 s^{-1} (Grigoriev e Meylikhov, 1991), tem-se que a bicamada lipídica impõe uma velocidade de trânsito da ordem de 10^7 vezes menor que o meio aquoso.

3 Esses cálculos são valores aproximados considerando concentrações de íons e outras substâncias dentro das faixas fisiológicas de operação do organismo. Para concentrações muito altas de íons, podem-se formar poros na bicamada lipídica, o que aumenta sua permeabilidade (Salih e Matthai, 2017), mas fora da faixa de operação do sistema.

Ou seja, mesmo que para nossos padrões macroscópicos o "1 segundo" para transpor os 4 nm da bicamada lipídica possa parecer "rápido", para os padrões microscópicos estamos falando em um atraso da ordem de 10 milhões de vezes na transferência dessas moléculas.

Portanto, resumidamente, a bicamada lipídica impõe uma enorme restrição à troca de substâncias carregadas eletricamente.

Dessa maneira, evolutivamente surgiram estruturas imersas na bicamada lipídica que permitem uma transferência de substâncias com maior rapidez, principalmente das substâncias hidrofílicas. A denominação genérica para esse processo é difusão facilitada.

A difusão facilitada é um transporte passivo, portanto não dependente de ATP, de moléculas através da membrana, mediado por proteínas transmembrana. Sendo passivo, depende do potencial eletroquímico das substâncias envolvidas, ou seja, é dependente de concentração (o potencial eletroquímico é assunto do capítulo "Difusão e potenciais", neste volume da coleção). Nas seções subsequentes, vamos nos ater a três tipos principais de difusão facilitada: canais, transportadores e cotransportadores, e esses últimos têm uma dependência de ATP indireta, como será explicado.

CANAIS

Canais iônicos

Canais iônicos são estruturas proteicas que comunicam o exterior da célula ao citoplasma, permitindo a passagem de átomos eletricamente carregados. Assim, os canais são o principal meio de passagem de íons entre os compartimentos extra e intracelular.

Essa importância decorre da taxa pela qual íons podem transitar pelos canais. Enquanto transportadores dedicados, como a bomba de sódio e potássio ou cotransportadores transferem em uma base de 10^3 íons por segundo, canais transferem em uma base de 10^6 íons por segundo (Roux, 2017), ou seja, uma taxa mil vezes maior.

A força termodinâmica responsável pela passagem dos íons por canais é o potencial eletroquímico (apresentado no capítulo "Difusão e potenciais", neste volume da coleção), e, portanto, não envolve o gasto de energia. Por outro lado, a movimentação é, assim, passiva, no sentido de dissipar a diferença de potencial existente, enquanto bombas fazem um transporte ativo, isto é, com gasto de energia,[4] podendo transferir íons contra o gradiente eletroquímico.

Duas características de canais iônicos devem ser esclarecidas. A primeira é que esses canais não são "simples tubos por onde um íon passa". A passagem de um íon ocorre em etapas de ligações que são feitas e desfeitas ao longo do percurso. Por exemplo, o canal de potássio voltagem-dependente Kv1.2/Kv2.1 tem cinco sítios internos de ligação para o K^+. A segunda característica, intrinsecamente relacionada à primeira, é que canais são, em sua quase totalidade, seletivos aos íons que por eles passam. Essa seletividade

---

4 Esta transferência caracteriza trabalho, e os conceitos envolvidos na realização de trabalho são amplamente apresentados e discutidos no capítulo "Energética", no volume 3 da coleção.

decorre da camada de hidratação do íon e da carga elétrica, em essência, e se relaciona aos sítios de ligação internos ao canal (Roux, 2017). A seletividade dos canais é o que permite a existência do potencial de membrana (discutido no capítulo "Difusão e potenciais" neste volume da coleção), condição *sine qua non* para a manutenção do funcionamento de quase todas as células em metazoários.

Os canais, em sua quase totalidade, não são estruturas estáticas. Eles têm estados de abertura e de fechamento, o que altera, assim, a permeabilidade da membrana ao íon do respectivo canal. Como veremos em outros capítulos, essa alteração de permeabilidade é a essência do potencial de ação. A mudança de estado de canais pode ocorrer por alterações do potencial elétrico local de membrana, estiramento da membrana, acoplamento de sinalizadores ao canal. Cada tipo de canal tem, basicamente, um tipo de modulador de sua permeabilidade, ou seja, cada tipo de canal muda seu estado dependendo de um dos tipos de fator já mencionados. Voltaremos a discutir canais iônicos no contexto do potencial de membrana, no capítulo "Difusão e potenciais", neste volume da coleção. A Figura 3 ilustra canais iônicos e moduladores.

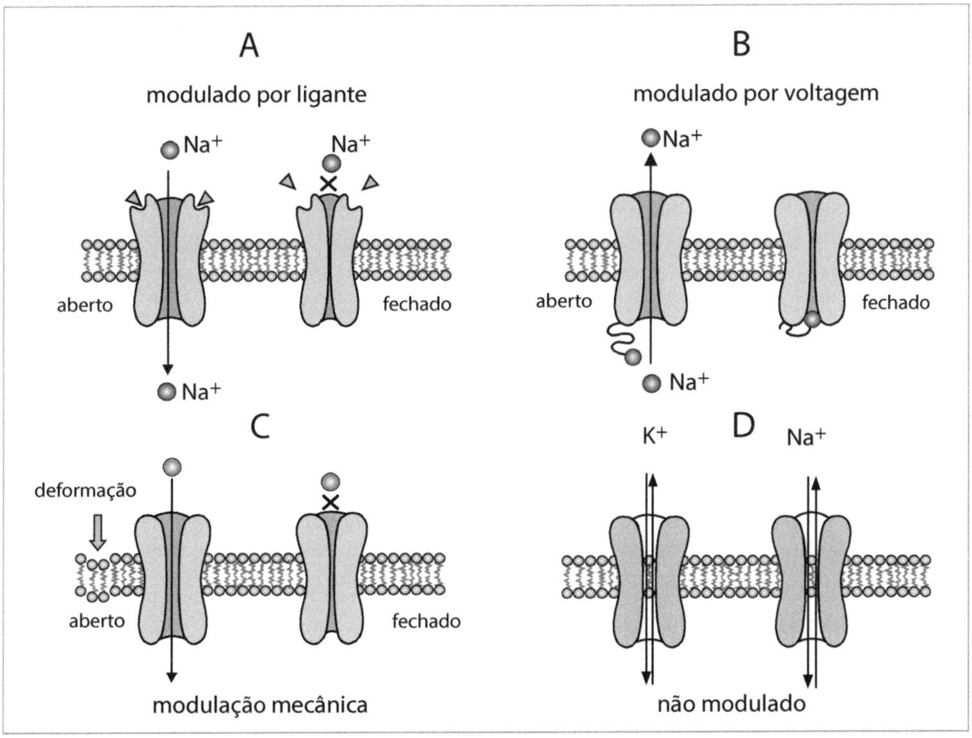

FIGURA 3 Canais iônicos e moduladores. A: canal modulado por ligante – um sinalizador específico se liga a uma região do canal causando a mudança de estado. B: canal modulado por voltagem – a alteração do potencial elétrico local causa a mudança de estado. C: canal modulado mecanicamente – a deformação da bicamada lipídica ao redor do canal causa a mudança de estado. D: canal não modulado.

Fonte: adaptada de https://www.coursehero.com/tutors-problems/Physiology/28848009-what-are-four-types-of-gated-channels-and-how-are-they-activated-What/

Aquaporinas

Como visto, a bicamada lipídica da membrana plasmática impõe uma barreira energética à passagem de moléculas de água. Contudo, os dados acerca da permeabilidade da bicamada lipídica à água chamam a atenção (ver Tabela 1), pois indicam que a bicamada é mais permeável à própria água que a solutos polares. Isso se deve a dois fatores. Primeiro, que a molécula de água, apesar de polar, é pequena e, diferentemente dos íons, não tem, ela mesma, uma camada de hidratação. Segundo porque a água preenche os espaços não ocupados pelos próprios lipídios da bicamada. Ou seja, a bicamada lipídica é hidratada no seu interior (Nickels e Katsaras, 2015; Shinoda et al., 2004) e permite a passagem da própria água por esses "canais de hidratação").

Células expostas a meios hipertônicos ou hipotônicos perdem ou ganham água, respectivamente (ver o capítulo "Regulação hidreletrolítica", no volume 3 da coleção, e o capítulo "Difusão e potenciais", neste volume). Observações experimentais indicaram a existência de duas dinâmicas de troca de água entre os meios intra e extracelular: uma lenta e dependente de temperatura, a outra rápida e não dependente de temperatura. Esses resultados indicam que a passagem de água ocorre tanto por um processo difusivo direto pela bicamada lipídica, o qual é lento e depende de temperatura, quanto por "poros" ou "canais" verdadeiros, atravessando a membrana plasmática (Brown, 2017). No final do século XX foram identificadas as estruturas que permitem a passagem de água pela membrana plasmática sem ser pela difusão através da bicamada lipídica. Essas estruturas foram denominadas, genericamente, aquaporinas.

As aquaporinas são encontradas ao longo da filogenia em todos os reinos (Kruse et al., 2006), e foram identificados vários subtipos dessas estruturas de membrana. O fluxo de água entre as diversas aquaporinas varia em até 100 vezes. Por exemplo, o fluxo de água por AQP0 é ao redor de 0,2 $m^3 s^{-1}$, enquanto em AQP4 é de 20 $m^3 s^{-1}$ (Kruse et al., 2006). Além disso, dependendo da aquaporina, a passagem de outras substâncias como CO_2, NO, glicerol e ureia também pode ser facilitada (Brown, 2017; Kruse et al., 2006).

Em uma estimativa de que a velocidade de difusão pela bicamada lipídica seja de 10×10^{-9} m s^{-1} e que pela membrana plasmática seja 70×10^{-9} m s^{-1} (Edashige, 2017), a razão entre o fluxo de água por uma aquaporina em relação ao fluxo difusivo pela bicamada é da ordem de 10 vezes, o que ressalta a importância desses canais para trocas rápidas de água entre compartimentos. A Figura 4 ilustra o esquema de uma aquaporina.

Junções comunicantes (junções *gap*)

As junções comunicantes são formadas pela aposição de conexinas, que são proteínas transmembrana expressas em praticamente todos os tipos celulares,[5] que permitem um contato direto entre o citoplasma de células vizinhas (ver Figura 5). A passagem de íons pelas junções comunicantes acarreta o contato elétrico, enquanto a passagem de segundos mensageiros e metabólitos, como ATP, ADP, AMP cíclico, IP_3 e glutamato, entre outros,

---

5 Exceções: musculatura estriada esquelética, eritrócitos, espermatozoides.

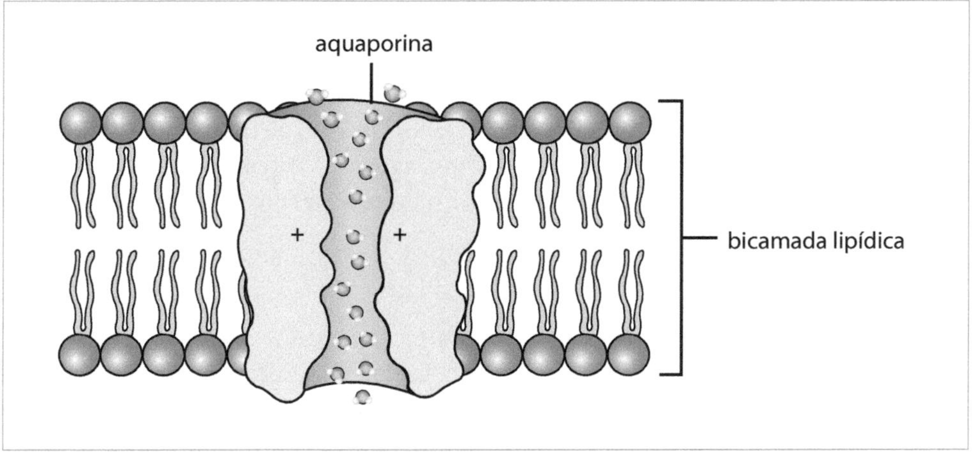

FIGURA 4 Ilustração esquemática de uma aquaporina. Os círculos cinzas centrais com duas abas brancas representam moléculas de água.
Fonte: adaptada de Wikipedia.

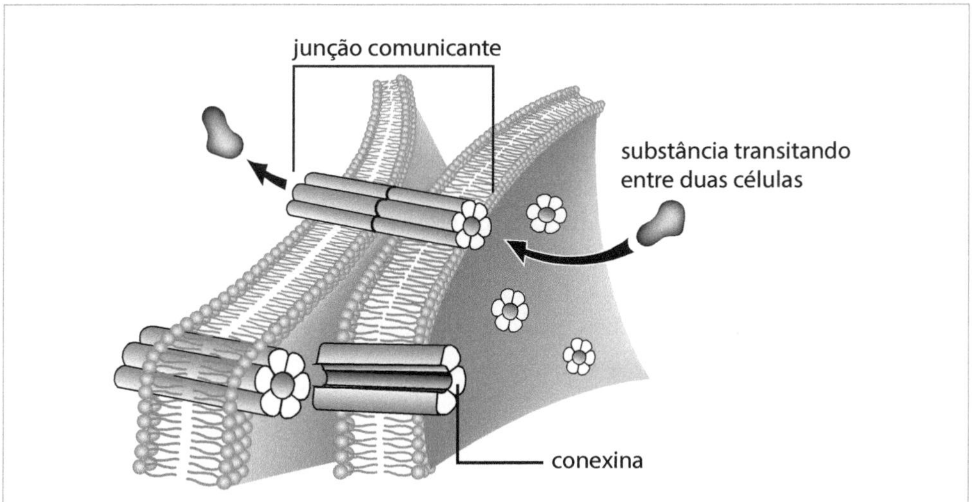

FIGURA 5 Ilustração esquemática de junções comunicantes.
Fonte: adaptada de https://project.inria.fr/keops/what-are-gap-junctions/

acarreta um contato químico e, assim, existe certa homogeneização da atividade entre as células. A condutância pelas junções comunicantes pode ser modulada, levando a graus diferentes de comunicação direta entre as células. Fatores conhecidos que modulam a condutância são a voltagem transmembrana, o pH e a concentração de Ca^{2+}.

Junções comunicantes têm papel fundamental no funcionamento, entre outros, do: (a) sistema circulatório, particularmente na propagação da sinalização elétrica no coração e na contração da musculatura lisa na parede dos vasos; (b) sistema nervoso central, com comunicação elétrica bidirecional entre neurônios e comunicação química entre células da glia, com efeito na mielinização de fibras e na manutenção de concentrações de potássio no espaço extracelular dos neurônios; (c) tubo digestório, permitindo que a musculatura lisa opere como um sincício com atividade elétrica coordenada, resultando no peristaltismo do tubo; (d) fígado, no qual o acoplamento elétrico entre os hepatócitos sincroniza a resposta do órgão, como ao glucagon; (e) sistema reprodutivo, com a propagação do óvulo ao útero na tuba uterina e o próprio desenvolvimento e maturação do folículo ovariano (Nielsen et al., 2012).

TRANSPORTADORES

Essas estruturas proteicas, como o termo já indica, translocam substâncias através da bicamada lipídica. Diferentemente de canais e de junções comunicantes, nos quais a passagem se dá através da própria estrutura, os transportadores se ligam aos seus substratos e mudam de conformação. Essa mudança de conformação leva o substrato para o outro lado da bicamada, ainda aderido ao sítio de ligação no transportador, para, então, haver o desligamento.

A difusão facilitada via transportadores guarda semelhanças com a atividade enzimática comum. Basicamente, a operação, como na catálise, diminui a energia de ativação entre dois estados. No caso enzimático, entre produtos e substratos; no caso dos transportadores, entre os meios extra e intracelulares. Como no caso enzimático, a operação dos transportadores não altera o equilíbrio do substrato, ou seja, se os meios estão no potencial de equilíbrio, não há fluxo efetivo. E, como no caso enzimático, há velocidade de saturação do processo em decorrência da ocupação de sítios ativos com o aumento da concentração do substrato (Carruthers, 1990).

Os transportadores são divididos em três grupos genéricos: uniportadores, cotransportadores (ou simportadores) e permutadores (ou antiportadores). A Figura 6 apresenta o esquema de operação desses três grupos, descritos a seguir.

Uniportadores

O processo que acabamos de descrever é geral para os transportadores, porém, exatamente como descrito, se aplica aos chamados uniportadores. Os uniportadores são estruturas cujo funcionamento se relaciona a um único substrato que é translocado entre os meios extra e intracelulares.

Como a mudança de conformação está relacionada à ligação com o substrato, o transporte ocorre de forma bidirecional. Assim, o resultado, em termos de fluxo líquido do substrato entre os meios, depende da diferença de concentração entre os meios (Carruthers, 1990). Em outras palavras, os uniportadores não operam contra gradiente de concentração.

Cotransportadores

Diferentemente dos uniportadores, os cotransportadores operam translocando duas substâncias simultaneamente, e o transporte se dá no mesmo sentido (isto é, ambas são

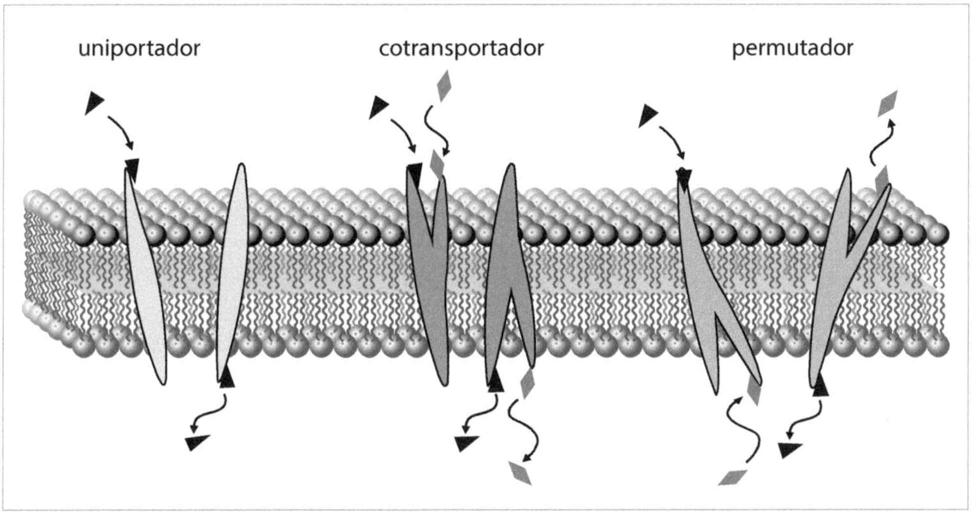

FIGURA 6 Esquema dos processos de transporte pela bicamada lipídica através de uniportadores, cotransportadores e permutadores. O triângulo preto e o losango cinza são as substâncias sendo transportadas.

Fonte: membrana celular adaptada de https://www.thoughtco.com/thmb/VbOeHWX8GE8Pch9hTYAG0B5bYok=/768x0/filters:no_upscale():max_bytes(150000):strip_icc()/lipid_bilayer-5b96eddf46e0fb0025509dde.jpg.

deslocadas do meio extra para o intracelular ou do intra para o extracelular). Apesar de a operação em si depender do potencial químico ou do eletroquímico, como é um transporte duplo, pode-se, pelo potencial de uma das substâncias, transportar a outra contra o gradiente.

Permutadores

À semelhança do que ocorre com os cotransportadores, os permutadores também translocam duas substâncias simultaneamente. Porém, diferentemente dos cotransportadores, os permutadores fazem esse deslocamento em sentidos opostos (isto é, um dos compostos é levado do meio extra para o intracelular enquanto o outro é levado do meio intra para o extracelular). Novamente, o processo pode ocorrer contra o gradiente de uma das substâncias em decorrência do potencial da outra envolvida.

Passivo *versus* ativo

Como ressaltado, o processo do transporte em si mesmo depende do gradiente de concentração (ou do potencial eletroquímico) e, dessa forma, é passivo, ou seja, não envolve o gasto de energia. Isso se aplica, completamente, aos uniportadores.

No entanto, os cotransportadores e os permutadores podem depender de gasto energético de maneira indireta. Como esses tipos de transportadores operam com duas substâncias simultaneamente, um dos compostos pode ser transportado contra seu gradiente de concentração à custa de um transporte a favor de um potencial mais elevado do outro composto. Esse potencial mais elevado é mantido por meio de gasto energético em bombas de membrana, isto é, "transportadores" ativos, que consomem ATP translocando compostos contra o potencial eletroquímico. No capítulo "Difusão e potenciais", neste volume, é possível saber mais sobre bombas.

SINALIZAÇÃO

Duas vias básicas de transdução de sinais celulares

As células, sejam procariotas, sejam eucariotas, percebem o meio externo através de receptores de membrana que são, de alguma maneira, estimulados e causam uma sinalização interna. Um conceito que emergiu nos finais do século XX foi o de que uma multitude de sinais exteriores é transduzida no interior das células através de processos de fosforilação e desfosforilação, os quais ativam ou desativam enzimas ou outras proteínas.

A colocação de um grupo fosfato em uma proteína é feito por enzimas ditas quinases, ou seja, uma quinase fosforila o substrato. Já a retirada de um grupo fosfato é feita por fosfatases, no evento da desfosforilação.

Outro mecanismo que se revela ubíquo é o cálcio (Ca^{2+}) como segundo mensageiro, seja por liberação do íon, e posterior recaptura, de dentro do retículo endoplasmático, seja por aumento da permeabilidade da membrana (canais, ver seção mais adiante), e posterior extrusão do íon. Tanto os eventos de fosforilação/desfosforilação quanto os de aumento de Ca^{2+} podem ocorrer simultaneamente, dependendo do desencadeamento dos sinais.

Apesar da existência de um grande número de tipos de receptores de membrana, dois grandes grupos aparentam ser os principais: receptores acoplados à proteína G (RAPG) e os receptores tirosina quinase (RTK). As Figuras 7A e 7B ilustram o modo prototípico de transdução de sinais originados pela estimulação de RAPG, e a Figura 7C ilustra o protótipo de transdução de sinais pela estimulação de RTK. Essas duas vias de sinalização, extremamente relevantes, são descritas nas próximas seções.

Receptores acoplados à proteína G

Os RAPG são a mais ampla família de receptores celulares, sendo ativados por uma série de sinais das mais diversas naturezas, como fótons, odores, sabores, hormônios e neurotransmissores, entre outros (Sutkeviciute e Vilardaga, 2020; Syrovatkina et al., 2016). Uma vez ativados, esses receptores induzem a ativação de proteínas G, as quais, por seu turno, iniciam uma série de eventos intracelulares que resultarão no efeito final da estimulação do receptor.

Proteínas ligantes de trifosfato de guanosina

Proteínas G

As proteínas G funcionam como botão molecular liga-desliga, sendo compostas por duas subunidades, Gα e Gβγ, e uma molécula de difosfato de guanosina, GDP, se encontra ligada à subunidade Gα da proteína no estado inativo. A ativação do RAPG

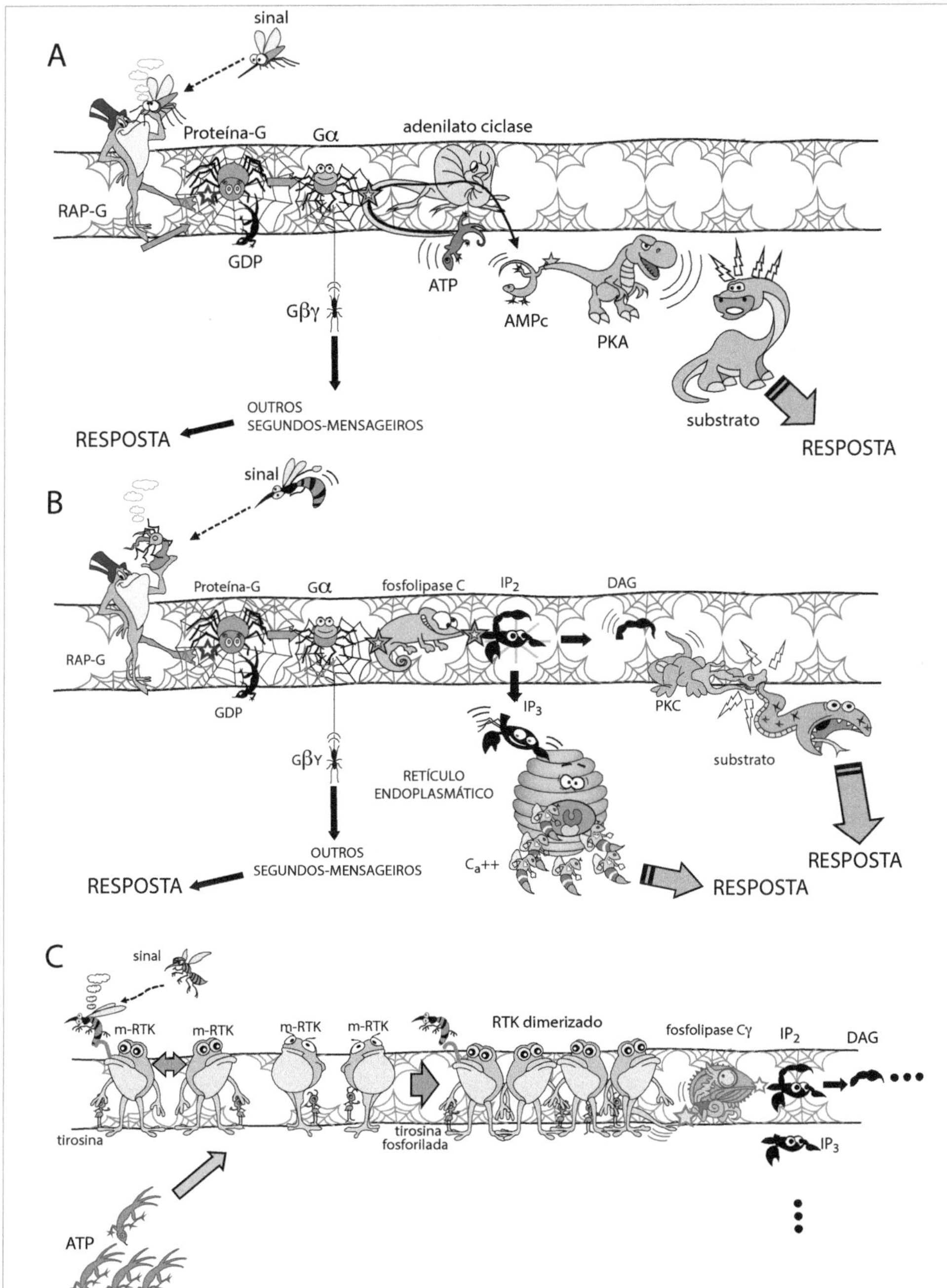

FIGURA 7 Representações caricaturais de vias de sinalização celular por receptores de membrana. A: receptores acoplados à proteína G via adenilato ciclase. B: receptores acoplados à proteína G via fosfolipase C. C: receptores tirosina quinase via fosfolipase Cγ. Os "três pontos" na representação da sinalização do RTK indicam as vias para o diacilglicerol e inositol-3-fosfato colocadas em B.

AMPc: monofosfato de adenosina cíclico; Ca^{++}: cálcio ionizado; DAG: diacilglicerol; Gα: subunidade α da proteína G; Gβγ: subunidade βγ da proteína G; IP_2: fosfatidilinositol-4,5-bifosfato; IP_3: inositol-3-fosfato; m-RTK: receptor tirosina quinase forma monomérica; PKA: proteína quinase dependente de AMPc; PKC: proteína quinase C; RAPG: receptor acoplado à proteína G.

Fonte: adaptada de Sutkeviciute e Vilardaga, 2020; Berridge, 2016; e inspirada em Newton, 2018.

leva a um desligamento do GDP da subunidade Gα e ligação com trifosfato de guanosina (GTP). Essa ligação causa o desligamento da subunidade Gβγ. Tanto a unidade Gα·GTP quanto a unidade Gβγ livre podem agir como sinalizadores interagindo com proteínas efetoras em uma determinada cascata de sinalização. Além disso, a natureza do estímulo desencadeado pode ser tanto excitadora quanto inibidora, dependendo do substrato proteico local.

A sinalização Gα·GTP é terminada pela atividade intrínseca de quebra do GTP pela subunidade Gα, que retoma a configuração Gα·GDP, e a subunidade Gβγ tem sua atividade terminada ao se ligar ao complexo Gα·GDP (Syrovatkina et al., 2016).

Algumas funções fisiológicas nas quais se identifica a participação de proteínas G são: contratilidade cardíaca, desenvolvimento cerebelar, ativação plaquetária, divisão celular.

Existe, ainda, a possibilidade de regulação de proteínas G por outros receptores, como Ric-8, GPR (polipeptídeos, ao redor de 25 aminoácidos, reguladores de proteína G), GBA (ligantes ativadores de Gα). A exata participação desses receptores em processos orgânicos não é completamente conhecida (Syrovatkina et al., 2016).

Superfamília de proteínas Ras

São pequenas proteínas que, à semelhança da proteína G, utilizam GTP/GDP em sua sinalização e também operam como botões do tipo liga-desliga (Dohlman e Campbell, 2019; Simanshu et al., 2017). São amplamente conservadas e difundidas ao longo da filogenia, e se associam a uma miríade de receptores celulares, bem como de tipos de sinalização (Rojas et al., 2012). Suas principais funções estão relacionadas à divisão e à proliferação celular (tendo sido identificadas, inicialmente, em sarcomas – daí a denominação RaS: *RAt Sarcome*), bem como organização do citoesqueleto (Takai et al., 2001).

Monofosfato de adenosina cíclico

O monofosfato de adenosina cíclico (AMPc) é sintetizado a partir de ATP pela adenilato ciclase no lado interno da membrana plasmática. Esse composto foi reconhecido, em 1958,[6] como o responsável por traduzir, internamente às células hepáticas, o sinal para quebra de glicogênio com liberação de glicose dado por adrenalina e glucagon (Nahorski, 2006). Desde então, uma multitude de sinais foi identificada como sendo traduzida intracelularmente via AMPc e, hoje, esse composto é tido como uma das mais relevantes vias de sinalização interna das células.

A formação de AMPc se dá pela ativação da enzima adenilato ciclase em decorrência da sinalização da via Gα (ver Proteína G). Por sua vez, o AMPc leva à ativação de enzimas da família de proteínas quinases dependentes de AMPc, PKA. Essas enzimas, por sua vez, causarão a fosforilação de outras proteínas, resultando na ativação ou inibição de processos celulares em decorrência da estimulação do receptor de membrana. A finalização da estimulação via AMPc ocorre pela transformação desse em AMP pela enzima fosfodiesterase.

---

6 O que valeu o prêmio Nobel de Medicina e Fisiologia de 1971 a Earl Wilbur Sutherland Jr.

Inositol-3-fosfato/Ca^{2+}

A hidrólise de um fosfolípide de membrana, o fosfatidilinositol-4,5-bifosfato (IP_2), pela fosfolipase C, forma inositol-3-fosfato (IP_3), e diacilglicerol (a ser apresentado na próxima seção). A sinalização para a formação de receptor de Inositol trifosfato ($InsP_3$) pode se dar por ativação de dois tipos diferentes de receptores de membrana: os RAPG e os RTK.

O IP_3, tendo uma terminação polar, se difunde para o citoplasma vizinho, onde atuará no retículo endoplasmático, causando a liberação de cálcio. A sinalização do $InsP_3$ é terminada pela metabolização dessa molécula por quinases ou por uma fosfatase específica.

A liberação de cálcio do retículo endoplasmático pela sinalização do $InsP_3$ ocorre em um pico. A continuidade da estimulação do receptor de membrana gera, então, uma oscilação nesses picos, com uma determinada frequência. Estudos indicam que é a frequência de oscilação da concentração de cálcio, mais do que a concentração citoplasmática desse íon, que regula o processo final. Como essa regulação frequência-modulada se dá ainda não está esclarecido (Berridge, 2016).

A via funciona como sinalizador primário em células não excitáveis, com o cálcio sendo o desencadeador de processos específicos, como a secreção de algum produto, enquanto em células excitáveis a via funciona como moduladora, alterando as concentrações desse íon no citoplasma. São inúmeros os processos fisiológicos nos quais a via $InsP_3/Ca^{2+}$ está envolvida. Para citar alguns exemplos, temos o aumento de mobilidade dos espermatozoides na fertilização do óvulo, a proliferação de linfócitos ativados, crescimento axonal, ritmos cerebrais, modulação da contração muscular, modulação da secreção de insulina.

Diacilglicerol

O diacilglicerol (DAG), por sua característica apolar, se difunde na própria membrana plasmática. Ali, o DAG permite que a enzima proteína quinase C (PKC) citosólica se ligue à membrana plasmática e seja ativada. À semelhança das PKA, as PKC levam à fosforilação de outras proteínas intracelulares, desencadeando os eventos celulares relacionados à ativação do receptor.

Receptores tirosina quinase

Os receptores tirosina quinase (RTK) são moléculas transmembrana de alta afinidade por sinalizadores polipeptídicos como fatores de crescimento, citocinas e hormônios peptídicos como a insulina, o hormônio do crescimento e a eritropoetina. A ligação do sinal específico ao receptor causa uma dimerização desse com outros RTK ao redor, ou uma transformação alostérica no receptor, e isso ativa o domínio intracelular dessas moléculas. Uma vez ativado, o domínio intracelular causa a fosforilação de resíduos tirosina em outras moléculas RTK, gerando uma amplificação do sinal nos próprios RTK. Agora, moléculas de Src (proto-oncogene c-Src) e fosfolipase Cγ são fosforiladas e iniciam vias de transdução do sinal no interior da célula.

Como as mesmas vias desencadeiam diferentes respostas?

Se, por um lado, temos uma enorme gama de respostas celulares, as quais podem ir desde um aumento na produção de um determinado composto até a proliferação e diferenciação celular, gerando uma arquitetura precisa em um órgão, por outro lado, como talvez possa ter ficado evidente nas seções anteriores, há um número bem menor de receptores e de vias de sinalização internas que induzem essas respostas. Em outras palavras, o sistema de sinal-resposta celular não opera de modo um para um. De fato, esse é um problema similar ao que encontramos no sistema nervoso: lá os sinais são compostos, basicamente, por potenciais de ação que deflagram estímulos ou excitadores ou inibidores do(s) neurônio(s) seguinte(s). Contudo, a multiplicidade de comportamentos do sistema nervoso é enorme, a despeito da limitada diversidade de sinalização. Dessa maneira, a pergunta que se faz é: como obter tal diversidade de efeitos para uma diversidade de vias tão menor?

A solução surge pelo que se denomina dinâmica espaçotemporal. No caso da sinalização celular discutida aqui, é a dinâmica espaçotemporal dos componentes de sinalização, uma "dinâmica complexa que surge a partir de módulos simples de sinalização"[7] (Kholodenko, 2006). Em termos espaciais, temos as organelas citoplasmáticas, o posicionamento de receptores na membrana plasmática e proteínas-esqueleto como exemplos de como uma mesma via pode gerar diferentes respostas dependendo do local onde a via seja ativada (Good et al., 2011). Em termos temporais, ocorre tanto a persistência quanto a frequência de um dado estímulo sobre uma certa via, desencadeando oscilações nos mensageiros, e a amplitude e o período das oscilações determinam diferentes respostas. Nessas condições, mesmo compostos aparentemente antagônicos, como as quinases e as fosfatases, terminam por somar seus efeitos para o resultado (Gelens et al., 2018), por exemplo, aumentando a frequência de oscilação das formas fosforilada/desfosforilada de uma proteína.

A título de exemplificação, a distribuição de diferentes proteínas da família Ras nas partes anterior e posterior de uma célula leva, sob um mesmo sinal externo de migração, a parte anterior à protusão e a parte posterior à contração, gerando a movimentação direcionada (Bolado-Carrancio et al., 2020). Como exemplo da diversificação obtida pelo padrão temporal evocado, a ativação de RTK pelo fator de crescimento epidérmico leva a uma ativação transitória da cascata mitótica de proteína quinase, resultando em proliferação, enquanto a ativação persistente dessa mesma cascata, desencadeada no RTK pelo fator de crescimento neural, resulta em diferenciação (Kholodenko, 2006).

Assim, apesar de uma limitada diversidade de vias de sinalização, a multitude de respostas possíveis se torna muito grande, pois osciladores têm características que vão muito além das características de seus componentes. Osciladores apresentam, além da

---

7 No original: *Extremely complex dynamic behaviours are shown to arise from simple basic modules, adding to the repertoire of specific signalling outcomes* (Kholodenko, 2006) – tradução livre do autor.

própria questão da frequência do fenômeno, isto é, a oscilação em si mesma, a possibilidade de arrasto, sincronização, amplitude e robustez no processo (ver capítulo "Modelos genéricos básicos", neste volume). Mais ainda, existe a propagação do processo dentro do próprio sistema. Dessa maneira, mesmo respostas estereotipadas ou limitadas em cada componente podem gerar respostas muito diversas no sistema, dependendo da topologia na rede (Novák e Tyson, 2008).

O METABOLISMO DA GLICOSE COMO EXEMPLO INTEGRADOR DOS PROCESSOS CELULARES

Sabe-se que a glicose é fundamental como fornecedor de energia para os sistemas orgânicos em geral (ver capítulo "Energética", no volume 3 da coleção) e, por seres heterótrofos como os animais, tem de ser obtida a partir do meio externo. Isso impõe um primeiro obstáculo, pois a concentração de glicose no meio externo é variável, sendo dependente do alimento obtido. Por exemplo, animais aquáticos ingerem grandes quantidades de água com os alimentos. O mesmo ocorre com aves que se alimentam de néctar, como os beija-flores. Em ambos os casos, a concentração de glicose se torna, portanto, diminuída. Além da variação em decorrência do alimento obtido e da quantidade de água que o segue, o processo digestório é acompanhado de diluição dos compostos ingeridos por meio da adição de fluidos pelo organismo (ver capítulo "Alimentação", no volume 2 da coleção). Assim, a concentração de glicose no meio externo pode ser considerada, de forma geral, baixa. Por outro lado, a concentração plasmática é mantida em níveis não muito variáveis ao redor de 5 mM, ao menos em condições não extremadas. O primeiro obstáculo a ser vencido é, portanto, a obtenção de glicose de um meio de baixa para um de mais alta concentração, com passagem dessa substância pela membrana plasmática luminal.

O segundo obstáculo ocorre para transferir a glicose obtida, que está, então, nas células epiteliais do intestino, para a corrente sanguínea. Contudo, agora, como a concentração nas células epiteliais se torna alta pela própria absorção da glicose da luz intestinal, a transferência pode ocorrer a favor do potencial, isto é, do meio de maior para o de menor concentração. Assim, o segundo obstáculo é a passagem da glicose pela membrana plasmática basolateral.[8] O terceiro obstáculo é semelhante ao segundo, pois é a passagem da glicose do compartimento sanguíneo para as células nos diferentes órgãos. Aqui, novamente, a transferência se dá a favor do gradiente, pois a concentração de glicose no plasma é mais elevada que nas células.

Por outro lado, podemos nos perguntar: "Como, ou por que, a concentração de glicose intracelular será mais baixa que a do sangue?". Assim, o quarto obstáculo não é físico. Ele diz respeito a como suprir as demandas dos diferentes tecidos diante da variação na oferta de glicose (alimentação). Em outras palavras, há tecidos que têm seu

8 Não confundir membrana plasmática basal, de polarização celular, com membrana basal, uma estrutura extracelular de delimitação de capilares sanguíneos.

metabolismo baseado no consumo de glicose, enquanto outros podem não depender somente desse substrato (ver capítulo "Energética", no volume 3 da coleção). Nosso foco, no presente capítulo, são os processos celulares. Assim, as alças de controle que operam no nível do organismo serão discutidas em outros capítulos pertinentes. Aqui, vamos nos ater aos eventos relacionados a transportadores e sinalizadores que operam no nível celular.

O primeiro obstáculo é vencido por meio de um cotransportador de sódio e glicose na membrana plasmática da borda luminal das células do epitélio intestinal. Esse acoplamento de fluxos de substâncias foi aventado por Robert Crane em um congresso científico em 1960 e foi o primeiro acoplamento de fluxos descrito (Wright et al., 1994; Wright et al., 2011). O acoplamento se dá entre a passagem de sódio da luz intestinal para o meio intracelular acompanhado pela passagem de glicose. Ou seja, utiliza-se o gradiente favorável de sódio para obter o transporte de glicose contra o potencial químico dela. O gradiente de sódio, por sua vez, é mantido à custa da extrusão desse cátion para o meio extracelular através de bombas de membrana, que consomem ATP. Dessa forma, apesar de o transporte da glicose em si ser passivo, o processo como um todo é mantido à custa de gasto energético.

Nas células do epitélio intestinal, a concentração de glicose se eleva. Já se sabe que, pela bicamada lipídica, a difusão da glicose é baixa, e como a concentração intracelular de sódio é baixa, o cotransportador da borda luminal não opera no sentido inverso. Na borda basolateral, as células do epitélio intestinal possuem um uniportador de glicose, GLUT-2 (ver Figura 8) e, como a concentração intracelular é mais alta, há passagem dela pelo transportador no sentido externo (portanto, para a corrente sanguínea capilar). Assim, além de fornecer um exemplo de transportadores, o epitélio intestinal fornece um exemplo de polarização celular.

Os tecidos que dependem da glicose para seu metabolismo expressam, constitutivamente, uniportadores na membrana. Como a glicose está sendo continuamente consumida em seu interior, essas células têm concentração baixa de glicose e, assim, a passagem pelo uniportador se dá no sentido do sangue para a célula.

Por outro lado, há três tecidos cuja regulação do metabolismo da glicose é fundamental para operar o fornecimento de combustíveis, tanto glicose quanto lipídios, no contexto orgânico geral: o fígado, a musculatura estriada esquelética e o tecido adiposo branco. A orquestração completa dessa resposta é complexa, e vamos nos ater apenas a um dos principais componentes: a insulina.

Células beta das ilhotas de Langerhans pancreáticas possuem o mesmo tipo de uniportador que o epitélio intestinal e, com a elevação da concentração decorrente da alimentação, há entrada de glicose nessas células. Isso desencadeia a secreção de um hormônio, a insulina. A insulina age nos tecidos-alvo pela estimulação de RTK.

Na musculatura esquelética, a sinalização dada pela insulina causa aumento na expressão de uniportador de glicose insulinodependente, GLUT-4 (ver Figura 8), ao mesmo tempo que ativa a deposição de glicogênio. Assim, nos momentos de alta disponibilidade de glicose, a musculatura esquelética tanto usa esse combustível quanto o estoca para uso posterior.

No tecido adiposo branco há, também, aumento da expressão do uniportador de glicose insulinodependente GLUT-4, com concomitante inibição da lipólise e estimulação da lipogênese. Assim, nos momentos de alta disponibilidade de glicose, o tecido adiposo forma gordura de depósito, a ser disponibilizada durante os períodos de jejum.

O fígado expressa, constitutivamente, GLUT-2, e, com o aumento da concentração plasmática de glicose, ela tem uma entrada aumentada para as células hepáticas. Ao entrar no hepatócito, a glicose é fosforilada pela glicoquinase a glicose-6-fosfato (G6P), a qual terá cinco possíveis destinos (Lehninger et al., 1993): 1) servir ao metabolismo energético do próprio hepatócito;[9] 2) ser inserida em uma cadeia polimérica de glicogênio para estoque hepático; 3) ser degradada pela via glicolítica até piruvato e esse a acetilcoenzima A, a qual é utilizada na lipogênese de diversos compostos (como ácidos graxos, fosfolípides e colesterol), grande parte dos quais é exportada a outros órgãos via lipoproteínas sanguíneas; 4) ser desfosforilada e exportada a outros tecidos para suprir sua demanda energética; 5) entrar na via das pentoses formando NADPH ou ribose-5-fosfato, que é precursor de nucleotídeos. A insulina, nos hepatócitos, estimula as vias 2 e 3 e inibe a gliconeogênese (Petersen e Shulman, 2018).

Nos períodos de jejum, com a queda da concentração plasmática de glicose, cessa a liberação de insulina pelas células beta. Com isso, a expressão de GLUT-4 é interrompida, o que diminui grandemente o trânsito de glicose entre o sangue e a musculatura esquelética e o tecido adiposo branco. A ausência de estimulação do RTK de insulina interrompe, ainda, a deposição de lipídios. No fígado, a ausência da estimulação do RTK da insulina causa um desligamento da via 3 já descrita, inversão da via 2, ou seja, liberação de glicose estocada como glicogênio, e estimulação da via 4. Além disso, a eventual presença de hormônios ditos hiperglicemiantes, como cortisol, noradrenalina e glucagon, estimulará a gliconeogênese nos hepatócitos. Note que esses efeitos levam a um aumento na concentração de glicose nos hepatócitos. Como se sabe, os transportadores são passivos, e particularmente os uniportadores, como é o caso do GLUT-2, operam bidirecionalmente em decorrência do potencial químico. Assim, agora, como a concentração de glicose no interior dos hepatócitos se torna maior que a sanguínea, essa substância deixa as células hepáticas e pode ser utilizada em outros tecidos. Como visto, tanto os adipócitos quanto a musculatura estriada esquelética deixaram de expressar seus uniportadores GLUT-4, o que irá, então, restringir a entrada de glicose nesses tecidos. Por outro lado, neurônios, por exemplo, expressam, constitutivamente, GLUT-3, um transportador de glicose de alta afinidade. Assim, a glicose liberada pelos hepatócitos pode ser utilizada nos tecidos que dependem dela para seu metabolismo energético.

A Figura 8 ilustra, esquematicamente, os processos descritos nos parágrafos anteriores. Esperamos, com isso, ter oferecido um exemplo de uma visão mais integrada entre processos no nível celular descritos neste capítulo e o funcionamento do organismo, como nos propusemos no início.

---

9 O detalhamento do metabolismo energético é dado no capítulo "Energética", no volume 3 da coleção.

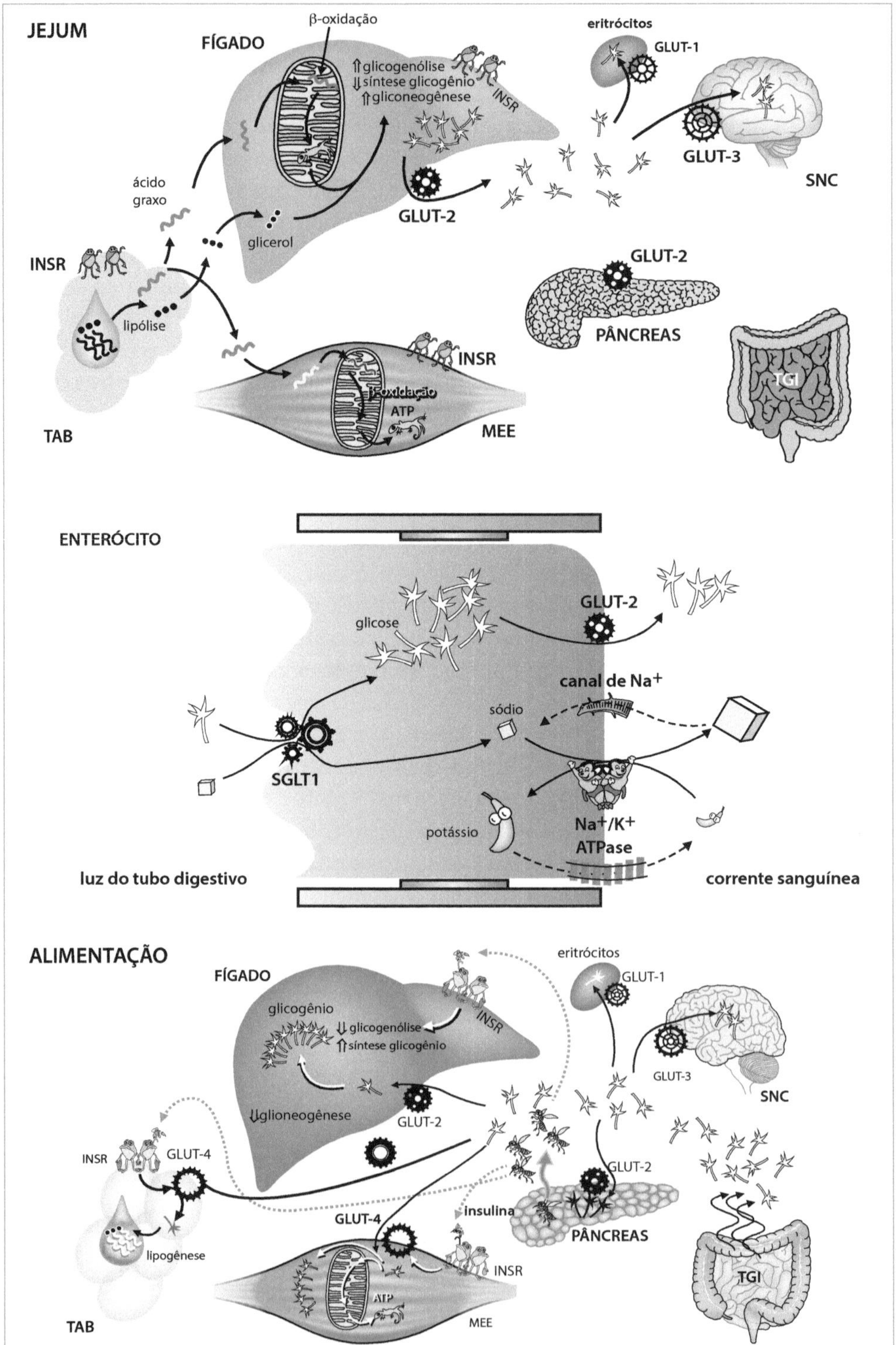

FIGURA 8 Representação esquemático-caricatural dos principais aspectos do metabolismo da glicose. Painel superior: a condição de jejum é ilustrada, e a glicemia é mantida à custa do glicogênio hepá-

tico e de gliconeogênese a partir de glicerol e de aminoácidos (não representados). A glicose exportada pelo fígado, exteriorizada via uniportador GLUT-2 expresso constitutivamente nas células hepáticas, é utilizada em tecidos que dependem desse combustível, como sistema nervoso central (SNC), eritrócitos, medula renal etc. Esses tecidos expressam, constitutivamente, uniportadores para glicose, como GLUT-1 e GLUT-3. O tecido adiposo branco (TAB) quebra seus estoques de gordura, fornecendo glicerol ao fígado e ácidos graxos para tecidos que farão a betaoxidação como fonte de energia, como a musculatura estriada esquelética (MEE; como explicado no capítulo "Energética", no volume 3 desta obra, os ácidos graxos não tomam parte direta na gliconeogênese, mas fornecem ATP indiretamente para o processo). Painel central: enterócito. Com a alimentação, a glicose, mesmo em baixa concentração, é internalizada via cotransportador sódio-glicose (SGLT1) expresso na borda em escova (membrana luminal). Com o aumento da concentração de glicose intracelular, essa passa ao meio extracelular via uniportador GLUT-2, expresso na membrana basolateral, e é transportada, via corrente sanguínea, aos demais órgãos e tecidos. O sódio é mantido em baixa concentração intracelular à custa de bombas de sódio/potássio, que trocam esses dois cátions contra o gradiente de concentração de cada um deles com consumo de energia para tal. Parte do sódio volta a entrar nas células por canais de sódio, e parte do potássio volta ao meio extracelular por canais de potássio. Assim, apesar de tanto SGLT1 como GLUT-2 operarem passivamente, o processo como um todo é ativo, mantido à custa do gasto de ATP na bomba de Na^+/K^+. Painel inferior: condição de alimentação. Agora, os órgãos e tecidos recebem suprimento de glicose pela absorção no trato gastrointestinal (TGI). A glicose entra nas células beta das ilhotas de Langerhans pancreáticas via uniportador GLUT-2 expresso constitutivamente nessas células, onde estimula a produção e liberação de insulina. A insulina age via sinalização em receptor tirosina quinase específico (INSR). Na musculatura estriada esquelética e no tecido adiposo branco, causa a expressão do uniportador insulinodependente GLUT-4, permitindo, então, a entrada de glicose sanguínea nesses tecidos. Com isso, a musculatura estriada esquelética passa a utilizar a glicose como fonte para formar ATP e ocorre, também, formação/depósito de glicogênio. No tecido adiposo branco, a estimulação do INSR inibe a lipólise e, com a entrada de glicose via GLUT-4, ocorre a lipogênese. No fígado, a estimulação do INSR leva a uma inibição da glicogenólise e a uma estimulação da síntese de glicogênio, havendo uma diminuição da gliconeogênese.

REFERÊNCIAS

1. Berridge MJ. The inositol trisphosphate/calcium signaling pathway in health and disease. Physiol Rev. 2016;96:1261-96.
2. Bolado-Carrancio A, Rukhlenko OS, Nikonova E, Tsyganov MA, Wheeler A, Garcia-Munoz A, et al. Periodic propagating waves coordinate rhogtpase network dynamics at the leading and trailing edges during cell migration. Elife. 2020;9:1-34.
3. Brown D. The discovery of water channels (aquaporins). Ann Nutr Metab. 2017;70:37-42.
4. Carruthers A. Diffusion of glucose. Physiol Rev. 1990;70:1135-70.
5. Dohlman HG, Campbell SL. Regulation of large and small G proteins by ubiquitination. J Biol Chem. 2019;294:18613-23.
6. Edashige K. Permeability of the plasma membrane to water and cryoprotectants in mammalian oocytes and embryos: Its relevance to vitrification. Reprod Med Biol. 2017;16:36-9.
7. Gelens L, Qian J, Bollen M, Saurin AT. The importance of kinase-phosphatase integration: lessons from mitosis. Trends Cell Biol. 2018;28:6-21.
8. Good MC, Zalatan JG, Lim WA. Scaffold proteins: hubs for controlling the flow of cellular information. Science. 2011;332:680-6.
9. Greger R. The cell and its membranes. In: Greger R, Windhorst U, editors. Comprehensive human physiology. Berlin, Heidelberg: Springer-Verlag; 1996. p. 79-94.
10. Grigoriev IS, Meylikhov EZ. Physical values handbook. Moscow: EnergoAtomIzdat; 1991.
11. Kholodenko BN. Cell-signalling dynamics in time and space. Nat Rev Mol Cell Biol. 2006;7:165-76.
12. Kruse E, Uehlein N, Kaldenhoff R. The aquaporins. Genome Biol. 2006;7.
13. Nahorski SR. Pharmacology of intracellular signalling pathways. Br J Pharmacol. 2006;147;38-45.
14. Newton AC. Protein kinase C: perfectly balanced. Crit Rev Biochem Mol Biol. 2018;53:208-30.
15. Nickels JD, Katsaras J. Water and lipid bilayers. Subcell Biochem. 2015;71:45-67.
16. Nielsen MS, Axelsen LN, Sorgen PL, Verma V, Delmar M, Holstein-Rathlou NH. Gap junctions. Compr Physiol. 2012;2:1981-2035.
17. Novák B, Tyson JJ. Design principles of biochemical oscillators. Nat Rev Mol Cell Biol. 2008;9:981-91.

18. Petersen MC, Shulman GI. Mechanisms of insulin action and insulin resistance. Physiol Rev. 2018;98:2133-223.
19. Pollack GH. Cells, gels and the engines of life. Seul: Ebner & Sons; 2001.
20. Rojas AM, Fuentes G, Rausell A, Valencia A. The Ras protein superfamily: evolutionary tree and role of conserved amino acids. J Cell Biol. 2012;196:189-201.
21. Roux B. Ion channels and ion selectivity. Essays Biochem. 2017;61:201-9.
22. Salih R, Matthai CC. Computer simulations of the diffusion of Na+ and Cl– ions across POPC lipid bilayer membranes. J Chem Phys. 2017;146:105101.
23. Shinoda W, Mikami M, Baba T, Hato M. Molecular dynamics study of the lipid bilayers: effects of the chain branching on the structure and dynamics. AIP Conf Proc. 2004;708:352-3.
24. Simanshu DK, Nissley DV, McCormick F. RAS proteins and their regulators in human disease. Cell. 2017;170:17-33.
25. Sutkeviciute I, Vilardaga JP. Structural insights into emergent signaling modes of G protein-coupled receptors. J Biol Chem. 2020;295:11626-42.
26. Syrovatkina V, Alegre KO, Dey R, Huang XY. Regulation, signaling, and physiological functions of G-proteins. J Mol Biol. 2016;428:3850-68.
27. Takai Y, Sasaki T, Matozaki T. Small GTP-binding proteins. Physiol Rev. 2001;81:153-208.
28. Vitagliano V, Lyons PA. Diffusion coefficients for aqueous solutions of sodium chloride and barium chloride. J Am Chem Soc. 1956;78:1549-52.
29. Wright EM, Loo DDF, Panayotova-Heiermann M, Lostao MP, Hirayama BH, Mackenzie B, et al. "Active" sugar transport in eukaryotes. J Exp Biol. 1994;196:197-212.
30. Wright EM, Loo DDFL, Hirayama BA. Biology of human sodium glucose transporters. Physiol Rev. 2011;91:733-94.

4

Difusão e potenciais

INTRODUÇÃO

Várias vezes ao longo de diferentes capítulos, citamos o termo "difusão" fazendo referência a eventos microscópicos de passagem de uma substância entre dois pontos de um sistema. Assim, no Capítulo 3 – "Processos celulares" – foi falado em difusão facilitada; no capítulo "Respiração", do volume 2 desta obra, falamos em difusão do oxigênio nos alvéolos; em "Sistema nervoso", no volume 4 da coleção, é tratada a difusão de neurotransmissores nas sinapses químicas, apenas para dar alguns exemplos. Em cada um, citamos que o termo seria mais bem discutido em um outro momento. Este momento é agora.

De maneira similar, o termo "potencial" também surge em vários cenários e, geralmente, vem adjetivado como "elétrico" ou "químico". Particularmente, quando falamos em energia livre de Gibbs, em "Energética" (no volume 3 da coleção), surge o termo potencial químico, que deixamos para explicar mais detalhadamente em outro local. Este local é aqui.

É importante já adiantarmos que o assunto não é simples, e exige uma série de equacionamentos da físico-química envolvida, bem como conceitos termodinâmicos apresentados em "Energética" (volume 3 desta coleção) e de modelagem que foram desenvolvidos no Capítulo 2 – "Modelos genéricos básicos". Tal aridez se deve ao fato de pretendermos oferecer o ferramental necessário tanto para o entendimento da base desses processos quanto para ter independência para análises.

Se, por um lado, o desenvolvimento dos conceitos será árido, as conclusões obtidas serão razoavelmente simples. Aliás, tão simples que já vamos nos adiantar e apresentá-las aqui e agora, de modo que não haja mistérios nas seções que vêm adiante.

Determinado potencial é uma força de uma dada natureza, cuja origem não nos interessa neste momento, que se associa a um determinado fluxo. Ou, de outra maneira, um potencial é uma força específica que pode causar um determinado fluxo.

Sob o ponto de vista termodinâmico, um sistema em equilíbrio não tem nenhum tipo de fluxo interno. Assim, um potencial nada mais é que um desvio em relação ao equilíbrio (interno) do sistema. Esse desvio é o que leva a surgir um (ou mais) fluxo, e esse fluxo tende a desfazer o desvio, ou seja, eliminar o potencial.

Quando falamos em "potencial químico", estamos falando em uma certa força que leva a uma alteração química do sistema em questão. A alteração química é uma alteração de concentração dos componentes do sistema. Assim, o potencial químico é uma força que leva a mudanças de concentração. Essas mudanças podem ocorrer por reações químicas, nas quais substratos diminuem suas concentrações e produtos aumentam, ou por deslocamento de uma substância entre pontos do sistema, no qual há diminuição de concentração em um local e aumento em outro. Este último nada mais é que a difusão.

O "potencial elétrico", por sua vez, é um desbalanço na quantidade de cargas elétricas positivas e negativas no sistema. Esse desvio em relação ao equilíbrio, no qual o total de cargas negativas e de positivas se encontra homogeneamente distribuído, cria uma força sobre compostos eletricamente não nulos que tende a movê-los ou alinhá-los de uma certa maneira. O movimento de cargas é o fluxo gerado pela diferença de potencial, e é chamado de corrente elétrica.

Uma situação comum é a de haver diferenças tanto de concentração quanto de quantidade de cargas entre pontos do sistema. Nesse caso, há duas forças atuando sobre os compostos e fala-se, assim, em potencial eletroquímico.

Dissemos, mais acima, que a natureza das forças não nos interessa neste momento, o que continua sendo verdadeiro e é um assunto que vai ser mais detalhado nas seções seguintes. Contudo, para finalizarmos esta introdução cumprindo o prometido de apresentar o simples de uma vez por todas, vamos nos adiantar um pouco. No caso do potencial elétrico, identificamos a presença de uma força de fato,[1] mas, no caso do potencial químico, não conseguimos identificar uma força de tal característica. Ocorre que, tanto no deslocamento das partículas quanto nas reações químicas, não há nenhuma força que direcione o deslocamento e/ou a reação. Esses são eventos estatísticos. Essa natureza estatística do potencial químico faz com que a difusão seja um processo aleatório e, por consequência, um processo que se torna lento para cobrir grandes distâncias, pois as partículas tanto "vão" quanto "vêm". Disso decorre a necessidade, em organismos "grandes", de sistemas de transporte direcionado de matéria, como os sistemas respiratório, circulatório e digestório, entre eventuais outros.

O capítulo está organizado de modo a estudarmos, primeiro, a difusão. Depois, veremos os potenciais termodinâmicos, e o estudo deles foi dividido no caráter probabilístico da condição de equilíbrio, na formalização das quantificações e nos aspectos biológicos relacionados. Deixamos como último tópico o estudo mais aprofundado de como as mitocôndrias, ou melhor, o reticulado mitocondrial, utiliza a propagação de uma diferença de potencial entre as porções perivasculares e as centrais para poder aumentar a taxa de produção de ATP sem necessitar de um aumento na difusão de oxigênio.

1 Isto é, a diferença de potencial elétrico está associada a um campo, o campo eletromagnético.

DIFUSÃO

Como acabamos de mencionar, o processo difusivo, microscopicamente, é aleatório, o que o torna lento macroscopicamente. Em outras palavras, para grandes quantidades de matéria percorrerem grandes distâncias (veremos o que são "grandes distâncias" mais adiante) por difusão, leva um grande tempo. A Figura 1 mostra um experimento caseiro simples que ilustra como é demorada a troca difusiva para grandes distâncias. Pela figura, observa-se que o corante demorou seis horas para causar uma mudança de cor que pudesse ser notada a 1 cm do local no qual foi depositado inicialmente.

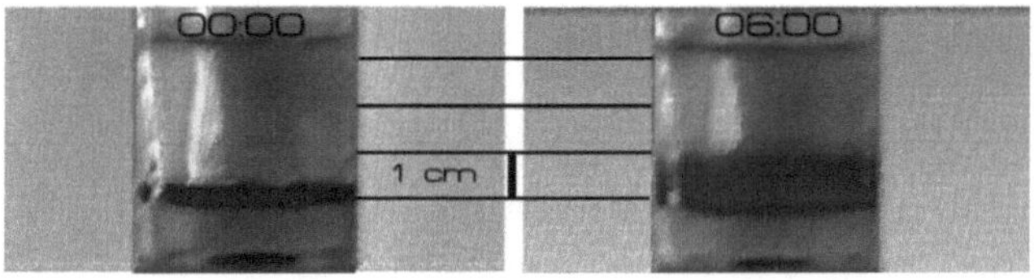

FIGURA 1 Exemplo de processo difusivo simples. Corante hidrossolúvel foi depositado no fundo de um recipiente contendo água e deixado sem qualquer perturbação. Foram feitas fotografias sequenciais ao longo de várias horas para observar a mudança de coloração da água em decorrência da difusão do corante.
Fonte: acervo do autor.

O passeio aleatório das moléculas

Vamos imaginar uma molécula qualquer, por exemplo, O_2, em um determinado meio (ar, por simplicidade) e vamos seguir o trajeto que essa molécula faz durante certo período. Como discutimos no capítulo "Energética" (volume 3 desta obra), a temperatura de um sistema está relacionada com a energia cinética das partículas que o compõem. Contudo, as velocidades entre as partículas não têm correlação, ou seja, não há nenhum tipo de movimento direcionado. Uma partícula está indo para um lado, outra para outro, uma terceira para outro ainda diferente etc. E, quando partículas se chocam, mudam de direção. Como os choques ocorrem entre posições aleatórias das partículas, as mudanças de sentido do movimento também se tornam aleatórias. Além disso, também por simplificação, vamos considerar que a velocidade média dessa molécula não se altera ao longo do tempo – o que pode ser provado (Feynman et al., 1963) –, porém foge aos nossos interesses. Tendo isso em mente, vamos seguir um possível trajeto da nossa molécula em uma única direção, por exemplo, vertical (em relação à página deste texto). A Figura 2 ilustra esse chamado passeio aleatório, para uma molécula.

Notamos, ao examinar a Figura 2, que o passeio aleatório leva a molécula a certas distâncias de sua posição inicial, a qual escolhemos de maneira arbitrária. Contudo, dada a aleatoriedade dos eventos, nada impede que a partícula retorne para muito perto de sua posição inicial e/ou que vá, então, para o lado oposto do tomado inicialmente. Outra maneira de explicar o fenômeno é a seguinte: uma vez que o processo não tem memória, ou seja, o que ocorre na próxima colisão independe da colisão prévia, e como

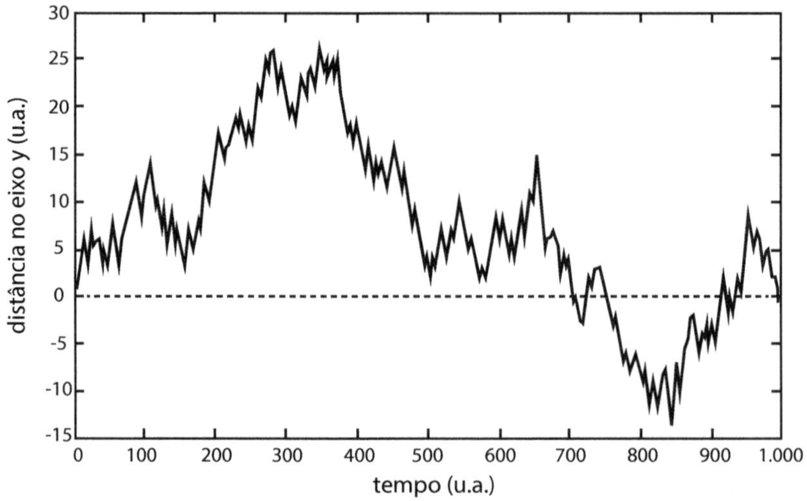

FIGURA 2 Simulação de passeio aleatório de uma partícula se movendo no eixo vertical y. Tanto a distância quanto o tempo estão em unidades arbitrárias. A linha pontilhada indica a posição "0", que determinamos como sendo a inicial. Nesta simulação, por acaso, a partícula se encontra próxima de sua posição inicial no tempo que encerramos a simulação.
Fonte: elaborada pelo autor.

o que chamamos de "posição inicial" é arbitrário (vamos chamar "início 1"), se escolhermos, após um certo tempo de observação, o local no qual a partícula se encontra como sendo o "início 2", a partícula pode, sem qualquer impedimento, ir parar, em algum momento, na posição "início 1". O que ocorre, então, para um conjunto grande de partículas?

A Figura 3 ilustra o mesmo tipo de simulação feito para obter a Figura 2, agora para 300 partículas. Nota-se que, do ponto de vista individual, cada partícula percorre trajetos aleatórios, mas o conjunto das partículas passa a ter um certo tipo de comportamento ao longo do tempo. A Figura 3 sugere que, para um conjunto grande de partículas, pode-se ter alguma esperança de encontrar, em um certo tempo, um certo número delas a uma certa distância do ponto inicial. Assim, podemos nos perguntar qual a concentração de partículas a uma dada distância e um dado tempo a partir de um ponto inicial.

A Figura 4A ilustra a quantidade de partículas que seriam encontradas a uma certa distância do ponto inicial no qual havia 10 mil partículas. Como podemos observar, nossa suposição de que poderíamos ter uma descrição quantitativa do número de partículas em uma dada posição em um dado tempo parece ser correta. De fato, podemos escrever essa quantificação como:

$$[X](s,t) = \frac{X_{0,0}}{\sqrt{4 \cdot \pi \cdot D \cdot t}} \cdot e^{-\frac{s^2}{4 \cdot D \cdot t}} \qquad \text{Equação 1}$$

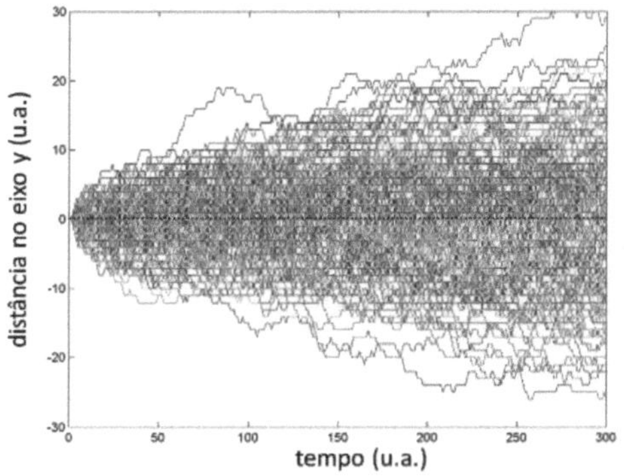

FIGURA 3 Simulação de passeio aleatório de 300 partículas se movendo no eixo vertical y. Tempo e distância em unidades arbitrárias.
Fonte: elaborada pelo autor.

Sendo $[X](s,t)$ a concentração[2] das partículas "X" na posição s e no tempo t, $X_{0,0}$ a quantidade inicial de partículas na posição 0 e no tempo 0, a constante D é o coeficiente de difusibilidade (ou de difusão), sobre o qual falaremos detalhadamente mais adiante.

Na Figura 4A, os valores foram arbitrários, apenas com o propósito de obtermos uma intuição acerca do fenômeno. Vamos, agora, verificar como seria essa distribuição de partículas ao longo do tempo e do espaço procurando utilizar valores mais realistas. Para isso, vamos supor um capilar sanguíneo que transfere oxigênio para uma solução aquosa ao seu redor. A Figura 4B ilustra a solução da Equação 1 para valores de número de partículas e coeficiente de difusibilidade realistas para o O_2 (detalhes na legenda).

Além da clara similaridade de forma entre os gráficos da coluna A e da coluna B, observamos uma questão de enorme importância. Percebemos que, mesmo após 100 segundos de espera (último gráfico da coluna B), a concentração de oxigênio a 2 mm de distância do capilar ainda é zero, e a 1 mm está começando a ser notada. Ou seja, se o sangue do capilar tivesse de suprir células a 1 mm de distância, elas teriam de esperar mais de 100 segundos para começar a receber o oxigênio. Logo, 1 mm para a difusão do oxigênio em um meio aquoso é uma "grande distância".

No Capítulo 3 – "Processos celulares" –, apresentamos valores de coeficiente de difusão para algumas substâncias, como sódio e glicose. Podemos notar, então, que esses se encontram na ordem de grandeza do coeficiente de difusão do oxigênio, e isso é verdadeiro para a maior parte de substâncias de relevância biológica: o coeficiente de difusão é da ordem de grandeza de 10^{-9} m^2 s^{-1}, ou menor. Logo, 1 mm é uma grande distância para ser suprida por difusão.

2 Como estamos trabalhando em um caso unidimensional, essa concentração é por metro (e não por volume).

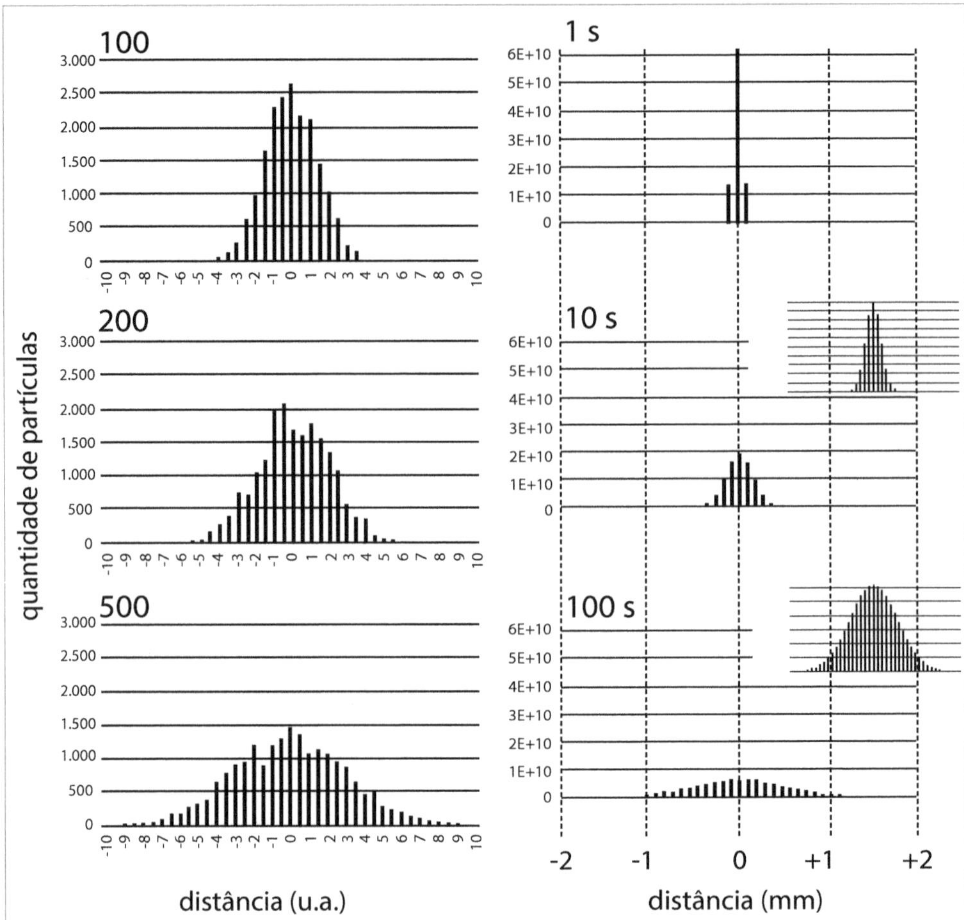

FIGURA 4 A: simulações de passeio aleatório unidimensional com 10 mil partículas. No eixo das ordenadas, temos a quantidade de partículas em uma determinada posição, que é indicada no eixo das abcissas. No canto superior à esquerda dos gráficos, o tempo, em unidades arbitrárias, no qual a amostragem foi feita. D = 0,01 (u. a.). B: solução da Equação 1 para uma quantidade de partículas de oxigênio no sangue de um capilar se difundindo para uma solução aquosa ao redor. As linhas verticais tracejadas mostram a distância em milímetros a partir do capilar central. O tempo para cada gráfico está em segundos. Os eixos dos gráficos principais têm a mesma escala; nos *insets*, escala ampliada para ressaltar a distribuição das partículas (as duas linhas tracejadas que cruzam os *insets* representam uma distância de 2 mm entre elas). Coeficiente de difusibilidade do oxigênio na água (25°C) = $1{,}64 \times 10^{-9}$ m² s⁻¹. Quantidade de partículas = 9×10^{10}, correspondente, aproximadamente, a 9 mM O_2, concentração aproximada de O_2 dada por uma saturação de 100% da hemoglobina em sua concentração habitual (ver "Respiração", no volume 2 da coleção), em um volume de $1{,}5 \times 10^{-11}$ litros (um cilindro de 5 μm de raio com 200 μm de comprimento).

Fonte: elaborada pelo autor.

Vale a pena repetir: essa lentidão para grandes distâncias decorre de o processo difusivo ser um processo de caráter aleatório, sem direcionalidade no movimento das partículas.

E vale a pena repetir, também: no nível microscópico, as trocas se dão por difusão.

Por esses motivos, a seleção natural de metazoários em geral implicou a formação de sistemas de transporte convectivo, como os sistemas respiratório, circulatório e digestório. As duas características básicas desses sistemas são a direcionalidade dada ao transporte de grandes quantidades de matéria e a enorme ramificação, a qual aproxima, então, os meios que realizam trocas, não havendo, assim, "grandes distâncias".

Fluxo difusivo

A Equação 1, para um dado tempo *t* qualquer, se assemelha à função de erro gaussiana que nos dá, então, o valor esperado da variável *[X]* (ver Figura 4). Essa é, contudo, uma esperança probabilística (estatística), relacionada ao enorme número de partículas envolvido no processo. Inevitável como é por decorrência do processo físico subjacente ao movimento aleatório dessas partículas, a difusão pode, porém, ser tratada de modo determinístico (isto é, não aleatório).

Em outras palavras, podemos abandonar a Equação 1, de caráter probabilístico, e trabalhar com um modelo de caráter determinístico, como se o processo, apesar de aleatório em sua natureza, fosse uma "lei". O modelo que temos, assim, é o seguinte:

$$\dot{M}_x = \frac{A}{L} \cdot D_x \cdot (C_{x,1} - C_{x,2}) \qquad \text{Equação 2}$$

$\dot{M}_x$ é a taxa de transferência de partículas (o fluxo) da substância x entre os pontos 1 e 2, A é a área oferecida para a transferência, L é a distância entre os pontos 1 e 2, D_x é o coeficiente de difusão da substância x e C_x é a concentração de x nos pontos 1 e 2. Note, portanto, que, se a concentração em 1 é maior que em 2, o valor de $\dot{M}_x$ é positivo, indicando que o fluxo de partículas se dá no sentido 1 → 2. Se, por outro lado, a concentração em 2 é maior que em 1, o valor de $\dot{M}_x$ é negativo, indicando que o sentido do fluxo de partículas é no sentido 2 → 1.

Essa equação segue um tipo de modelo de fluxo idêntico a muitos outros tipos de fluxo no qual há uma relação linear entre uma "força movente" e um "fluxo". De forma mais compacta, e subentendendo-se que se trata da substância *x*, podemos escrever a Equação 2 como:

$$\dot{M} = \frac{A}{L} \cdot D \cdot \Delta C \qquad \text{Equação 3}$$

Sendo ΔC a diferença de concentração. Dessa maneira, a diferença de concentração é a força movente para o fluxo difusivo de partículas. Ou seja, a diferença de concentração é o potencial para difusão.

Como esse fluxo retira partículas do local de maior concentração e as leva para o de menor, a concentração mais alta diminui e a mais baixa aumenta. Portanto, deixa de haver fluxo difusivo quando as concentrações entre os pontos 1 e 2 se igualam, isto é, $\Delta C = 0$. Isso é o fato que adiantamos na introdução quando dissemos que o "fluxo tende a desfazer o desvio, ou seja, eliminar o potencial".

Vamos considerar o seguinte problema fictício (mas baseado em dados reais). Um beija-flor de 10 g tem um consumo de repouso de 7,5 mL O_2 por grama a cada hora. O sangue nos capilares contém 9 mM de oxigênio. A massa celular corresponde a 6,4 g, e as células são cuboides com aresta de 12 μm. Cada célula possui duas mitocôndrias, e cada mitocôndria é um elipsoide de 1 μm × 0,5 μm. Nas mitocôndrias, em razão do consumo, consideraremos que a concentração de oxigênio é próxima a zero. Qual a distância máxima para, por difusão, as mitocôndrias serem supridas de oxigênio, sendo o coeficiente de difusão do O_2 na água a 25 °C de $1{,}64 \times 10^{-9}$ m^2 s^{-1} e a densidade das células aproximadamente a da água (1 kg $litro^{-1}$)?

Transformando o consumo para mols, tem-se $9{,}3 \times 10^{-8}$ mol g^{-1} s^{-1}. A massa aproximada de uma célula é $1{,}7 \times 10^{-9}$ g, o que dá um total de aproximadamente $3{,}7 \times 10^{9}$ células nesse animal. Com isso, cada mitocôndria deve consumir 8×10^{-17} mol de oxigênio por segundo. A área de um elipsoide não tem uma fórmula exata, e encontramos para este caso, por aproximação, algo ao redor de 5×10^{-12} m^2. Como estamos considerando que a concentração de O_2 nas mitocôndrias é zero, então $\Delta C = 9$ mols m^{-3}. Colocando esses valores na Equação 3, temos que a máxima distância difusiva L está ao redor de 1 mm.

É importante termos em mente que resolvemos esse problema como se tudo ocorresse em uma única dimensão, a distância radial a partir de um capilar. Como o problema real é tridimensional, conforme nos afastamos do capilar a concentração diminui não com a distância, mas com a área. Assim, por exemplo, na "metade do trajeto", a concentração não é "metade da central", mas sim ¼. Não vamos nos alongar nessas questões, pois fogem aos nossos objetivos.[3]

Dois importantes avisos

Há dois aspectos que devem ficar claros antes de prosseguirmos.

O primeiro é que, se há igualdade das concentrações, não há fluxo macroscópico de partículas, como mencionado anteriormente. Contudo, as partículas continuam em seus movimentos aleatórios e, assim, há partículas indo tanto no sentido 1 → 2 quanto no sentido 2 → 1. Ou seja, do ponto de vista microscópico, há trânsito das partículas.

O segundo aspecto a ser ressaltado é que, como se pode notar, até aqui não falamos em "membrana" separando os pontos 1 e 2. Muitos estudantes da área de Ciências Biológicas subentendem, equivocadamente, que, quando se fala em difusão, fala-se na transferência de uma substância entre dois meios separados por uma membrana. Isso decorre do uso inadvertido de a distância L das equações 2 e 3 ser tomada como a espessura de uma membrana separando dois meios. Como acabamos de estudar, L é, de fato, a distância entre os pontos de diferentes concentrações. Iremos, a seguir, definir quando L pode ser tomada como a espessura de membrana separando os meios.

Situações nas quais a distância difusiva L é a espessura de uma membrana de separação

A Figura 5 ilustra a difusão de uma substância "amarela" do ponto 1 no meio A ao ponto 2 no meio B em três situações diversas. Entre os meios A e B, há uma membrana de espessura L_m que permite a passagem do "amarelo". No painel superior, vemos que o

3 Recomendamos às pessoas interessadas neste assunto buscar literatura sobre o tópico "cilindro de Krogh".

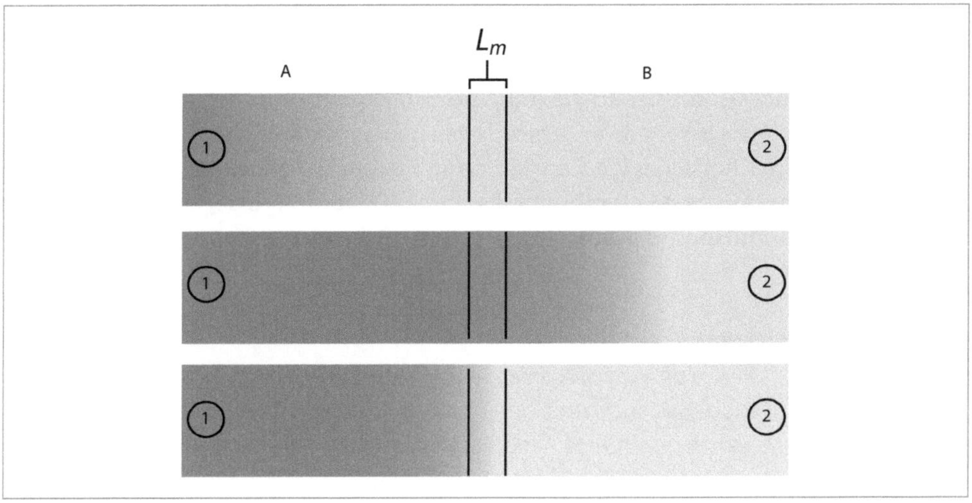

FIGURA 5 Difusão da substância "cinza" entre os pontos 1 e 2 dos meios A e B. Entre os meios se interpõe uma membrana, permeável ao "cinza", de espessura L_m.
Fonte: elaborada pelo autor.

"amarelo" tem uma dificuldade maior para ir do ponto 1 até a membrana do que para passar pela membrana e para ir dela ao ponto 2. No painel central, vemos o oposto: o "amarelo" tem mais facilidade para ir do ponto 1 até a membrana e atravessá-la do que ir dela até o ponto 2. No painel inferior, temos a terceira situação. Lá, vemos que o "amarelo" tem facilidade de trânsito do ponto 1 até a membrana e da membrana até o ponto 2. Porém, o trânsito através da membrana é mais difícil.

No painel superior, a concentração do "amarelo" da membrana até o ponto 2 é praticamente a mesma, e um gradiente importante se forma dentro do meio A. No painel central, o gradiente de concentração se forma no meio B. No painel inferior, o gradiente de concentração se forma no interior da membrana.

Assim, no painel superior, a limitação difusiva se encontra dentro do meio A, e a distância L é, portanto, a distância entre o ponto 1 e a membrana, mas não a espessura L_m. No painel central, a limitação difusiva se encontra dentro do meio B e a distância L é a distância da membrana ao ponto 2, mas não, novamente, a espessura L_m.

No painel inferior, a limitação difusiva é dada pela membrana. Esse é o caso no qual a distância para as trocas difusivas é dada pela espessura L_m da membrana que se interpõe entre os meios.

Um dos exemplos mais típicos e importantes de a espessura da membrana poder ser tomada como a distância L a ser vencida no processo difusivo é a membrana de troca alveolar, como discutido em "Respiração" (volume 2 desta coleção). A difusão dos gases em meio gasoso (o ar alveolar) é grande se comparada ao meio líquido. Assim, do lado alveolar, não se forma um gradiente significativo nem de O_2 nem de CO_2. No lado sanguíneo, nas hemácias, a hemoglobina garante uma grande capacitância para o oxigênio, e a combinação do CO_2 com a H_2O catalisada pela anidrase carbônica garante uma grande capacitância para esse gás.[4] Assim, do lado das hemácias, também não há gradientes significativos. O gradiente se forma na membrana que se interpõe entre o ar alveolar e as hemácias, similar ao ilustrado no painel inferior da Figura 5.

Em conclusão, a espessura de uma membrana que separa dois meios pode ser tomada como o termo L nas Equações 2 e 3 nas situações nas quais o gradiente de concentração se forma entre os limites da membrana. Para quem tiver interesse, este assunto é um pouco mais aprofundado no Box 1.

Box 1 – A camada limitante

A Figura Box 1 ilustra uma ampliação ao redor de uma membrana que oferece a maior limitação para trocas difusivas de uma determinada substância (representada em cinza, como na Figura 5) entre dois meios A e B. Essa limitação é quantificada pela queda intensa de concentração dentro da espessura L_m da membrana (linha tracejada).

Ao redor da membrana, isto é, do lado do meio A e do lado do meio B, no entanto há, também, uma ligeira queda de concentração da substância nos respectivos meios, senão não haveria o fluxo difusivo.

A região na qual, em cada meio, ocorre essa queda de concentração é chamada de camada limitante ou camada estacionária.[5] O tamanho (espessura) da camada limitante é decorrente do coeficiente de difusão da substância no determinado meio. A partir da borda da camada limitante, a concentração não mais se altera dentro do meio (indicado pelas linhas pretas horizontais pontilhadas). Vamos chamar essa concentração que não mais se altera de concentração de *pool* infinito.

Nos casos ilustrados na Figura 5, as camadas limitantes são muito grandes no meio A (painel superior) ou no meio B (painel central) e, por isso, a membrana não é o local de limitação de troca difusiva.

Como diminuir a espessura de uma camada limitante? Dissemos que a formação da camada limitante decorre do coeficiente de difusão da substância no meio em questão,

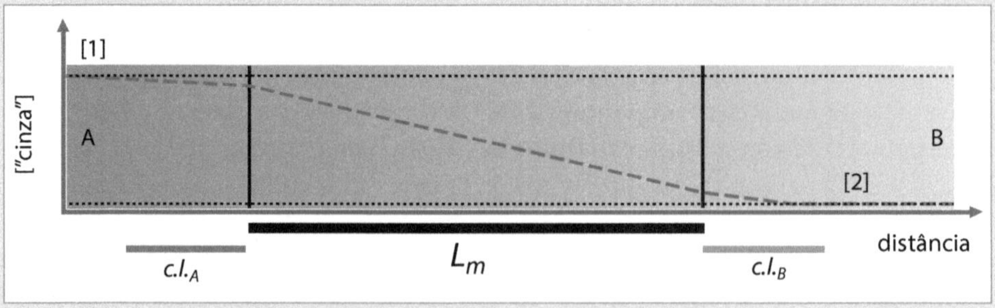

FIGURA BOX 1 Formação de camada limitante c.l. nos meios A e B.
Fonte: elaborada pelo autor.

4 Como apresentado em "Respiração" (Capítulo 2 do volume 2 desta obra), podemos transformar diferenças de concentração em diferenças de pressão utilizando a capacitância do meio para o gás.

5 Em inglês, *boundary layer*.

logo, é uma propriedade físico-química do sistema. Pode-se, no entanto, "aproximar" a concentração de *pool* infinito da borda oposta da camada limitante através de convecção do meio. Ou seja, caso se consiga criar correntes de convecção ao redor da separação entre os meios, a camada limitante terá uma espessura menor e a limitação difusiva diminui.

A título de exemplo, quando estamos em um ambiente quente e suamos, o vapor--d'água se acumula ao redor do nosso corpo, o que, consequentemente, diminui a taxa de evaporação, já que a umidade relativa próxima à pele se eleva (ver o capítulo "Respiração" do volume 2 e o capítulo "Energética" do volume 3 desta obra para mais detalhes acerca de pressão de vapor-d'água e resfriamento evaporativo). Na presença de vento, ou ao nos deslocarmos, ou ligarmos um ventilador, criam-se correntes de convecção ao nosso redor, o que diminui a camada limitante de vapor-d'água formada no ar. Com isso, aumenta-se a taxa de evaporação, resfriando mais a superfície corpórea.

Assim, os casos representados nos painéis superior e central da Figura 5 podem ser "transformados" no caso representado no painel inferior pela criação de correntes de convecção nos meios. Isso é exatamente o que fazem o fluxo ventilatório, do lado da árvore respiratória, e o fluxo sanguíneo, do lado do capilar pulmonar.

POTENCIAIS TERMODINÂMICOS – ASPECTOS PROBABILÍSTICOS

Nas seções anteriores, estudamos o processo de difusão e afirmamos que a (diferença de) concentração é a força movente, ou o potencial, desse processo. Também mencionamos que essa força movente tem um aspecto diferente de algumas outras forças, como a elétrica e a gravitacional, pois elas se associam a campos enquanto a "força difusiva" tem apenas um caráter probabilístico.

Também como citado, as forças moventes criam fluxos e esses fluxos tendem a eliminar as diferenças de potenciais e, consequentemente, extinguir o próprio fluxo. A tinta se difunde no solvente e torna a coloração homogênea, extinguindo o fluxo difusivo do corante, a pilha da lanterna esquecida ligada se descarrega, extinguindo o fluxo de cargas que é a corrente elétrica, uma massa cai à terra extinguindo o movimento e a diferença de potencial no campo gravitacional. Assim, nossa experiência cotidiana nos indica que existe uma espontaneidade em extinguir diferenças de potenciais.

Essa espontaneidade de processos é tratada, em parte, no capítulo "Energética", do volume 3 desta obra, no qual estabelecemos como se obtém trabalho útil na interação entre sistemas. Lá, explicamos que a espontaneidade está diretamente relacionada à propriedade termodinâmica chamada de entropia, e seu aumento em sistemas isolados é o que ocorre espontaneamente. Além disso, apresentamos um análogo simples da Segunda Lei da Termodinâmica: "calor flui, espontaneamente, somente do quente para o frio". Esse fluxo de energia é espontâneo e, também, de natureza probabilística.

O que vamos fazer agora é, dada uma condição na qual existe uma diferença de potencial, examinar a "ida do sistema" para uma condição de extinção dessa diferença. Essa ida para o equilíbrio se associa a uma diminuição da chamada energia livre do sistema e, como consequência, durante o processo, existe a possibilidade de obtenção de trabalho útil. A diminuição da energia livre é acompanhada por um aumento da entropia no sistema. Este tema também é tratado em "Energética" (volume 3 desta obra), porém agora estudaremos o fenômeno de um ponto de vista mais microscópico, obtendo uma apreciação do motivo probabilístico da entropia e da espontaneidade em eliminar potenciais.

Por uma questão de simplificação didática, iremos supor um sistema separado por uma barreira, à qual daremos certas características. Esse arranjo visa simplificar os cálculos de probabilidades e contagens que faremos. Por esse motivo, também, utilizaremos "poucas partículas" para representar nosso sistema.

Em uma segunda etapa, equacionaremos, de fato, os potenciais termodinâmicos.

Potencial químico e sua extinção

Vamos iniciar, então, considerando o sistema representado na Figura 6, coluna A, painel superior. Na porção à nossa esquerda há um conjunto de 10 partículas "cinzas", mas à nossa direita não há nenhuma. A barreira permite a passagem das partículas. Dado o movimento aleatório das partículas, basicamente decorrente da temperatura do sistema, podemos, em algum momento, encontrar o arranjo dado no painel central, e, em outro momento, o arranjo apresentado no painel inferior da coluna A. Em outro momento, podemos voltar à configuração do painel superior, ou, ainda, ter todas as partículas agora do sistema no lado direito (situação que não foi representada nos painéis). De fato, em termos do movimento aleatório das partículas e da permeabilidade da barreira a elas, poderíamos observar qualquer arranjo dessas partículas. Notamos, ainda, que reconhecemos os arranjos das partículas, mas não as reconhecemos de modo individual (isto é, não sabemos "qual" partícula está de cada lado da barreira, apenas suas quantidades), pois as propriedades do sistema independem da individualidade das partículas.

Uma vez que não reconhecemos as partículas de modo individual, os possíveis arranjos são permutações dos *N* elementos (partículas) combinados "i a i", sendo *i* a quantidade desses elementos em um dos lados da barreira, *E*(squerdo) ou *D*(ireito). Em um dado momento, temos, então:

$$E_i = \frac{N!}{(N-i)!\,i!}$$

$$D_i = \frac{N!}{i!\,(N-i)!}$$

Que são as equações de permutação de *N* elementos combinados i a i. O símbolo "!" indica fatorial.[6] Como se pode perceber, existe uma simetria entre o lado *E* e o lado *D*, pois as partículas que saem de um dos lados vão para o outro. A Tabela 1 apresenta

6 Fatorial de X: X! = X · (X–1) · (X–2) · ... · 1. Por continuidade, 0! = 1.

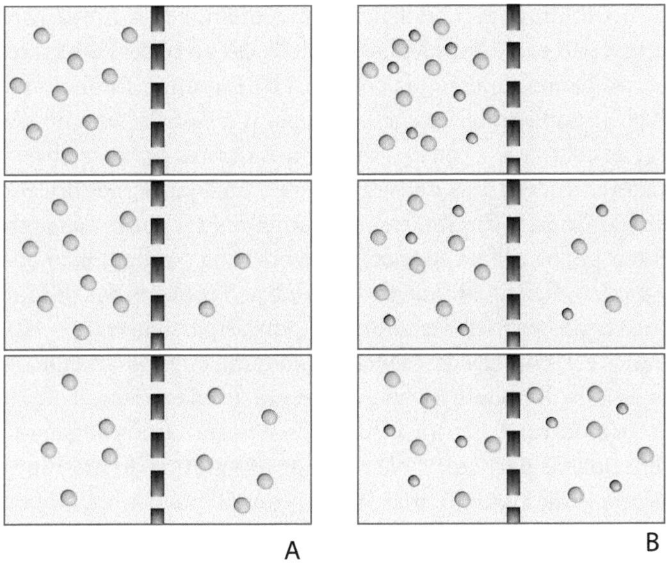

FIGURA 6 A: sistema contendo um único tipo de partículas (esferas maiores) separado por uma barreira (linha tracejada). B: similar a A, com dois tipos de partículas.
Fonte: elaborada pelo autor.

TABELA 1 Valores das permutações para diferentes quantidades i de partículas do lado *E*

i	E_i	Probabilidade de E_i	Probabilidade de E_i (%)
10	1	0,000977	0,1%
9	10	0,009766	1,0%
8	45	0,043945	4,4%
7	120	0,117188	11,7%
6	210	0,205078	20,5%
5	***252***	***0,246094***	***24,6%***
4	210	0,205078	20,5%
3	120	0,117188	11,7%
2	45	0,043945	4,4%
1	10	0,009766	1,0%
0	1	0,000977	0,1%

Fonte: elaborada pelo autor.

os valores das permutações para diferentes quantidades i de partículas do lado *E* (ou *N*-*i* do lado *D*).

Observando a Tabela 1, nota-se que a ocorrência de cinco partículas de cada lado da barreira é a composição que apresenta o maior número de permutações (2ª coluna). Esse maior número de permutações quer dizer que, ao termos cinco partículas de cada lado, existe maior probabilidade de, se observarmos o sistema, constatarmos esse arranjo (3ª e 4ª colunas).

Precisamos, no entanto, entender um pouco melhor essa nossa constatação. Pelo que mencionamos, não excluímos a possibilidade de, ao observarmos o sistema, ele se encontrar como no painel superior da coluna A da Figura 6. Também não excluímos a possibilidade de o sistema poder se encontrar, em um dado momento, na configuração do painel central da coluna A. O que a Tabela 1 nos mostra é que, se observarmos muitas vezes o sistema, teremos, em 65% das vezes, 6 ou 5 ou 4 partículas do lado esquerdo e 4 ou 5 ou 6 partículas do lado direito, respectivamente (4ª coluna da tabela). Ou seja, na maior parte do tempo, o sistema se encontrará em uma configuração que, do ponto de vista macroscópico, indica igualdade de concentrações de ambos os lados da barreira.

Como fizemos nosso primeiro estudo com poucas partículas ($N = 10$), os resultados apresentados nas 3ª e 4ª colunas da Tabela 1 poderiam, enganosamente, fazer-nos supor que, em um sistema real, podem-se encontrar, em 2% das vezes, 9 ou 10 partículas de um lado e 1 ou 0 do outro. A Figura 7 ilustra como estaríamos enganados nessa suposição baseada em poucas partículas. Nela vemos um gráfico do mesmo tipo de sistema ilustrado na coluna A da Figura 6, mas, agora, com 50 partículas. Notamos que o pico de probabilidade se encontra em 25 partículas de cada lado, ou seja, metade do total, como no caso das 5 partículas para $N = 10$. Além disso, vemos também que, com o crescimento do número de partículas, as probabilidades de observarmos arranjos que estejam longe do número médio caem a zero muito acentuadamente ao redor dele.

Assim, quando caminhamos para valores molares de partículas, isto é, quantidades enormes de partículas envolvidas, existe a probabilidade de observarmos arranjos de configurações diferentes das próximas à igualdade de concentrações que, espontaneamente, se formam. Contudo, as probabilidades de tais observações são tão ínfimas que, na prática, nunca as observaremos. Ou seja, espontaneamente, as diferenças de potencial químico são desfeitas em razão da probabilidade muito maior de as partículas se encontrarem em arranjos cuja configuração resulta, macroscopicamente, em igualdade de concentrações. Essa configuração é a de equilíbrio químico do sistema.

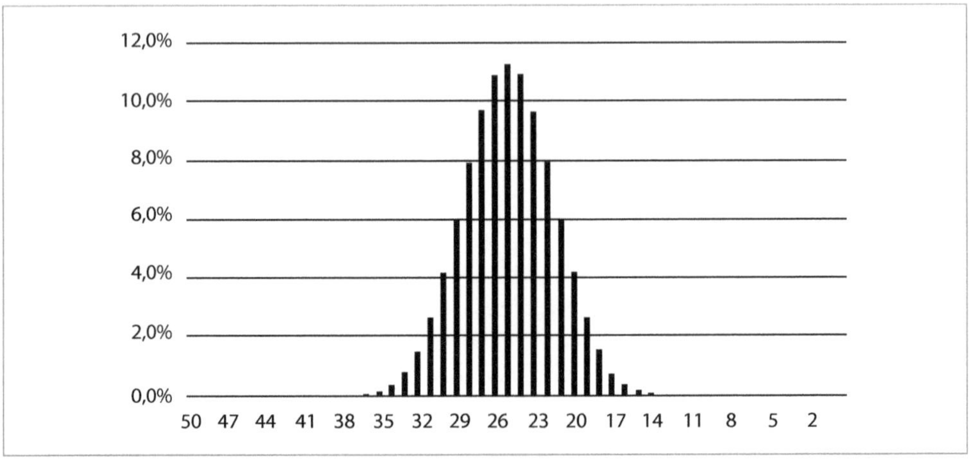

FIGURA 7 Probabilidades de distribuições do número de partículas (eixo x) entre dois compartimentos para um total de 50 partículas.
Fonte: elaborada pelo autor.

Nota-se, então, que, durante a transição de um arranjo muito improvável (como o ilustrado no primeiro painel da coluna A da Figura 6) a um muito provável (como o ilustrado no painel inferior da coluna A), haverá um fluxo de partículas entre os pontos de concentrações diferentes, não por uma "força" no sentido clássico, mas por uma probabilidade de arranjos.

O termo **macroscópico** é utilizado para ressaltar que a propriedade **concentração** é uma medida que diz respeito a um número grande de partículas, e não a uma propriedade no nível quase individual delas. Ou seja, no nível das partículas, há, continuamente, a passagem de um lado a outro da barreira, porém em igual número em um sentido e no outro. Logo, não há fluxo mensurável do ponto de vista macroscópico quando as concentrações se igualam.

E o que ocorre se houver não um tipo, mas, por exemplo, dois tipos de partículas, como ilustrado na coluna B da Figura 6? Se as partículas dos dois tipos não mantêm nenhum tipo de correlação entre si, isto é, se elas se segregam independentemente, a descrição do processo, para cada tipo de partícula, é o mesmo que foi feito logo acima. As contas se tornam um pouco mais tediosas, pois deve-se levar em consideração a intersecção de probabilidades, mas o final será que cada tipo de partícula tenderá para sua igualdade de concentrações. Ou seja, o sistema entra em equilíbrio químico para cada espécie componente.

Potencial elétrico e sua extinção

Como já mencionado, um potencial elétrico tem uma característica diversa de um potencial químico, pois a imposição de um campo eletromagnético sobre uma partícula eletricamente carregada gera um deslocamento direcionado dessa partícula em relação ao campo. Assim, sobreposto à movimentação aleatória de caráter térmico, ocorre um movimento de caráter convectivo (Feynman et al., 1963). Não nos preocuparemos em descrever essa sobreposição de movimentos, uma vez que é um assunto que vai além da profundidade em que estamos interessados. O que nos importa, neste momento, é reconhecer que um conjunto de partículas eletricamente carregadas sujeito a um campo eletromagnético assumirá uma orientação espacial. Esse fenômeno tende a diminuir a intensidade do campo, ou até mesmo extingui-lo (dependendo de como o campo foi criado). Durante a migração das partículas, identificamos um fluxo de cargas, que é, portanto, uma corrente elétrica. Esse fluxo, como acabamos de colocar, tende a diminuir ou extinguir o potencial, no caso, elétrico, entre os polos que geravam o campo. Esse processo é ilustrado na Figura 8.

Ao atingir a condição de extinção do potencial elétrico, o sistema entra em equilíbrio (elétrico). Ou seja, similarmente ao que descrevemos para o potencial químico, a condição de equilíbrio é atingida e o fluxo de cargas (corrente elétrica) deixa de existir.

Potencial eletroquímico e sua extinção

Vamos, agora, estudar um processo um pouco mais complicado, que é quando ocorre uma combinação do potencial químico, dado por uma diferença de concentração, e um

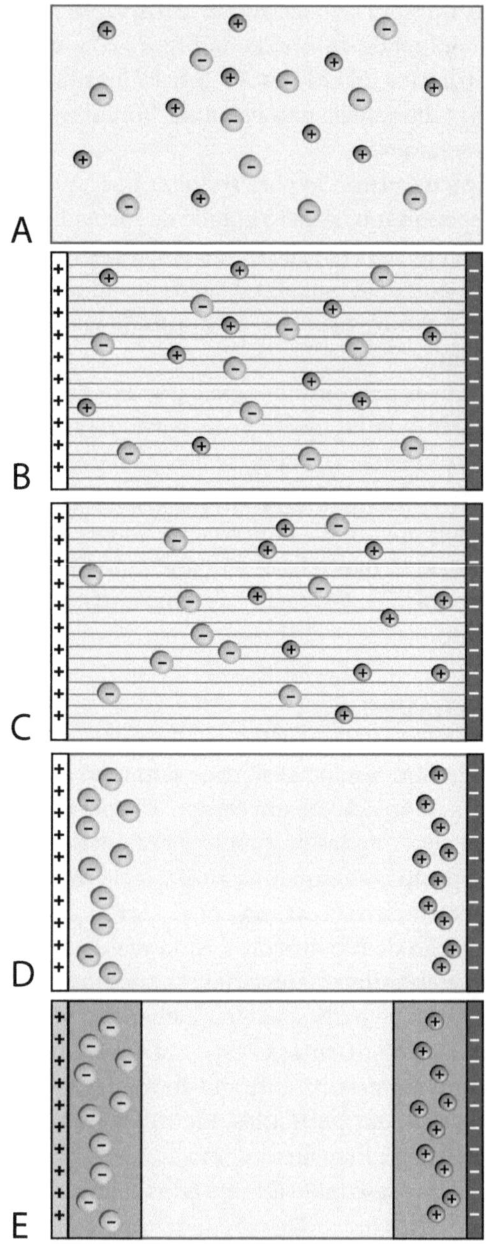

FIGURA 8 Partículas eletricamente carregadas colocadas sob a influência de um campo eletromagnético. A: condição na qual o campo ainda não foi colocado no sistema. B: com o surgimento do campo, uma diferença de potencial elétrico é criada e as partículas tendem a se mover no campo (C). D: dado tempo suficientemente grande, as partículas com carga negativa ficarão próximas ao polo positivo do campo, e as de carga positiva, junto ao polo negativo. E: com esta disposição, a intensidade do campo diminui na região central, podendo até haver uma extinção da diferença de potencial.

Fonte: elaborada pelo autor.

potencial elétrico, dado por uma diferença de distribuição de cargas elétricas no sistema, e nossa pergunta é: qual será a condição de equilíbrio do sistema?

O protótipo para esse nosso estudo é um sistema com íons em uma solução eletroneutra, e que possui uma barreira não permeável a um dos íons e permeável ao outro, de carga oposta, e um dos lados da barreira não contém nenhum dos íons. O caso generalizado desse protótipo é uma solução contendo múltiplos tipos iônicos e a barreira sendo não permeável a ao menos um dos íons e permeável a ao menos um dos outros íons presentes. É importante ter essa generalização em mente, pois é a que será encontrada em fenômenos biológicos reais. A Figura 9 ilustra nosso caso prototípico em sua condição inicial. Deixamos, então, o sistema evoluir e perguntamos: qual a configuração que será atingida como estado final mais provável?

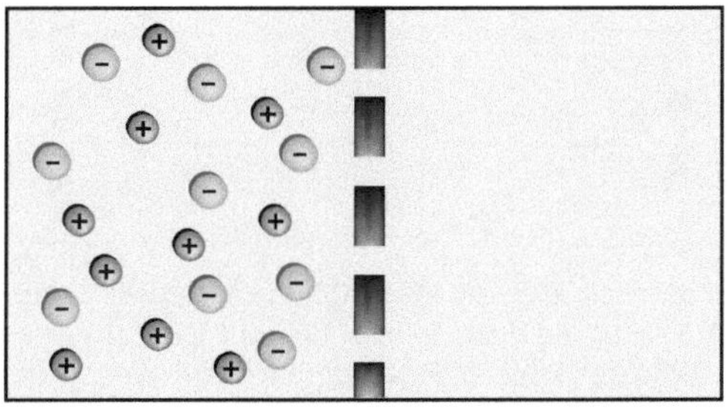

FIGURA 9 Sistema contendo uma barreira e, de um lado, um composto que, em solução, dissocia-se em cátions (partículas escuras) e ânions (partículas claras), e, do outro lado, somente o solvente. A barreira é permeável a somente um dos íons (no caso exemplificado, somente os cátions escuros conseguem passar pelos poros, em virtude do tamanho). Inicialmente, neste exemplo, o sistema é eletroneutro em ambos os lados da barreira.
Fonte: elaborada pelo autor.

A resposta inocente seria uma baseada no que aprendemos acerca do potencial químico: uma vez que as partículas azuis podem passar pela barreira, elas se distribuiriam igualitariamente entre os lados do sistema. Isso é ilustrado no painel superior da coluna A da Figura 10. Contudo, diferentemente do caso no qual não havia carga elétrica envolvida, agora esse arranjo cria um campo com uma diferença de potencial, pela distribuição das próprias partículas (painel central da coluna A). Essa diferença de potencial tende a trazer partículas em cinza escuro de volta ao nosso lado esquerdo do sistema. Assim, essa distribuição deixa de ser a mais provável a obtermos (painel inferior da coluna A).

Vamos repensar a abordagem probabilística que fizemos para o potencial químico considerando, apenas, as partículas que não podem passar pela barreira (as partículas em tom de cinza claro, no caso). Assim, temos partículas cuja carga não está neutralizada pela presença de uma partícula de carga oposta e partículas que têm sua carga neutralizada pela presença de uma partícula de carga oposta (no caso, a presença de uma partícula em cinza escuro anula uma partícula cinza claro). Agora, nossas distri-

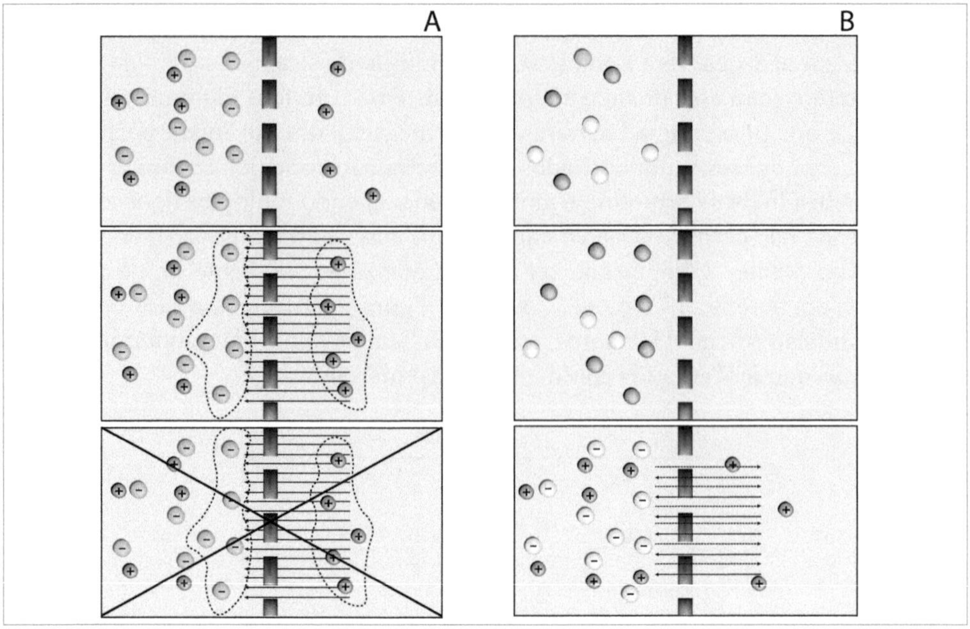

FIGURA 10 Formação do potencial eletroquímico. Coluna A. A partir da condição inicial eletroneutra, como ilustrada na Figura 9, o sistema é deixado para evoluir espontaneamente. Caso as partículas em cinza escuro atinjam a condição de extinção de seu potencial químico, ilustrada no painel superior, há um potencial elétrico que se forma, ilustrado no painel central (partículas delineadas pelas linhas tracejadas), que tende a desfazer a condição de equilíbrio químico. Assim, essa condição deixa de ser o estado mais provável de observarmos o sistema, como ressaltado no painel inferior. Coluna B. Representação por cargas neutralizadas (em cinza escuro) e cargas livres (em cinza claro). No painel superior, encontra-se como seria a condição na qual as partículas em cinza escuro estariam em seu equilíbrio químico (como no painel superior da coluna A). No painel central, a condição mais provável de ser observada (ver texto). No painel inferior, a condição mais provável, ilustrada no painel central, agora na representação por cargas. Notamos que, nesta condição, o potencial químico para migração esquerda → direita das partículas em cinza escuro é anulado pelo potencial elétrico para migração direita → esquerda. Ver texto para detalhamentos.
Fonte: elaborada pelo autor.

buições de partículas dizem respeito não aos lados da barreira, mas a estarem ou não neutralizadas. Pensando nesses termos, nossas permutações são descritas por:

$$A_i = \frac{(cargas\ neutralizadas)_i!}{(cargas\ livres)_i!\ \Delta_i!}$$

O índice i indica o número de cargas que não cruzaram a barreira, "cargas livres" é o número de cargas que restaram não neutralizadas e Δ = cargas neutralizadas – cargas livres. Para uma solução inicialmente eletroneutra com $2N$ partículas, ou seja, N partículas com carga negativa e N partículas com carga positiva, "cargas livres" = $N - i = 0$.

A Tabela 2 ilustra os cálculos das permutações para $2N = 20$ (isto é, 10 partículas com carga negativa e 10 com carga positiva) como descrito pela equação citada, e somente um dos tipos consegue cruzar a barreira.

TABELA 2 Cálculos das permutações da equação das cargas neutralizadas e livres

i	Neutralizadas	Livres	Δ	A_i	Probabilidade de A_i (%)
10	10	0	10	1	1%
9	9	1	8	9	10%
8	8	2	6	28	31%
7	***7***	***3***	***4***	***35***	***39%***
6	6	4	2	15	17%
5	5	5	0	1	1%

Fonte: elaborada pelos autores.

Como se pode ver, a configuração mais provável de se encontrar o sistema é com três partículas tendo cruzado a barreira, e não cinco, como seria a do equilíbrio químico. Aliás, pode-se ver que a configuração da extinção do potencial químico tem uma probabilidade ao redor de 1%, de fato. Nota-se que configurações com 2 ou 3 partículas tendo cruzado a barreira compõem 70% da probabilidade de encontrar o sistema.

A Figura 11 ilustra as probabilidades de distribuição nas quais há a concomitância de potencial químico e elétrico para o caso com 50 partículas. Notamos que, semelhantemente ao visto na representação na Figura 7, as probabilidades de observarmos o sistema em configurações afastadas do equilíbrio tornam-se extremamente baixas. Além disso, a Figura 11 realça que a condição mais provável a ser observada não é mais a de 25 partículas tendo cruzado a barreira (como no caso no qual somente o potencial químico importa). Dessa forma, existe a composição de um potencial químico e um potencial elétrico simultaneamente, e, portanto, em termos de cada um desses potenciais isoladamente, o sistema não se encontra em equilíbrio. O equilíbrio termodinâmico é dado, agora, pela composição de potenciais que atuam opostamente.

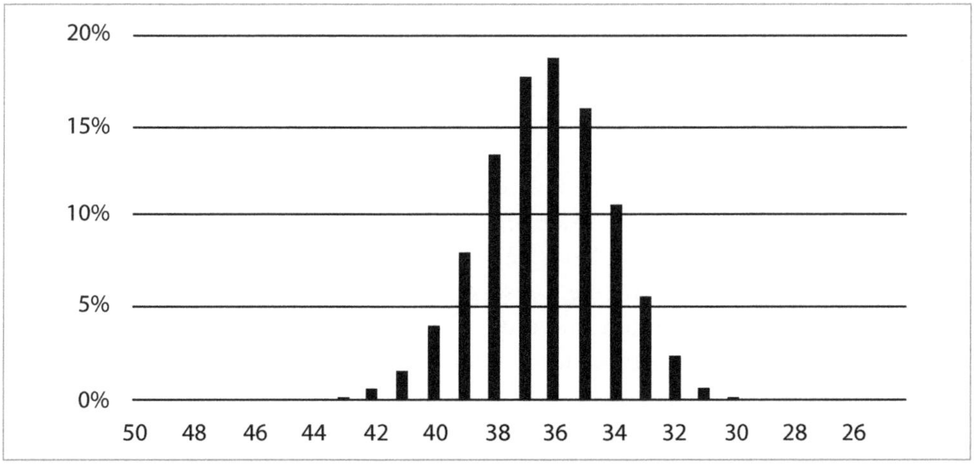

FIGURA 11 Representação similar à da Figura 7 das probabilidades de arranjos para 50 partículas eletricamente carregadas. No eixo x estão as cargas neutralizadas (ou seja, a quantidade de cargas de uma espécie que não cruzaram a barreira). Entre 33 e 39 partículas que não cruzam a barreira (ou seja, entre 11 e 17 partículas que cruzam) compõem 90% da probabilidade de observarmos o sistema. Assim, o sistema se encontrará fora do equilíbrio químico de 25 partículas tendo cruzado a barreira.
Fonte: elaborada pelo autor.

Potencial da água e pressão osmótica

Até aqui, tratamos o sistema como se o solvente fosse um elemento termodinamicamente passivo. Ao observarmos as representações que fizemos nas Figuras 6, 8, 9 e 10, as partículas que atuam são as partículas dos solutos, com o solvente sendo um mero palco para a ação. Contudo, o solvente também é composto por partículas em agitação térmica e desenvolve potenciais dependendo de como a barreira e/ou as partículas dos solutos se comportem.

O solvente que se encontra nos organismos é a água. Portanto, consideraremos essa substância como a única de nosso interesse. Voltando ao caso representado na Figura 6 (coluna A ou B), notamos que, quando o sistema se encontra em equilíbrio, com potencial químico nulo, a água também se encontra em equilíbrio, pois o volume ocupado pelos solutos em ambos os lados da barreira é o mesmo e, consequentemente, o volume restante sendo água, tem-se a mesma concentração dela.

Considerando o que ocorre no sistema representado no painel inferior da coluna B da Figura 10, os solutos estão em sua condição de equilíbrio do potencial eletroquímico, como descrito. Contudo, vemos que há menor volume de água no lado esquerdo da barreira, pois ali a quantidade de partículas dos solutos é maior. Dessa maneira, a concentração de água do lado direito é maior, e há uma diferença de potencial do solvente.

Na Figura 12A, estamos revendo o estado de equilíbrio eletroquímico dos solutos, como no último painel da Figura 10. No painel B, sobrepusemos aos solutos a concentração do solvente (água) e vemos que o lado à nossa direita da barreira tem uma concentração de água maior. Com isso, se a barreira permitir a passagem de água, ocorre um fluxo dela em sentido direita → esquerda, ou seja, do local de maior para o de menor concentração (de água), como representado no painel C.

Poderíamos supor que haveria passagem de água até que sua concentração se igualasse em ambos os lados da barreira, condição de potencial químico nulo. Contudo, caso isso ocorresse, os solutos sairiam de suas condições de potencial nulo. Portanto, já podemos antever que a condição final atingida pelo sistema não será a do potencial químico nulo da água. Qual a condição final, então?

Para finalidades didáticas neste momento, visualizaremos o processo da seguinte maneira: com a passagem de água do lado direito para o esquerdo, o volume do lado direito diminui e o do lado esquerdo aumenta. Com isso, é criada uma diferença de altura Δh nas colunas líquidas entre os lados da barreira. Essa coluna hídrica, como descrita no capítulo "Circulação" do volume 2 desta obra, exerce uma pressão hidrostática pela força-peso da coluna e, assim, o lado esquerdo tem, agora, uma pressão maior que o lado direito. A pressão maior do lado esquerdo tende a causar um fluxo de água no sentido esquerda → direita, e isso leva à condição de equilíbrio da água, ou seja, há um fluxo pelo potencial químico contrabalanceado por um fluxo decorrente do potencial mecânico (painel D na Figura 12).

Portanto, de forma análoga ao visto entre o potencial químico e o potencial elétrico para solutos com carga, tem-se, agora, a anulação do potencial químico do solvente por um potencial mecânico.

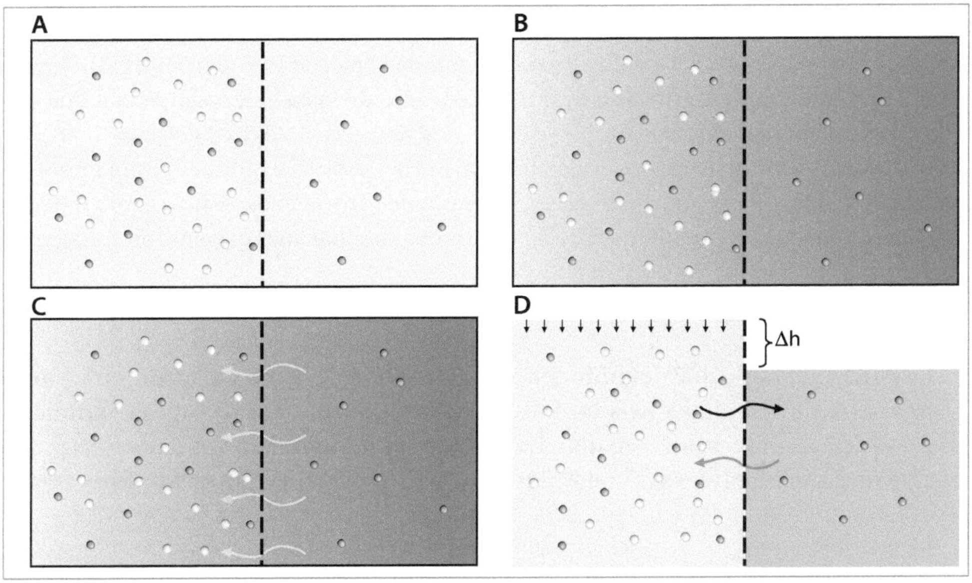

FIGURA 12 O potencial químico da água é formado pela diferença de concentrações de solutos entre pontos do sistema, como no painel A, e representado em B pela coloração mais escurecida no lado no qual a concentração de solutos é menor (ou seja, a concentração de água é maior). Em C, representamos a passagem de água para o lado de maior concentração de solutos, ou seja, para o lado de menor concentração de água. Em D, temos a representação pictórica do surgimento de uma força (pressão) mecânica no lado para o qual a água tende a passar, e essa força tende a deslocar água para o outro compartimento. A força que surge está indicada por um aumento na coluna hídrica, Δh, no lado com menor concentração de água.
Fonte: elaborada pelo autor.

Podemos, então, nos "desfazer" da diferença de altura Δh entre os lados da barreira e fica apenas com o resultado mecânico, isto é, um aumento de pressão. Esse aumento de pressão foi causado pela diferença de concentração de solutos, que é concomitante a uma diferença de concentração do solvente. Dessa forma, fazemos referência a essa pressão como **pressão osmótica**,[7] uma pressão que surge no solvente em decorrência da diferença de concentrações de solutos.

POTENCIAIS TERMODINÂMICOS – FORMALIZAÇÃO

Na seção anterior, procuramos apenas descrever a formação e a extinção de alguns potenciais termodinâmicos. A quantificação que oferecemos foi a de caráter probabilístico dos estados do sistema, quantificação essa relacionada mais à entropia via mecânica estatística que à entropia de uma termodinâmica macroscópica. Em termos causais, se é que assim podemos falar se estamos em um domínio probabilístico, a evolução de um sistema para a condição de maior entropia do ponto de vista macroscópico está enraizada na mecânica estatística. Por outro lado, quando estudamos a difusão, já vimos que

7 Do grego ωσμοσ: empurrão, impulso.

podemos colocar os potenciais e os fluxos em termos macroscópicos determinísticos sem nos preocuparmos com o detalhamento microscópico (ver Equações 2 e 3). Assim, vamos formalizar os potenciais e os fluxos do ponto de vista macroscópico, o que nos permite uma abordagem mais simples e direta dos sistemas biológicos de nosso interesse.

Vamos nos ater um pouco mais detalhadamente ao potencial químico como protótipo para análise. Depois, os potenciais elétrico e mecânico (pressão osmótica) serão tratados de maneira mais direta, sem nos preocuparmos em detalhar suas origens microscópicas.

Potencial químico[8]

O potencial químico é definido termodinamicamente como a taxa de variação da energia livre de Helmholtz pela taxa de variação da quantidade da espécie química *i*, dadas as demais propriedades mantidas constantes. Considerando um número *N* muito grande de partículas (ou seja, condições molares[9]), o potencial químico é dado por:

$$\tilde{\mu} = \kappa \cdot T \cdot \ln\left(\frac{N}{V} \cdot \lambda^3\right) \qquad \text{Equação 4}$$

Sendo κ a constante de Boltzmann (= $1{,}381 \times 10^{-23}$ J K^{-1}), λ o comprimento de onda de de Broglie, *V* o volume e *T* a temperatura. Vamos, então, tornar a Equação 4 mais palatável nos termos com os quais estamos acostumados a lidar.

O comprimento de onda de de Broglie ao cubo pode ser entendido como o volume ocupado por uma partícula em uma dada condição do sistema.[10] Assim, se multiplicarmos λ^3 pelo número de Avogadro N_0 ($6{,}022 \times 10^{23}$ partículas por mol), teremos o volume molar ω, isto é, o volume ocupado por um mol da substância em questão. A multiplicação da constante de Boltzmann pelo número de Avogadro resulta na constante *R* dos gases. Lembrando que , sendo *n* o número de mols, reescreveremos a equação do potencial químico μ para mols em vez de partículas:

$$\tilde{\mu} \cdot N_0 = \mu = R \cdot T \cdot \ln\left(\frac{n}{V} \cdot \omega\right) \qquad \text{Equação 5}$$

Notamos, então, que *n*/*V* nada mais é que a concentração molar *C* usual, como utilizamos anteriormente. Além disso, as unidades de μ são joules por mol.

Vamos estudar se o comportamento da Equação 5 é aquele que antevíamos, ou seja, que o sistema se encontrará em equilíbrio com a igualdade dos potenciais. A Figura 13 ilustra o potencial químico de dois compartimentos que têm volumes diferentes para a distribuição de um número total fixo de partículas entre eles. O compartimento 1 tem um volume 3 vezes maior que o compartimento 2. Notamos, então, que, na condição de haver 75% das partículas no compartimento 1, os potenciais dos compartimentos se igualam. Isso significa que 25% das partículas estão no compartimento 2, ou seja,

8 Ver Baierlein, 2005.

9 Por condições molares, subentenderemos um número de partículas superior a 10^{12} como base, de modo que a variação unitária tem um impacto menor que 10^{-12} no total.

10 Note, λ de de Broglie não é o volume da partícula, pois λ é uma função da temperatura.

75:25 = 3:1 (que é a relação entre os volumes). Logo, os potenciais se igualam quando as concentrações se igualam, como esperado.

O ponto que mais chama a atenção na Equação 5 (e na 4), claramente ilustrado na Figura 13, é que o potencial químico mantém uma relação logarítmica (não linear) com a concentração, em vez de uma relação linear, como aparentemente temos nas Equações 2 e 3. Se passássemos a considerar que a diferença de concentração é a diferença de potencial químico, deveríamos ter uma relação do seguinte tipo entre a concentração e o potencial um compartimento *i*:

$$C_i = b \cdot \mu_i$$

Sendo *b* uma constante qualquer de proporcionalidade que leva de joules por mol (μ) para mols por litro (*C*). Contudo, se escrevermos a concentração como função do potencial, obteremos (Equação 6A):

$$C_i = e^{\frac{\mu_i}{R \cdot T}} \cdot \omega^{-1} \quad \text{Equação 6A}$$

E escrevendo, então, uma diferença de concentrações, teremos (Equação 6B):

$$\Delta C = C_i - C_j = \left(e^{\frac{\mu_i}{R \cdot T}} - e^{\frac{\mu_j}{R \cdot T}}\right) \cdot \omega^{-1} \quad \text{Equação 6B}$$

A Equação 6A não é linear. Portanto, nosso modo de escrever as Equações 2 e 3 como sendo relativas a uma diferença linear de potencial entre dois pontos do sistema **não** corresponde à Equação 6B.

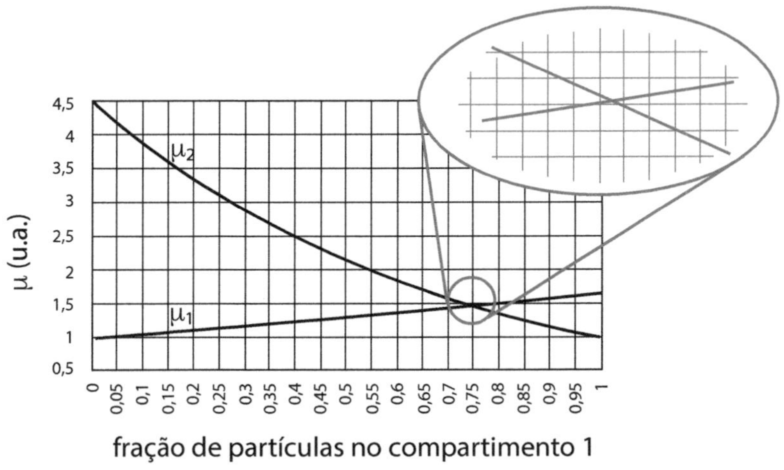

FIGURA 13 Potencial químico μ (em unidades arbitrárias) em função da fração de partículas no compartimento (Equação 4). A solução foi simulada para um número total de partículas fixo distribuído entre dois compartimentos de volumes diferentes, $V_1 = 1,5$ e $V_2 = 0,5$. No *inset*, ampliação da região ao redor de 0,75 no eixo x.
Fonte: elaborada pelo autor.

Vamos, agora, ver como caminhamos dessa relação não linear para a relação linear implicada nas equações usuais de relação entre fluxo e potencial, como as Equações 2 e 3.

O *inset* na Figura 13 nos indica que, se considerarmos faixas "pequenas" ao redor do equilíbrio, o potencial e a concentração podem ser quase tomados como lineares. Vamos examinar essa possibilidade.

Consideramos dois compartimentos, *i* e *j*, com o potencial químico em *j* sendo ligeiramente diferente do de *i* (Equação 7):

$$\mu_j = \mu_i + \delta\mu \qquad \text{Equação 7}$$

Sendo $\delta\mu$ essa pequena diferença de potencial (note que $\delta\mu$ pode ser positivo ou negativo, isso não é relevante). De acordo com a Equação 6A, e utilizando a relação entre os potenciais escrita logo acima, temos, para o compartimento *j*:

$$C_j = e^{\frac{\mu_j}{R\cdot T}} \cdot \omega^{-1} = e^{\frac{\mu_i+\delta\mu}{R\cdot T}} \cdot \omega^{-1} = \left(e^{\frac{\mu_i}{R\cdot T}} \cdot e^{\frac{\delta\mu}{R\cdot T}}\right) \cdot \omega^{-1} = C_i \cdot e^{\frac{\delta\mu}{R\cdot T}} \qquad \text{Equação 8A}$$

Sabemos que a fração $\dfrac{\delta\mu}{R\cdot T}$ é um valor pequeno. Assim, lembrando que, se x é um valor pequeno, isto é, $x << 1$,

$$\lim_{x\to 0} e^x \cong 1 + x$$

E, então, a Equação 8A se torna (Equação 8B):

$$C_j = C_i \cdot e^{\frac{\delta\mu}{R\cdot T}} \cong C_i \cdot (1 + x) = C_i + \delta C \qquad \text{Equação 8B}$$

Agora, comparando as Equações 7 e 8B, temos uma relação linear entre a diferença de concentrações e a diferença de potenciais como esperaríamos ao examinar as Equações 2 e 3.

Reações químicas

Até aqui, temos utilizado uma barreira entre dois pontos como o divisor do sistema. Contudo, podemos ter uma barreira que não é material separando estados dos compostos do sistema. Essa barreira é chamada, em geral, **energia de ativação**. De fato, quando discutimos a impermeabilidade da membrana celular a íons (ver Capítulo 3 – "Processos celulares"), já utilizamos essa nomenclatura para nos referirmos à dificuldade de compostos polares atravessarem a bicamada lipídica. Também falamos sobre energia de ativação quando discutimos a distribuição de Maxwell da velocidade de partículas (ver capítulo "Energética", no volume 3 desta coleção). Lá, a Figura 2 ilustra a passagem entre substratos e produtos pela barreira da energia de ativação da reação. A Figura 14 reproduz o *inset* da Figura 2 do capítulo "Energética" do volume 3 desta Coleção com a ideia da energia de ativação sendo uma barreira a ser vencida para a ocorrência de uma dada reação química.

Se considerarmos a dissociação da água como um exemplo de reação, há um equilíbrio entre a formação de íons H^+/OH^- e a conjugação deles em H_2O quando as taxas de formação e de combinação se igualam (ver o capítulo "Regulação ácido-base", no

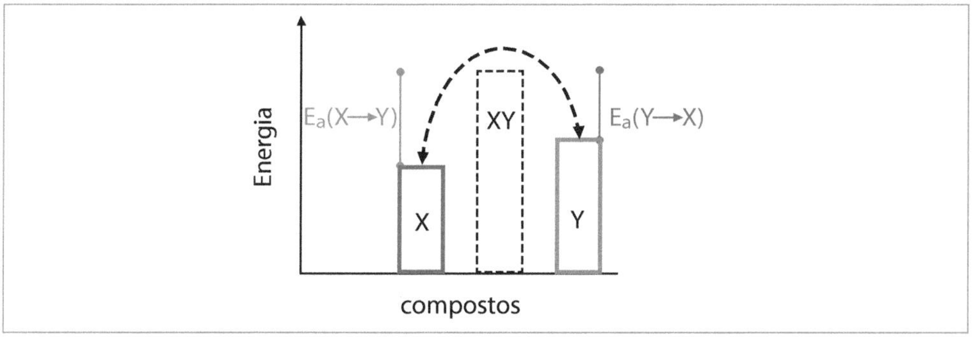

FIGURA 14 O conceito da energia de ativação. Os compostos x reagem tornando-se composto Y, os quais também reagem tornando-se X. Para que a reação de ida ou de volta ocorra, é preciso que os compostos vençam a barreira da energia de ativação da reação, representada pelo "composto intermediário XY".

Fonte: elaborada pelo autor.

volume 3 desta obra): $H_2O \underset{k_a}{\overset{k_d}{\rightleftarrows}} H^+ + OH^-$, sendo k_d a constante de dissociação da água e k_a a constante de associação. Como a quantidade total de partículas é fixa, então: $+H^+ + OH^- - H_2O = 0$. Já na passagem entre ácido carbônico e carbonato, temos: $+2H^+ + CO_3^{2-} - H_2CO_3 = 0$. Assim, generalizando esse processo para uma reação envolvendo n compostos Y_i, temos:

$$y_1 \cdot Y_1 + y_2 \cdot Y_2 + \cdots + y_n \cdot Y_n = 0$$

Sendo os termos y_i os coeficientes estequiométricos da reação, que podem ser positivos (se o elemento i está no lado direito da equação química) ou negativos (se o elemento i está no lado esquerdo da equação).[11] No exemplo dado da dissociação da água, $y_1 = 1$, $y_2 = 1$ e $y_3 = -1$, dizendo respeito a H^+, OH^- e H_2O, respectivamente. No exemplo do ácido carbônico indo a carbonato, $y_1 = 2$, $y_2 = 1$ e $y_3 = -1$.

Como dissemos no início desta seção, o potencial químico é a taxa de variação da energia livre de Helmholtz pela taxa de variação da quantidade da espécie química i, dadas as demais propriedades mantidas constantes. Como delineado em "Energética" (Capítulo 3 do volume 3), a energia livre se relaciona à capacidade de realização de trabalho útil, e um sistema no equilíbrio termodinâmico tem, para as dadas condições, energia livre nula. Assim, em uma condição infinitesimalmente desviada do equilíbrio em decorrência de uma variação infinitesimal nos compostos, pode ser escrita como:

$$\delta G = \sum_{i=1}^{n} \left(\frac{\partial G}{\partial Y_i}\right) \cdot \delta Y_i$$

11 O que pode ser invertido, sem qualquer prejuízo para a análise.

Sendo δG a variação de energia livre.[12] Contudo, $\frac{\partial G}{\partial Y_i} = \mu_i$ pela definição de potencial químico e $\delta Y_i = y_i$ pela estequiometria da reação. Como estamos infinitesimalmente próximos à condição de equilíbrio, $\delta G = 0$. Assim, a condição de equilíbrio químico de reações é dada por:

$$\sum_{i=1}^{n} \mu_i \cdot y_i = 0 \qquad \text{Equação 9}$$

Ou seja, a soma dos potenciais químicos das espécies envolvidas na reação ponderados pelos respectivos coeficientes estequiométricos é nula no equilíbrio químico.

Lembrando que uma soma de logaritmos corresponde ao logaritmo do produto dos termos e que um fator que multiplica um logaritmo é o expoente do termo, podemos reescrever a Equação 9 utilizando a Equação 5 e teremos:[13]

$$R \cdot T \cdot ln \frac{\prod [Y_i]^{y_i}}{\prod [Y_j]^{y_j}} = 0 \qquad \text{Equação 10}$$

Sendo o produtório em *i* relativo aos produtos da reação (lado direito da equação química) e o produtório em *j* relativo aos reagentes da reação (lado esquerdo da equação química). Esse é o formato que utilizamos em "Energética" (volume 3 desta obra) quando falamos sobre energia livre (Box 1 do referido capítulo), considerando todos os coeficientes estequiométricos iguais a 1, por simplificação.

A Equação 10 pode ser obtida, também, por meio do sistema de equações diferenciais descrevendo as taxas de variação dos produtos e reagentes na reação química, e é conhecida como "lei de ação de massas": $\prod [Y_i]^{y_i} = \prod [Y_j]^{y_j}$ no equilíbrio químico da reação. Note que essa igualdade dos produtórios implica *ln(1)*, o qual vale zero, como requerido na condição de equilíbrio.

Finalmente, devemos notar que o mesmo processo de linearização que fizemos para a concentração e o potencial químico no caso da difusão pode ser aplicado aqui, sendo, então, a taxa da reação linearmente dependente das concentrações. Contudo, no caso de reações químicas, a condição "perto do equilíbrio" é bem mais estreita que nos casos de difusão e elétrico.

Potencial elétrico

De maneira análoga ao potencial gravitacional, o qual corresponde ao trabalho para mover massas ao longo da altura, o potencial elétrico corresponde ao trabalho necessá-

12 Estamos utilizando a energia livre de Gibbs em vez da de Helmholtz, mas o resultado é o mesmo.

13 Para finalidades práticas, os volumes molares ω se anulam.

rio para mover cargas elétricas. Contudo, no caso gravitacional, identificamos somente atração entre os corpos, enquanto no caso elétrico também pode haver a repulsão.

De maneira arbitrária, foi determinado que há partículas cuja carga é dita negativa (–), como o elétron, e partículas cuja carga é positiva (+), como o próton. Cargas opostas se atraem e cargas semelhantes se repelem. Assim, enquanto no caso gravitacional trabalho é realizado para aumentar o distanciamento entre massas, no caso elétrico trabalho é realizado para afastar cargas opostas ou aproximar cargas semelhantes.

Utilizaremos o símbolo Φ para indicar o potencial elétrico, que é medido em joules por coulomb ou, como mais habitualmente encontramos, em volts. Coulomb é a medida de carga elétrica. Volts são indicados por "V". Contudo, pela confusão que pode surgir em relação ao volume, escreveremos explicitamente a unidade quando for o caso. Nas situações mais habituais encontradas na Fisiologia, o potencial elétrico é da ordem de milivolts, e será indicado por mV, dado que essa notação não deve causar confusão com volume.

Nos casos gravitacionais e difusivos, o fluxo se dá a partir da região de maior potencial para a de menor potencial. Evidentemente, isso também ocorre com o caso elétrico. Contudo, como citado logo acima, o sentido do fluxo das partículas eletricamente carregadas depende da orientação do potencial. Se o potencial é positivo à direita, partículas com carga negativa terão fluxo esquerda → direita e partículas com carga positiva terão fluxo direita → esquerda (ver Figura 8). Note que fomos explícitos em dizer "partículas". Isso porque, em termos do fluxo de cargas, que é a corrente elétrica, o comportamento do sistema é sempre o mesmo, com as cargas indo de seu potencial mais alto para o mais baixo.

Gostaríamos, agora, de ter uma maneira de calcular o fluxo de cargas (corrente elétrica) em função da diferença de potencial elétrico, como temos para o fluxo difusivo (ver Equações 2 e 3). Lembrando o procedimento que adotamos para linearizar o potencial químico (ver Equações 7 e 8B), podemos fazer o mesmo aqui. Contudo, as experiências laboratoriais do século XIX indicaram que a região de linearidade do potencial elétrico é "grande", ou seja, não precisamos examinar somente regiões próximas ao equilíbrio termodinâmico para garantir a linearidade entre o fluxo e a diferença de potencial. Assim, analogamente à Equação 3, temos:

$$I = g \cdot \Delta\Phi \qquad \text{Equação 11A}$$

Sendo I o fluxo de cargas (corrente elétrica). O termo g faz o papel do termo $\frac{A}{L} \cdot D$ na Equação 3, que é um coeficiente que relaciona a diferença de potencial ao fluxo obtido. Por exemplo, se a área A de troca aumenta, o fluxo difusivo aumenta, ou se a distância L diminui, o fluxo difusivo também aumenta. Analogamente, se o termo g aumenta, a corrente elétrica aumenta, e vice-versa.

Assim, tanto *g* quanto $\frac{A}{L} \cdot D$ são referidos como "condutâncias": seu aumento leva a um aumento do fluxo correspondente.[14] Logo, seus inversos, $\frac{1}{g}$ e $\frac{L}{A \cdot D}$, são "resistências" (aos respectivos fluxos). Reescrevendo a Equação 11A com resistência em vez de condutância, temos:

$$\Delta\Phi = R \cdot I \qquad \text{Equação 11B}$$

Sendo $R = \frac{1}{g}$ a resistência elétrica. ΔΦ é a diferença de potencial, muitas vezes escrita como "U", o que nos dá o formato habitualmente encontrado da Equação 11B: U = R · i, sendo i a corrente elétrica.

Resistência

Vamos examinar brevemente o que ocorre se colocarmos várias resistências em um sistema. A Figura 15 ilustra um conjunto de condições de arranjos de resistências em série e em paralelo. Além da representação mais artística que vemos nos painéis, os circuitos elétricos equivalentes são apresentados abaixo de cada esquema. É importante nos acostumarmos com essa representação de circuito elétrico, pois é a que se encontra nas quase totalidade dos textos envolvendo fenômenos elétricos. Mais adiante, voltaremos a esse tipo de representação. No momento, o que nos interessa é perceber como a colocação de resistências em diferentes arranjos (isto é, em série e/ou em paralelo) afeta o fluxo de cargas.

Dada uma diferença de potencial ΔΦ fixa, quanto maior a resistência, menor o fluxo e vice-versa. Dessa forma, ao colocarmos resistências em série, elas se somam e a resistência total aumenta (painel inferior direito na Figura 15). Assim, para um arranjo de *m* resistências em série, temos a resistência total dada por:

$$R_{total} = R_1 + R_2 + \cdots + R_m = \sum_{j=1}^{m} R_j \qquad \text{Equação 12A}$$

Se as resistências estão em um arranjo em paralelo (painel inferior esquerdo na Figura 15), a resistência total diminui, pois há "mais caminhos" entre as placas de diferença de potencial. Logo, a corrente aumenta. Uma maneira de entender o equacionamento desse arranjo de resistências é trocar as resistências pelos seus inversos, isto é, as condutâncias g. Vemos, então, que, em um arranjo em paralelo, a condutância total aumenta, e é dada pela soma das condutâncias:

$$g_{total} = g_1 + g_2 + \cdots + g_n = \sum_{i=1}^{n} g_i \qquad \text{Equação 12B}$$

14 Voltaremos a falar sobre condutâncias mais adiante.

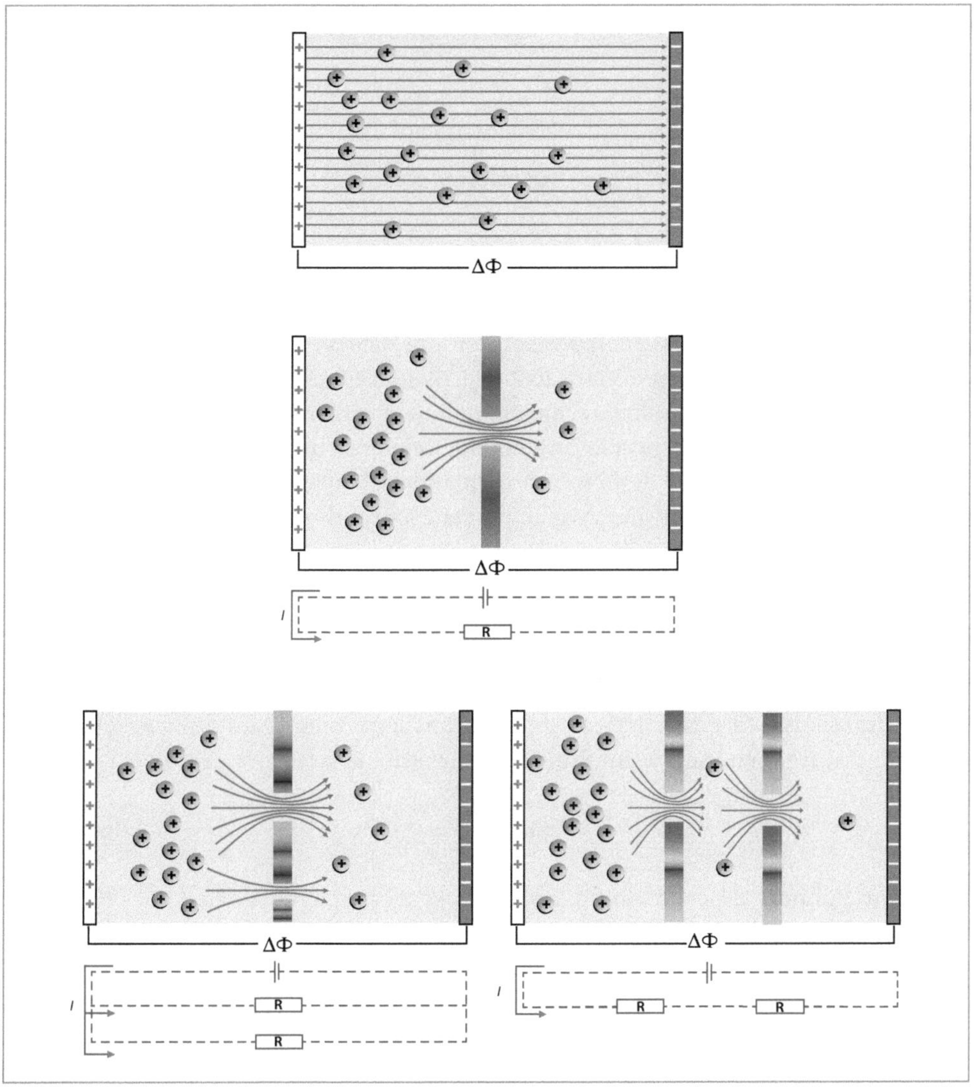

FIGURA 15 Representação esquemática de um meio condutor colocado sob uma diferença de potencial elétrico $\Delta\Phi$. Por simplificação, as partículas com carga negativa não estão representadas. No painel central e nos painéis inferiores, a representação em termos de circuito elétrico equivalente é apresentada abaixo de cada figura, sendo I a corrente elétrica e R a resistência. No painel superior, a resistência ao fluxo é dada apenas pelas propriedades físico-químicas do meio, e não foi feita a representação do circuito elétrico equivalente. No painel central, uma restrição ao fluxo de cargas é colocada entre as placas que criam a diferença de potencial, o que aumenta a resistência ao fluxo. No painel inferior à esquerda, uma nova resistência é colocada juntamente à existente no painel central, em um arranjo em paralelo. Assim, como se depreende pelo próprio esquema, a resistência total diminui (a condutância total aumenta) e, com isso, a corrente aumenta. No painel inferior à direita, uma segunda resistência também é acrescentada ao sistema do painel central, desta vez em um arranjo em série. Como podemos depreender pelo esquema, agora a resistência total aumenta e a corrente, portanto, diminui.

Fonte: elaborada pelo autor.

Como $R = \frac{1}{\mathcal{g}}$, a Equação 12B, se escrita utilizando as resistências em paralelo, assume o seguinte formato:

$$\mathcal{g}_{total} = \frac{1}{R_{total}} = \frac{1}{R_1} + \frac{1}{R_2} + \cdots + \frac{1}{R_n} = \sum_{i=1}^{n} \frac{1}{R_i} \qquad \text{Equação 12C}$$

Capacitância

A resistência elétrica é um elemento passivo em um circuito, e muitos de nós já temos familiaridade com esse componente em um sistema. Outro elemento passivo de extrema importância para processos fisiológicos é a **capacitância**.

Utilizamos essa terminologia, capacitância, em outros locais do texto, como em "Respiração" (volume 2 desta coleção), quando falamos em complacência pulmonar, e em "Circulação" (volume 2 desta coleção), quando falamos em capacitância dos vasos sanguíneos. Nesses dois locais, a capacitância é a grandeza que associa variações de volume, dV, a variações de pressão, dP:

$$ç = \frac{dV}{dP}$$

Aqui, utilizaremos ç em vez de *C* para capacitância para não haver confusão com concentração. Em termos elétricos, a capacitância ç é uma grandeza que relaciona a variação de cargas elétricas q em função da variação da diferença de potencial **Φ**:

$$ç = \frac{dq}{d\Phi} \qquad \text{Equação 13A}$$

Como também descrito em outros locais, se a capacitância não é uma função da própria diferença de potencial, então a Equação 13A pode ser escrita como:

$$ç = \frac{\Delta q}{\Delta \Phi} \qquad \text{Equação 13B}$$

Um capacitor é um elemento que vai acumulando cargas conforme é submetido a uma diferença de potencial criada por uma fonte de voltagem, conforme se observa ao reescrevermos a Equação 13B (ou 13A) de maneira a termos a carga acumulada em função da capacitância:

$$\Delta q = ç \cdot \Delta \Phi \qquad \text{Equação 13C}$$

Assim, o próprio capacitor vai desenvolvendo uma diferença de potencial entre seus terminais. Quando a fonte de voltagem é retirada, o capacitor passa a devolver as cargas acumuladas ao sistema. Com isso, mantém uma diferença de potencial durante um tempo mais prolongado e, concomitantemente, mantém corrente no sistema, ainda que a fonte de voltagem tenha sido desligada. Esse é exatamente o papel que descrevemos para as grandes artérias (ver o capítulo "Circulação", no volume 2 desta coleção).

Note que um capacitor, ao acumular cargas tais que a diferença de potencial elétrico se iguale à da fonte, cessa de ter incremento nas cargas, ou seja, é dito que está carregado (para a diferença de potencial imposta).

A capacitância elétrica é um conceito fundamental para que se entenda a importância da mielinização na velocidade de condução de impulsos nervosos, assunto que apresentaremos mais adiante. De fato, é a capacitância da membrana plasmática que permite que pequenas diferenças de quantidades de cargas elétricas dos lados externo e interno criem grandes diferenças de potencial de membrana, como também discutiremos em breve.

Há outros elementos passivos em circuitos elétricos, como os indutores. Apesar de terem uma grande importância em circuitos elétricos em geral, esses outros elementos têm uma participação em processos fisiológicos cujos estudo e discussão estão além dos objetivos do presente texto.

Símbolos em esquemas elétricos

TABELA 3 Símbolos em esquemas elétricos

<table>
<tr><th>Símbolo</th><th>Elemento</th><th>Exemplo biológico</th></tr>
<tr><td>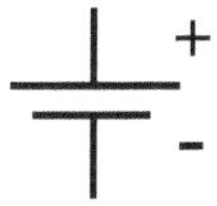</td><td>Gerador de tensão contínua</td><td>Membrana celular polarizada</td></tr>
<tr><td></td><td>Gerador de tensão alternada</td><td>Coração</td></tr>
<tr><td>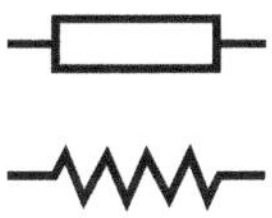</td><td>Resistor</td><td rowspan="2">Canais iônicos de membrana</td></tr>
<tr><td></td><td>Resistor variável</td></tr>
<tr><td>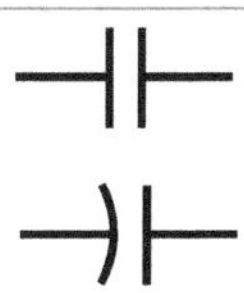</td><td>Capacitor</td><td>Bicamada lipídica</td></tr>
</table>

Fonte: elaborada pelo autor.

Potencial eletroquímico

Como já discutimos, quando há diferenças tanto de concentração quanto de cargas elétricas, existem dois potenciais termodinâmicos simultaneamente agindo no sistema. A condição de equilíbrio deixa de ser, portanto, a anulação de um dos potenciais, e passa a ser uma anulação recíproca destes. Esta combinação pode ser colocada na forma de um único potencial, o potencial eletroquímico para a substância i (Castellan, 1971):

$$\bar{\mu}_i = \mu_i + z_i \cdot \mathcal{F} \cdot \Phi \qquad \text{Equação 14}$$

$\mathcal{F}$ é a constante de Faraday (96.485,3 coulombs mol^{-1}) e z_i é a valência da carga da substância em questão. Assim, z_i é um valor inteiro (... −2, −1, 0, +1, +2, ...) e, na maioria das aplicações biológicas, se encontrará entre −3 e +3.

É preciso ter atenção para não confundir a notação que utilizamos anteriormente para o potencial químico por partícula ($\tilde{\mu}$, equação 4) com a notação usual do potencial eletroquímico $\overline{\mu}$.

Equação de Nerst

A Equação 14 nos dá a combinação entre as forças que causam fluxo difusivo e fluxo elétrico. O equilíbrio termodinâmico para a espécie *i* ocorrerá, portanto, na condição $\overline{\mu}_i = 0$. Reescrevendo o potencial químico como função da concentração (Equação 5), e considerando a condição de equilíbrio entre os pontos 1 e 2 do sistema, temos:[15]

$$\Delta\Phi_{i_{2,1}} = \frac{R \cdot T}{z_i \cdot \mathcal{F}} \cdot ln\left(\frac{C_{i_2}}{C_{i_1}}\right) \qquad \text{Equação 15A}$$

Muitas vezes, prefere-se utilizar o logaritmo na base 10 em vez do logaritmo natural. Então, a Equação 15A é escrita como:

$$\Delta\Phi_{i_{2,1}} = 2{,}3026 \cdot \frac{R \cdot T}{z_i \cdot \mathcal{F}} \cdot \log_{10}\left(\frac{C_{i_2}}{C_{i_1}}\right) \qquad \text{Equação 15B}$$

Essas equações nos dão a diferença de potencial elétrico em decorrência da diferença de concentração entre dois pontos do sistema na condição de equilíbrio.

Vamos examinar um exemplo numérico. Supondo uma concentração de potássio (K^+, $z_{K+} = +1$) no ponto 2 de 0,12 M (ou seja, 120 mM) e, no ponto 1, de 0,004 M (ou seja, 4 mM) a uma temperatura de 37 °C (310 kelvin), a diferença de potencial em decorrência da diferença de concentração do potássio entre esses pontos do sistema será de:

$$\Delta\Phi_{K^+_{2,1}} = \frac{8{,}314 \cdot 310}{+1 \cdot 96485{,}3} \cdot ln\left(\frac{0{,}12}{0{,}004}\right) = 0{,}0908\, J\ coulomb^{-1}$$

Volts são joules por coulomb. Assim, a diferença de potencial elétrico que calculamos para o potássio vale, aproximadamente, 91 mV, se tomarmos o ponto 2 como referência. Se tomarmos como referência o ponto 1, aquele com menor concentração, o potencial elétrico do potássio será de −91 mV, aproximadamente.

A fim de facilitar eventuais cálculos, para 37 °C e valência +1, $\frac{R \cdot T}{\mathcal{F}} = 0{,}026712$.

Pressão osmótica

A maneira usual de obter a pressão osmótica é utilizando uma integral da pressão hidrostática ao longo da altura da coluna de fluido (Castellan, 1971; ver Figura 12, painel D). Seguiremos um caminho não usual para obtermos a pressão osmótica e sua relação

15 Lembrando que, como estamos sempre tratando de diferenças de potencial, o volume molar é anulado dos cálculos.

com a concentração dos solutos, de modo a não precisarmos fazer a integral. Observando a Figura 12, vamos considerar que a parede à esquerda seja um pistão móvel e que a pressão que se exerce nesse pistão equivale à tendência que a água tem para ir do compartimento à direita da barreira para o da esquerda em virtude da diferença de seu potencial químico. Logo, essa pressão é a pressão osmótica[16] π_o e, de acordo com a Equação 5:

$$\pi_o = b' \cdot \Delta\mu_a = b' \cdot R \cdot T \cdot \left[\ln\left(\frac{n_{a_j}}{V_j} \cdot \varpi_a\right) - \ln\left(\frac{n_{a_i}}{V_i} \cdot \varpi_a\right)\right] \qquad \text{Equação 16A}$$

Sendo *i* e *j* os compartimentos separados pela barreira permeável somente à água, *n* o número de mols, ϖ o volume molar e o subscrito "*a*" diz respeito à água. *b'*, similarmente ao termo *b* que discutimos ao falarmos da linearidade entre o potencial químico e a concentração, é um termo que nos leva de joules por mol para pascal (ou para alguma outra unidade de pressão, como torr). Logo, *b'* é uma concentração e, no caso, uma concentração de referência em um dos compartimentos,[17] C_a^{ref}.

Fazendo da diferença de logaritmos o logaritmo da razão entre os termos, ficamos com:

$$\pi_o = C_a^{ref} \cdot \Delta\mu_a = C_a^{ref} \cdot R \cdot T \cdot \ln\left(\frac{V_i \cdot n_{a_j}}{V_j \cdot n_{a_i}}\right) = C_a^{ref} \cdot R \cdot T \cdot \ln\left(\frac{C_{a_j}}{C_{a_i}}\right) \qquad \text{Equação 16B}$$

Como estamos tratando de soluções diluídas, $C_{a_j} \cong C_{a_i}$, e, portanto, $C_{a_j}/C_{a_i} \cong 1$, o que nos leva à linearização do logaritmo e, assim, obtemos:

$$\ln\left(\frac{C_{a_j}}{C_{a_i}}\right) = \delta \cong 0$$

$$\leftrightarrow$$

$$\frac{C_{a_j}}{C_{a_i}} = e^{\delta} \cong 1 + \delta$$

$$\leftrightarrow$$

$$\delta \cdot C_{a_i} = C_{a_j} - C_{a_i}$$

$$\leftrightarrow$$

$$\delta = \frac{\Delta C_a}{C_{a_i}}$$

Assim, temos, agora:

$$\pi_o = C_a^{ref} \cdot R \cdot T \cdot \delta = \frac{C_a^{ref}}{C_{a_i}} \cdot R \cdot T \cdot \Delta C_a \qquad \text{Equação 16C}$$

16 Note que colocamos "o" subscrito para identificar que esse "π" não é a constante que relaciona raio e perímetro de um círculo.

17 A atividade iônica tende a ser menor que 1 em decorrência da atração entre as partículas do soluto, o que diminui o distanciamento e a mobilidade. Por exemplo, a atividade do NaCl a 150 mM é aproximadamente 0,8 (Greger, 1996a). Apesar dessas diferenças em relação a 1, consideraremos que soluções biológicas sejam suficientemente diluídas e a atividade química das espécies seja ≅ 1. Assim, atividade ≅ concentração. Para explicações sobre "atividade" de uma espécie química, recomendamos textos básicos de físico-química.

Tomando como referência o compartimento *i*, $C_a^{ref} = C_{ai}$, temos a pressão osmótica em termos da diferença de concentração de água entre os compartimentos:

$$\pi_o = R \cdot T \cdot \Delta C_a \qquad \text{Equação 16D}$$

Talvez possa ter parecido arbitrário termos escolhido o compartimento de referência ser tal que a razão das concentrações que surge na Equação 16C se torne igual a 1. Porém, se tivéssemos escolhido o outro compartimento como referência, a diferença nos logaritmos seria invertida, o termo δ teria o sinal oposto e teria, no denominador, a concentração do outro compartimento, o que tornaria, mais uma vez, a razão igual a 1.

O que a Equação 16D nos diz? Suponha que a concentração de água no compartimento *i* seja menor que no compartimento *j*. Assim, $\Delta C_a > 0$ e $\pi_o > 0$, por consequência. Isso significa que temos de fazer uma pressão positiva no compartimento de menor concentração de água para compensar sua diferença de concentração.

Contudo, ficarmos nos referindo à concentração de água se torna contraintuitivo, pois medimos ou sabemos, na maior parte das vezes, a concentração de solutos. Uma vez que estamos tratando de soluções diluídas, podemos considerar que a alteração da concentração do solvente é oposta à alteração dos solutos:[18] $\Delta C_a \cong \Delta C$.

Dessa forma, reescrevemos a Equação 16D utilizando, agora, a diferença de concentração dos solutos. Porém, como já notamos quando falamos acerca de qual era o compartimento de referência, trocar o sinal da diferença de concentração significa, meramente, termos tomado o outro compartimento como referência. Assim, agora, se consideramos sob o ponto de vista dos solutos, escreveremos a Equação 16D como:

$$\pi_o = R \cdot T \cdot \Delta C \qquad \text{Equação 17}$$

Sendo o compartimento de maior concentração de solutos o que tem a maior pressão osmótica, pois é nele que se deve aplicar uma pressão hidrostática positiva para conter o fluxo de água que tende a adentrar esse compartimento. A Equação 17 é a equação habitual que se utiliza para se expressar a pressão osmótica.

Concentração osmótica

Se prestarmos atenção, veremos que a Equação 17 é similar à equação do gás ideal (ver o capítulo "Respiração", no volume 2 desta obra) $P \cdot V = n \cdot R \cdot T$, com o volume sendo colocado no lado direito, transformando n/V em concentração. Assim, se π_o é idêntica à P, a concentração do soluto corresponde exatamente ao termo n/V. Contudo, este pode não ser o caso (como habitualmente não o é). Esse desvio em relação ao gás ideal é dado por um coeficiente osmótico φ (Rasouli, 2016), e, em situações biológicas, $0 < \varphi \leq 1$.

Por definição, a grandeza Osmol, Osm, é definida a partir da molaridade M, de modo que 1 Osm ≡ 1 M e a pressão osmótica é escrita como (Equação 18):

18 Estamos utilizando C diretamente como concentração dos solutos, como fizemos nas seções anteriores e no restante do livro.

$$\pi_o = \cdot R \cdot T \cdot \Delta C^{Osm} \qquad \text{Equação 18}$$

Assim, a 310 K (37 °C), temos $\pi_o = \varphi \cdot 19.331$ torr Osm^{-1}, o que equivale a mais de 25 atmosferas de pressão por Osmol de diferença, um valor extremamente elevado para faixas biológicas. Se considerarmos mOsm, temos 19,3 torr por mOsm. Assim, a força movente por osmose é grande, mesmo que o coeficiente seja um tanto inferior a 1. A título de exemplo, φ(NaCl) ≅ 0,93 (Rasouli, 2016).

Para finalizar esta seção, devemos lembrar que soluções nas quais o composto se dissocia, a osmolaridade depende do número de elementos dissociados. Assim, uma solução 1 mOsm de NaCl tem 2 mOsm de concentração osmótica, pois haverá 1 mOsm de Na^+ e 1 mOsm de Cl^- (aqui, não estamos levando em consideração nem a atividade iônica nem o coeficiente osmótico φ).

POTENCIAIS TERMODINÂMICOS – ASPECTOS BIOLÓGICOS

Vamos procurar, agora, colocar o que vimos nas seções anteriores dentro de uma perspectiva biológica dos potenciais termodinâmicos no funcionamento dos organismos, mais especificamente no funcionamento celular e, mais especificamente ainda, nos fenômenos ditos de membrana. Sim, pois é das propriedades da membrana plasmática que dependem os processos que discutiremos e é na membrana que esses processos ocorrem. Portanto, começaremos revendo alguns aspectos da membrana celular, sendo ela o alvo de nossa intensa atenção no Capítulo 3 – "Processos celulares" (recomendamos que esse capítulo seja revisto caso existam dúvidas acerca das estruturas de membrana sobre as quais falaremos em seguida).

Antes, porém, vale lembrar o que dissemos naquele capítulo: o que iremos apresentar é uma perspectiva clássica da membrana celular e seu suposto modo de operação; mas há perspectivas diferentes acerca desse assunto (p. ex., Pollack, 2001) e não iremos nos aprofundar nesse debate.

Cabe, ainda, uma palavra de aviso. Esses assuntos, os de potenciais de membrana celular, encontram-se entre os qualificados como "dos mais complicados na fisiologia" por estudantes e mesmo por profissionais já formados e que atuam em áreas correlatas (p. ex., Cardozo, 2016). Assim, é importante estarmos preparados para a tarefa árdua que está pela frente.

Membrana semipermeável

Dada a grande energia de ativação necessária para moléculas hidrossolúveis atravessarem a bicamada lipídica, a membrana celular se comporta como uma barreira para a maior parte dos compostos que causam, efetivamente, alterações de potencial eletroquímico e de osmolaridade, isto é, íons e proteínas (essas últimas não somente pela carga elétrica, mas também pelo tamanho). Dessa maneira, a permeabilidade a esses compostos é regulada pela quantidade de canais específicos e de transportadores presentes na membrana.

Pode-se dizer que, para finalidades práticas, a membrana plasmática permite a passagem de moléculas de água, tanto por difusão direta quanto por aquaporinas. Dessa forma, os problemas osmóticos decorrentes das diferenças de concentração têm impacto no volume celular e serão abordados mais adiante.

Uma vez que quantidades diferentes de carga ficam dispostas nos dois lados da membrana, um potencial elétrico surge, precisamente como apresentamos anteriormente neste capítulo. Contudo, quando discutimos a formação do potencial eletroquímico, o fizemos de uma forma binária e dicotômica: havia dois compostos (um ânion e um cátion), um com permeabilidade completa pela barreira e o outro com permeabilidade nula.

No entanto, como acabamos de mencionar, além de haver várias espécies iônicas no sistema, a membrana plasmática tem graus de permeabilidade, para os íons, que variam entre zero e um. Assim, nosso próximo passo é estudar em que resulta uma membrana plasmática com diferentes permeabilidades inserida em um meio contendo várias espécies iônicas.

Potencial elétrico de repouso

As permeabilidades não nulas não afetam o potencial elétrico

O título desta subseção deve parecer, no mínimo, curioso, pois anunciamos, poucas linhas atrás, que estudaríamos como as diferentes permeabilidades causam uma alteração no potencial elétrico da membrana. E elas causam, de fato, mas não do modo como poderíamos inocentemente pensar, ou seja, se considerássemos que a dificuldade de uma certa espécie iônica para cruzar a membrana criaria o potencial elétrico.

Por simplificação e, ao mesmo tempo, por uma aproximação aos meios orgânicos, vamos considerar um sistema separado por uma membrana plasmática, tendo inicialmente, de um lado, uma solução contendo Na^+, K^+ e Cl^-, e, do outro, somente água. E, novamente por simplificação e aproximação, digamos que as concentrações iniciais das espécies iônicas de um dos lados da membrana fossem $[Na^+] = 150$ mM, $[K^+] = 150$ mM e $[Cl^-] = 300$ mM. Do outro, são todas zero.

Como mencionamos, os problemas osmóticos serão tratados mais adiante; agora não nos preocupemos com isso. A membrana tem diferentes graus de permeabilidade aos solutos, digamos 0,1, 0,9 e 0,5, para o sódio, o potássio e o cloro, respectivamente. Assim, claramente, o sódio é bem menos permeável por essa membrana que o cloro, e ambos são menos permeáveis que o potássio. Montado o sistema, deixamos que ele evolua e perguntamos: qual o potencial eletroquímico que esperamos encontrar quando o sistema estiver em seu equilíbrio termodinâmico?

Vamos considerar que o potássio, dado um certo tempo, cruzou entre os lados da membrana. Apesar de ter uma permeabilidade inferior à do potássio, o cloro, dado tempo suficiente, também cruzará entre os lados da membrana. O mesmo pode se dizer para o sódio, em um tempo um tanto maior. Assim, ao final do processo, teremos 75 mM de sódio e de potássio e 150 mM de cloro em ambos os lados da membrana. Ou seja, o potencial eletroquímico é nulo.

Portanto, a primeira mensagem que devemos levar é que, para todas as espécies iônicas cujas permeabilidades possam ser consideradas não nulas para o tempo do processo, o potencial eletroquímico final deve ser nulo. Essa frase contém, de fato, a essência da formação do potencial eletroquímico de membrana, como dissecaremos agora.

As permeabilidades nulas afetam o potencial elétrico – uma questão espacial

Acabamos de ver que, caso as espécies iônicas envolvidas tenham permeabilidades diferentes de zero, o potencial eletroquímico se torna nulo. Contudo, se a membrana é impermeável (isto é, permeabilidade nula ou zero) a uma das espécies, a distribuição se torna assimétrica e há a formação de um potencial eletroquímico não nulo, como ilustrado nas Figuras 9 e 10.

Vamos, agora, adicionar as proteínas em um dos lados da membrana. Elas, como dissemos, têm permeabilidade 0. Nosso sistema tem, então, quatro elementos, sendo a membrana impermeável a um deles (as proteínas) e com diferentes graus de permeabilidade aos demais. Perguntamos: forma-se um potencial eletroquímico? Sim, porém de menor intensidade que o formado quando tínhamos somente os dois compostos (Figura 10). Por quê? Porque, agora, tendo uma das espécies de permeabilidade não nula cuja carga é de mesmo sinal que as da espécie de permeabilidade nula, ou seja, cloro e proteínas, respectivamente, o cloro é, em parte, deslocado para o outro lado da membrana à custa do próprio potencial que se forma. Essa ideia é ilustrada na Figura 16.

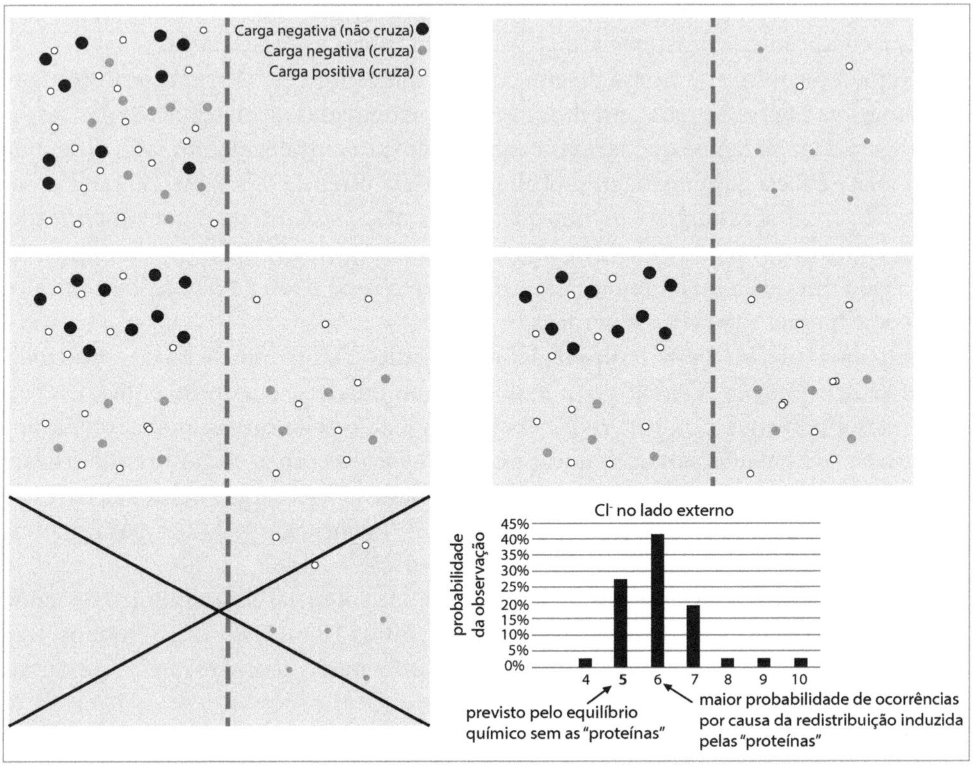

FIGURA 16 Representação esquemática da formação de potencial eletroquímico pela presença de uma espécie impermeável pela barreira interposta. No gráfico inferior à direita encontra-se o histograma de probabilidades de distribuição de cloro no lado externo, calculadas para as poucas partículas ilustradas.
Fonte: elaborada pelo autor.

O painel superior à nossa esquerda ilustra a condição inicial do sistema. As esferas com bordas espessas têm cargas negativas e não conseguem cruzar a membrana, as esferas menores representam as espécies que têm cargas positivas e cruzam a membrana, e as esferas com bordas finas representam outra espécie iônica que também pode cruzar a membrana e tem carga negativa, como as esferas de bordas mais espessas. Deixamos as esferas com bordas espessas e esferas de bordas finas "afastadas" apenas para facilitar a representação do processo; em um sistema real, elas estariam homogeneamente distribuídas no compartimento.

O painel central à nossa esquerda ilustra a condição que poderia ser suposta como de equilíbrio termodinâmico do sistema. Propositalmente, deixamos "separadas" as condições para facilitar a observação. Assim, na parte mais superior da ilustração, vemos a condição que derivamos na Figura 10, com três esferas de carga positiva no lado direito da membrana e sete no lado esquerdo, neutralizando sete cargas negativas de esferas de bordas espessas. Na parte mais inferior, temos a condição de equilíbrio químico para as esferas menores e para as esferas de bordas finas, já que ambas podem cruzar a membrana (permeabilidade maior que zero), como discutimos na subseção anterior). Assim, "na parte inferior", não há formação de potencial eletroquímico e, "na parte superior", há. Contudo, como mencionamos, uma vez que o lado esquerdo da membrana se torna mais negativo que o lado direito, cargas negativas que podem cruzar a membrana são deslocadas e, assim, a condição ilustrada no painel central não é mais a condição que o sistema atinge (painel inferior à nossa esquerda).

No painel superior à nossa direita, vemos o mesmo tipo de representação que utilizamos na Figura 10 para abordarmos as probabilidades de distribuição das cargas (ver Figura 11). Notamos que ter seis cargas positivas neutralizadas no lado direito da membrana é aquela que tem maior probabilidade de ocorrência. No painel central à nossa direita, ilustramos as cargas e vemos que, então, nesse sistema bastante simplificado, esperaríamos que seis partículas de carga negativa das esferas de bordas finas cruzassem para o lado direito da membrana, e não cinco, como seria dado pelo potencial químico da espécie (painel central à esquerda).

No painel inferior à nossa direita, temos o gráfico da quantificação das probabilidades de distribuição. Vemos que a maior probabilidade se encontra, então, em seis partículas, e não em cinco, pela redistribuição induzida pelas cargas que não cruzam a membrana. No entanto, notamos que, na condição sem as cargas negativas que cruzam a membrana, o potencial formado teria "intensidade |6|" (3 cargas negativas livres de um lado e 3 positivas livres do outro) e, agora, tem "intensidade |4|" (2 cargas negativas livres de um lado e 2 cargas positivas livres do outro).

Dessa forma, vemos que existe a formação de um potencial eletroquímico de modo similar ao que havíamos visto anteriormente (Figuras 10 e 11) e, como citamos, esse potencial é de menor intensidade elétrica que o formado sem a presença de cargas negativas que possam cruzar a membrana.

Portanto, as cargas com permeabilidade nula afetam o potencial elétrico, dependendo, somente, do lado que se encontrem em relação à membrana. É uma questão de localização espacial.

As permeabilidades não nulas afetam o potencial elétrico – uma questão temporal

Quando descrevemos o processo no qual, se todas as espécies envolvidas podem cruzar a membrana (permeabilidade > 0), não há formação de potencial eletroquímico entre os lados, dissemos "para todas as espécies iônicas cujas permeabilidades possam ser consideradas não nulas para o tempo do processo". Isso porque, do ponto de vista da termodinâmica clássica, os sistemas são abordados considerando-se mudanças reversíveis próximas ao equilíbrio e, assim, o tempo deixa de ser considerado (ver o capítulo "Energética", no volume 3 desta obra). Porém, manter a vida é manter os sistemas orgânicos fora de equilíbrio. Dessa forma, vamos rever o processo no qual temos somente espécies iônicas que podem cruzar a membrana levando em conta, agora, o tempo que cada espécie demora para atingir o equilíbrio químico.

Voltamos ao nosso sistema prototípico da membrana com diferentes graus de permeabilidade para o sódio, o potássio e o cloro (0,1, 0,9 e 0,5, respectivamente). Inicialmente, uma solução eletroneutra com essas espécies se encontra de um dos lados da membrana, e não há solutos do outro lado. Vamos observar qual é uma provável evolução do sistema ao longo do tempo[19]. A Figura 17 ilustra essa possível evolução.

Antes de mais nada, dois pontos a serem notados na Figura 17. Primeiro, passamos a nos referir, agora, ao **potencial elétrico transmembrana**, já deixando explícito que se trata de uma medida feita nas cercanias da própria membrana. Segundo, uma vez que se trata de uma diferença de potencial, temos de ter um dos lados como referência. Assim, em relação ao lado direito, o lado esquerdo desenvolve, durante o processo, um potencial elétrico negativo ($\Delta\Phi < 0$). Colocando de outra maneira: ao dizermos que o lado esquerdo é negativo, queremos dizer que essa negatividade é em relação a um outro ponto do sistema (no caso, o lado direito).

Como observamos na Figura 17, tanto a condição inicial quanto a final têm diferença de potencial elétrico nula entre os lados da membrana. Notamos que não é o mesmo caso de quando há uma espécie com diferentes concentrações entre os lados e não pode cruzar a membrana (Figura 16). Porém, durante a evolução do sistema entre os estados de equilíbrio, desenvolve-se uma diferença de potencial elétrico em virtude das diferentes velocidades com que cada espécie vai ao seu próprio equilíbrio eletroquímico. Portanto, permeabilidades não nulas podem afetar o potencial elétrico entre os lados da membrana durante estados transientes do sistema, ou seja, esse impacto é uma questão temporal.

Bomba de sódio/potássio

Na membrana plasmática das células animais, encontramos um tipo de cotransportador ativo de cátions Na^+/K^+, a chamada bomba de sódio/potássio ou Na^+/K^+-ATPase. Esse cotransportador quebra uma molécula de ATP por ciclo que realiza, no qual três íons Na^+ do lado interno da membrana são colocados para fora e dois íons K^+ do lado externo são colocados para dentro da célula (ver Figura 18).

19 Note que nossa evolução do sistema é uma simplificação extrema do processo, pois não levaremos em conta alguns fatores importantes, mas que não interferem no entendimento geral do processo, como arrastos difusivos entre íons e redistribuições durante o processo em virtude do próprio potencial elétrico criado.

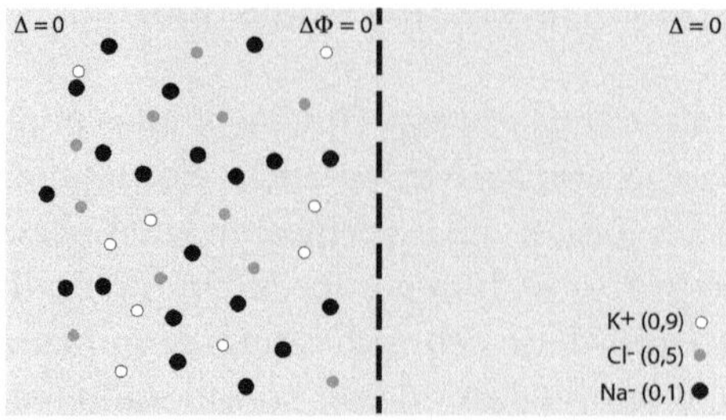

Na condição inicial, as quantidades de cargas positivas e negativas em cada um dos lados da membrana são iguais (Δ = 0). Assim, o potencial elétrico medido entre os lados da membrana, ΔΦ, é nulo (zero). Contudo, em virtude da diferença de concentração, o potencial químico de cada um dos íons é alto.

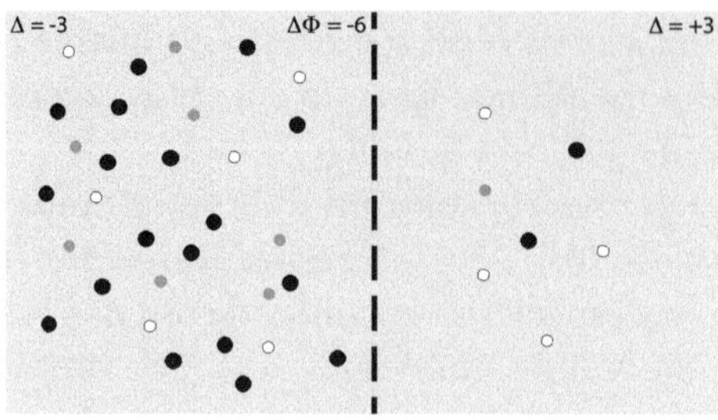

Algum tempo após iniciarmos o sistema, íons cruzaram a membrana. Porém, pelas diferentes permeabilidades, há uma diferença nas quantidades de cargas (Δ ≠ 0). Com isso, surge uma diferença de potencial elétrico transmembrana, com o lado interno se tornando mais negativo.

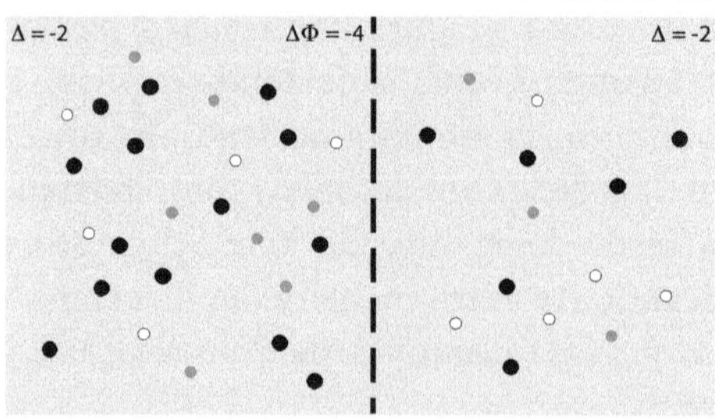

Mais algum tempo se passa e os cátions menores (os de maior permeabilidade) atingem seu equilíbrio químico. Com a passagem das outras duas espécies, ainda que mais lenta, a diferença de cargas diminui e o potencial elétrico transmembrana também se torna menos negativo.

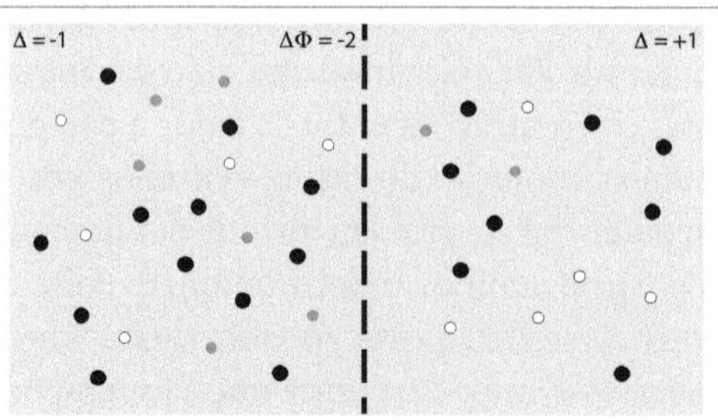

Mais tempo se passa e, agora, os ânions de bordas espessas também atingem seu equilíbrio químico. A diferença de cargas continua a existir, porém é menor, o que leva a um potencial elétrico transmembrana menos intenso.

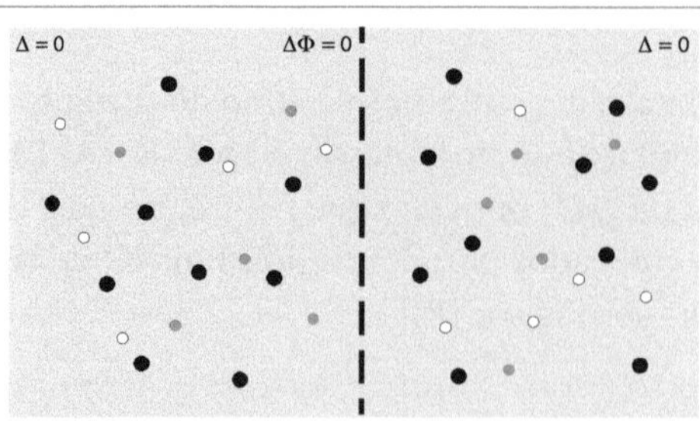

Dado tempo suficiente, os cátions de bordas finas também atingem seu equilíbrio químico. Com isso, de ambos os lados da membrana, retorna-se à condição inicial de igualdade em quantidades de cargas e ΔΦ volta a ser nulo.

FIGURA 17 Evolução de um sistema inicialmente com íons somente de um lado da membrana, que tem diferentes graus de permeabilidade às espécies envolvidas.
Fonte: elaborada pelo autor.

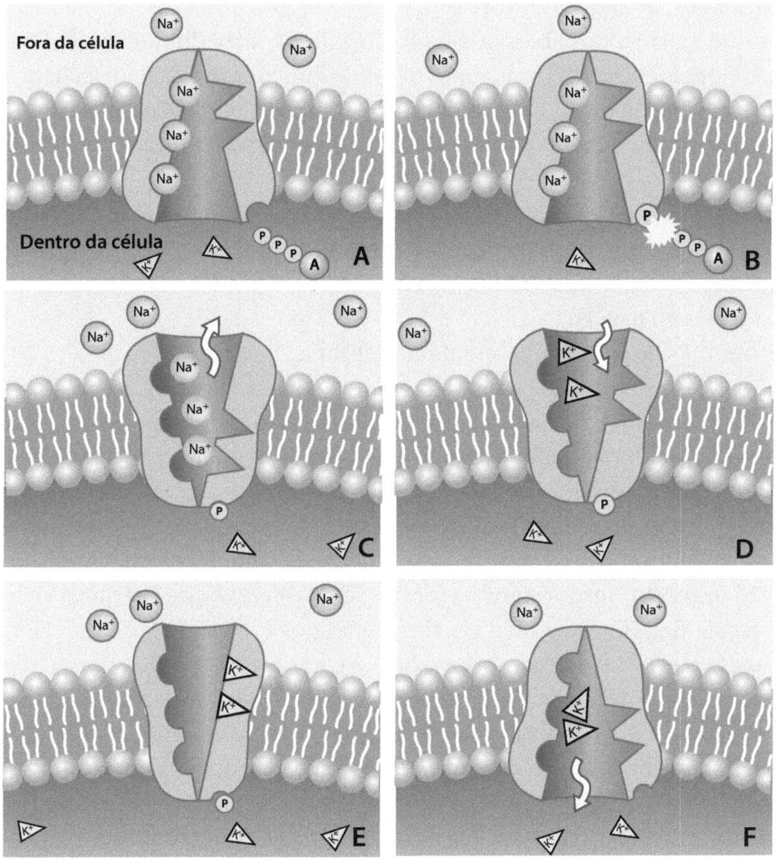

FIGURA 18 Bomba de sódio/potássio.
Fonte: adaptada de https://www.researchgate.net/figure/The-sodium-potassium-exchange-pump-mechanism-The-Na-K--pump-that-moves-two-potassium-ions_fig1_221865926

Notamos, portanto, que a bomba de sódio/potássio cria, simultaneamente, três condições fora de equilíbrio:

1. Uma vez que as quantidades de partículas colocadas para dentro e para fora são diferentes, cria um desequilíbrio osmótico.
2. Uma vez que as quantidades de cargas positivas colocadas para dentro e para fora são diferentes, cria um desequilíbrio elétrico.
3. Uma vez que espécies diferentes são colocadas para dentro e para fora, cria um desequilíbrio químico em cada uma das espécies envolvidas.

A condição 1, de desequilíbrio osmótico, será discutida mais adiante. Também discutiremos, mais adiante, a condição 3 de potenciais do sódio e do potássio quando citarmos o potencial de ação. A condição 2 é a que participa no potencial elétrico de repouso da membrana, como apresentamos a seguir.

Colocando os fatores em conjunto

Vimos que existe a possibilidade da formação de uma diferença de potencial eletroquímico transmembrana decorrente das distribuições iônicas que ocorram entre os lados intra e extracelular. Pelo que discutimos até agora, percebemos que há três fatores em jogo na formação desse potencial elétrico de repouso da membrana plasmática:

A. Espécies às quais a membrana é impermeável e têm concentrações diferentes dos lados interno e externo, como proteínas.
B. Espécies que têm diferentes graus de permeabilidade pela membrana, como sódio, potássio e cloro.
C. As bombas de sódio/potássio na membrana.

Além disso, percebemos que os fatores (B) e (C) dão uma importante escala de tempo ao fenômeno, ou seja, dependendo da rapidez com que os processos de passagem passiva (permeabilidade) e de transporte ativo (bomba) ocorram, diferentes valores de $\Delta\Phi$ transmembrana serão observados. Por exemplo, se as taxas de vazamento de Na^+, K^+ e Cl^- transmembrana fossem muito altas diante da velocidade da bomba, não haveria participação desse cotransportador na formação da diferença de potencial simplesmente porque a escala de tempo na qual ele transferiria os íons seria suplantada, em muito, pela passagem passiva pela membrana. Não é o caso para o potencial de repouso nas células, pois as taxas de vazamento têm escalas de tempo similares às da bomba.

A Figura 19 procura capturar os efeitos desses três fatores na formação do potencial de repouso da membrana. Como citamos logo acima, o potencial que se forma depende da intercorrelação entre os fatores. Se há mais canais, a taxa de vazamento aumenta. Se há mais bombas ativas, as taxas de extrusão de sódio e de intrusão de potássio aumentam. Se a concentração de proteínas se altera, a redistribuição de cátions e ânions se altera. Assim, não existe um valor fixo e exato para o potencial elétrico que se instala em uma célula e observa-se, de maneira geral, um potencial de repouso na faixa de −80 mV a −60 mV.

Potencial de repouso da membrana: a equação de Goldman-Hodgkin-Katz

Agora que já temos uma noção qualitativa dos processos envolvidos na formação da diferença transmembrana de repouso, nossa tarefa é ter um modelo quantitativo do potencial eletroquímico resultante. A equação de Nerst (Equação 15A) será nosso ponto de partida. Nela, leva-se em conta apenas uma espécie iônica. Reproduzimos, abaixo, a equação de Nerst, escrita já considerando o referencial como sendo o meio externo à célula, *ext*, em relação ao interno, *int*:

$$\Delta\Phi_i = \frac{R \cdot T}{\mathcal{F}} \cdot ln\left(\frac{C_{i_{ext}}}{C_{i_{int}}}\right)^{\frac{1}{z_i}} \quad \text{Equação 19}$$

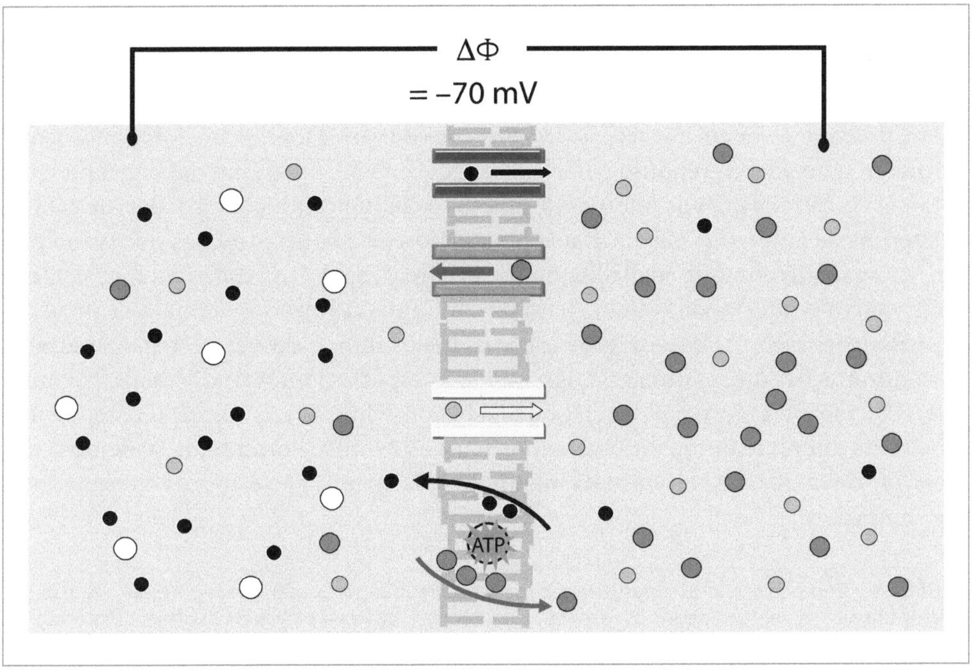

FIGURA 19 Fatores da formação do potencial elétrico de repouso da membrana celular. Na ilustração, vemos: 1) as proteínas, representadas por esferas brancas, com concentração intracelular mais elevada que a extracelular e que não cruzam a membrana plasmática, contribuindo para uma redistribuição de íons cloro, representados por esferas cinza claro; 2) os vazamentos de membrana através de canais iônicos, representados por tubos da respectiva cor do íon que permitem a passagem; 3) a Na^+/K^+-ATPase, colocando íons sódio, representados por esferas cinza escuro, para fora e íons potássio, representados por esferas pretas, para dentro, em diferentes proporções (3:2). A ação conjunta desses fatores cria uma diferença de potencial eletroquímico, ou seja, diferenças de concentração e de cargas elétricas, entre os lados interno e externo da membrana, com o interior tendo um potencial elétrico negativo ao redor de −70 mV em relação ao lado externo (a faixa mais comum vai de −80 mV a −60 mV).
Fonte: elaborada pelo autor.

No entanto, no potencial transmembrana biológico há várias espécies envolvidas e com diferentes valências z. Assim, também deslocamos a valência para o expoente do logaritmo, deixando, então, o termo $\frac{R \cdot T}{\mathcal{F}}$, o qual é comum a todas as espécies iônicas envolvidas, isolado. Antes de prosseguirmos, vale lembrar que um expoente negativo significa a potência do inverso (ver Capítulo 2 – "Modelos genéricos básicos" – para maior detalhamento):

$$x^{-a} = \left(\frac{1}{x}\right)^a$$

e, também:

$$x^{\frac{1}{a}} = \sqrt[a]{x}$$

Assim, cátions têm valência positiva e seu potencial é calculado pela razão da concentração externa pela interna. Ânions têm valência negativa e, portanto, seu potencial corresponde ao inverso da razão no logaritmo, ou seja, a concentração interna dividida pela externa.

A equação de Nerst nos dá o potencial elétrico de uma dada espécie. Precisamos, agora, procurar levar em consideração a presença de vários íons. Primeiro, vamos tentar calcular o potencial de repouso como se fosse decorrente das somas das concentrações externas de cátions mais as internas de ânions, e das concentrações internas de cátions e externas de ânions. A Tabela 4 apresenta valores de concentrações dos principais íons inorgânicos em uma célula do túbulo proximal renal. Para cada íon, foi calculado o respectivo potencial de Nerst e, para os conjuntos delineados acima, as somas das contribuições como se pudéssemos tratar os meios intra e extracelular apenas através de concentrações únicas de cargas, ignorando as espécies iônicas individuais. Notamos que a discrepância entre o potencial calculado como função das contribuições, −9 mV, é bastante diferente do medido nessas células, −72,5 mV. Portanto, já podemos concluir que o potencial de repouso da membrana plasmática não é apenas o resultado de concentrações.

TABELA 4 Composição iônica inorgânica de células de túbulo proximal (Greger, 1996a). Além das concentrações, são apresentados os respectivos potenciais de Nerst para cada espécie, o potencial tomado pela soma de concentrações e o potencial medido

	Concentração (mM)		
Espécie	**Intracelular**	**Extracelular**	**Potencial de Nerst (mV)**
Na^+	15	145	59
K^+	120	4	−88
Ca^{2+}	10^{-4}	1,5	125 (*)
Cl^-	30	120	−36
Soma das contribuições (#)	255	180,5	
Potencial de Nerst como função das contribuições ($)			−9
Potencial de repouso medido			−72,5

(*) Calculado como $\sqrt[2]{\frac{Ca^{2+}_{ext}}{Ca^{2+}_{int}}}$.

(#) Com inversão da contribuição do Cl^-.

($) Calculado como se as contribuições somadas se tornassem o numerador e o denominador da fração no logaritmo da equação de Nerst.

Fonte: elaborada pelo autor.

Como poderíamos antecipar, uma vez que as permeabilidades iônicas tomam parte na formação do potencial (ver "Colocando os fatores em conjunto"), essas permeabilidades devem ser, de alguma maneira, levadas em consideração. O resultado dessa consideração foi obtido por David Goldman, Alan Hodgkin e Bernard Katz, sendo conhecida como a equação de Goldman-Hodgkin-Katz (GHK):

$$\Delta\Phi_{GHK} = \frac{R \cdot T}{\mathcal{F}} \cdot ln\left(\frac{\sum_{i=1}^{m}(\wp_i \cdot C^{+}_{i,ext}) + \sum_{j=1}^{n}(\wp_j \cdot C^{-}_{j,int})}{\sum_{i=1}^{m}(\wp_i \cdot C^{+}_{i,int}) + \sum_{j=1}^{n}(\wp_j \cdot C^{-}_{j,ext})}\right) \qquad \text{Equação 20}$$

Na equação, os termos $\wp$ são permeabilidades de membrana aos cátions "*i*" ou aos ânions "*j*", e há *m* espécies de cátions e *n* espécies de ânions, cujas concentrações são indicadas por C^+ e C^-, respectivamente.

Note, agora, que $\Delta\Phi_{GHK}$ não é particular a uma das espécies iônicas presentes, mas sim ao conjunto. Note também que a valência não está presente na equação, pois essa equação é válida apenas para íons monovalentes. Apesar de ser relativa apenas a íons monovalentes, os íons não monovalentes, como o cálcio, têm concentrações e/ou permeabilidades muito mais baixas que os três principais componentes monovalentes (Na^+, K^+, Cl^-). E, mais importante, notamos que as concentrações são, agora, ponderadas pelas respectivas permeabilidades.

Vamos retomar os dados da Tabela 4 e ponderar as concentrações por permeabilidades relativas (note que as unidades das permeabilidades e das concentrações não são relevantes, desde que utilizemos sempre as mesmas unidades para todos os íons envolvidos), sendo a do sódio a mais baixa ($\wp_{Na+} = 0{,}1$, valor arbitrário), a do cloro intermediária e a do potássio a mais alta:

$$\Delta\Phi_{GHK} = 26 \cdot ln\left(\frac{0{,}1 \cdot 145 + 4{,}5 \cdot 4 + 0{,}5 \cdot 30}{0{,}1 \cdot 15 + 4{,}5 \cdot 120 + 0{,}5 \cdot 120}\right) = -66\, mV$$

O valor de 26 mV que surge na equação é decorrente do termo $\frac{R \cdot T}{\mathcal{F}}$ calculado a 37 °C (310 K). Vemos que o valor previsto, −66 mV, é, agora, bastante semelhante ao medido, −72,5 mV.

Problema: a Tabela 5 apresenta valores típicos de concentrações iônicas de células de musculatura estriada esquelética em repouso (Greger, 1996a). Supondo que as permeabilidades iônicas sejam similares às de células do túbulo proximal, qual é o potencial de membrana esperado?

TABELA 5 Valores típicos de concentrações iônicas de células de musculatura estriada esquelética em repouso

	Concentração (mM)		
Espécie	**Intracelular**	**Extracelular**	**Permeabilidade**
Na^+	7	145	0,1
K^+	120	4	4,5
Ca^{2+}	10^{-4}	1,5	0,001
Cl^-	4	120	0,5

Fonte: elaborada pelo autor.

Solução: colocando os valores da Tabela 5 na equação de GHK (Equação 20), ignorando a contribuição do Ca^{2+} (por ser um cátion divalente, não pode ser inserido na Equação 20, e notamos suas pequenas concentração e permeabilidade, o que torna a contribuição desse íon desprezível no potencial de repouso combinado aos demais íons), temos:

$$\Delta\Phi_{GHK} = 26 \cdot ln\left(\frac{0{,}1 \cdot 145 + 4{,}5 \cdot 4 + 0{,}5 \cdot 4}{0{,}1 \cdot 7 + 4{,}5 \cdot 120 + 0{,}5 \cdot 120}\right) = -74\, mV$$

Ou seja, o potencial de repouso calculado é mais negativo que o das células dos túbulos proximais. O potencial medido é ao redor de –90 mV, realmente mais baixo que os das células renais.

Nos dois potenciais que calculamos, parte das discrepâncias entre os valores calculado e medido decorre da imprecisão dos valores de permeabilidade que utilizamos. Outra parte decorre da própria inexatidão da equação de GHK, que não leva em conta todas as espécies presentes. Contudo, apesar dessa simplificação, há décadas a equação GHK vem se mostrando, suficientemente apropriada para estimativas do potencial de repouso e, mais ainda, para o estudo da dinâmica do potencial de ação, que será um dos próximos itens de estudo.

Força elétrica movente sobre cada íon

A equação de GHK nos permite uma boa aproximação ao potencial de membrana que existe em uma célula em decorrência das concentrações internas e externas dos três principais íons envolvidos na formação desse potencial. Apesar de o $\Delta\Phi$ da membrana ser um valor único para todas as espécies iônicas em um dado instante,[20] a força movente sobre cada uma dessas espécies não é a mesma. Como já vimos, a força movente é decorrente da diferença de potencial eletroquímico, e, portanto, quanto mais "distante" o $\Delta\Phi$ da membrana se encontrar do potencial de equilíbrio eletroquímico $\bar{\mu}_i$ de um dado íon *i*, maior será a força movente sobre essa espécie. Claramente, se $\Delta\Phi = \bar{\mu}_i$, a espécie *i* não sofre nenhuma diferença de potencial e, assim, em termos macroscópicos, não há fluxo de íons da espécie *i* pela membrana.

Vamos, então, examinar o que ocorre com cada um dos íons de forma isolada. Para isso, vamos supor que a permeabilidade aos demais íons seja nula. Ao colocarmos todas as permeabilidades menos a de interesse como nulas na equação de GHK (Equação 20), obtemos, para um cátion (o mesmo se aplica a um ânion, com as concentrações externa e interna invertidas no logaritmo):

$$\Delta\Phi_{GHK} = \frac{R \cdot T}{\mathcal{F}} \cdot ln\left(\frac{\wp_i \cdot C^+_{i,ext}}{\wp_i \cdot C^+_{i,int}}\right) = \frac{R \cdot T}{\mathcal{F}} \cdot ln\left(\frac{C^+_{i,ext}}{C^+_{i,int}}\right) = \Delta\Phi_{i,Nerst}$$

Ou seja, a equação de GHK para uma única espécie se reduz à equação de Nerst. Considerando, então, o potencial elétrico transmembrana medido de fato, o qual denominaremos $\Delta\Phi_{TM}$, e o potencial de Nerst para um dado íon *i*, a força elétrica movente, F_{EM}, à qual essa espécie iônica está sujeita, é proporcional à diferença entre esses potenciais:

$$F_{EM,i} = \Delta\Phi_{TM} - \Delta\Phi_{i,Nerst} \qquad \text{Equação 21}$$

20 Mais adiante também veremos que em um dado local.

Assim, se, por exemplo, $\Delta\Phi_{TM} = -60$ mV, $\Delta\Phi_{i,Nerst} = 52$ mV e $\Delta\Phi_{j,Nerst} = -68$ mV, os íons *i* estão sujeitos a uma $F_{EM,i}$ de −8 mV e os íons *j* estão sujeitos a uma $F_{EM,j}$ de +8 mV. Nesse exemplo, as forças elétricas moventes sobre os íons *i* e *j* têm a mesma magnitude (|8 mV|), porém uma é negativa e a outra é positiva. Vejamos como interpretar a questão do sinal da força elétrica movente.

Supondo que tanto o íon *i* quanto o íon *j* do exemplo sejam cátions, o potencial de equilíbrio do íon *i* é mais positivo que o medido transmembrana e, assim, uma entrada de cargas positivas é esperada para esse íon. Portanto, a F_{EM} negativa para um cátion indica que o cátion tende a entrar na célula caso sua permeabilidade aumente. Aplicando o mesmo raciocínio para o cátion *j*, vemos que, como o potencial de equilíbrio desse íon é mais negativo que o medido na transmembrana, uma saída de cargas positivas é esperada para esse íon. Portanto, F_{EM} positiva para um cátion indica que o cátion tende a sair na célula caso sua permeabilidade aumente.

Invertem-se os raciocínios anteriores para os casos de ânions.

A Equação 21 é correta, porém nada impediria que tivéssemos definido a força elétrica movente invertendo a ordem das diferenças de potencial. Ocorreria, então, que o que discutimos logo acima para cátions e para ânions deveria se inverter. Assim, por motivos didáticos, podemos recolocar a equação da força elétrica movente para uma dada espécie iônica em função de a espécie ser um cátion ou um ânion, de maneira a simplificar o raciocínio que fazemos acerca de entrada ou saída do íon:

$$F_{EM,i}^{cátion} = \Delta\Phi_{i,Nerst} - \Delta\Phi_{TM}$$

$$F_{EM,j}^{ânion} = \Delta\Phi_{TM} - \Delta\Phi_{i,Nerst}$$

Mnemônicos para a força elétrica movente de cátions e de ânions

Preferimos não numerar essas duas equações de modo a não criar uma confusão entre o conceito da força elétrica movente (dado acima e representado pela Equação 21) e os mnemônicos representados por essas duas equações.

Assim, $F_{EM,i}^{cátion} > 0$ indica que o cátion em questão tende a entrar na célula e $F_{EM,i}^{cátion} < 0$, que o cátion tende a sair. Agora, o mesmo princípio se aplica ao caso dos ânions, pois $F_{EM,j}^{ânion} > 0$ também indica que o ânion em questão tende a entrar na célula e $F_{EM,j}^{ânion} < 0$, que o ânion tende a sair.

Ou seja, por meio dos mnemônicos citados, o sinal positivo indica que a espécie em questão tende a entrar na célula e o sinal negativo indica que a espécie em questão tende a sair da célula, independentemente de se tratar de um cátion ou de um ânion.

Vamos obter a F_{EM} para sódio, potássio e cloro em três tipos celulares representando o epitélio do túbulo proximal (etp), musculatura estriada esquelética em repouso (mee) e uma célula "geral" (cg). Os dados se encontram na Tabela 6 a seguir (Greger, 1996a; Lang, 1996), sendo as diferenças de potencial elétrico em milivolts.

TABELA 6 Força elétrica movente (FEM) sobre os íons sódio, potássio e cloro em três tipos celulares distintos. etp: epitélio do túbulo proximal; mee: musculatura estriada esquelética; cg: célula "geral"

	Na^+			K^+			Cl^-		
	etp	**mee**	**cg**	**etp**	**mee**	**cg**	**etp**	**mee**	**cg**
IC (mM)	15	7	15	120	120	140	30	4	8
EC (mM)	145	145	143	4	4	4	120	120	115
$\Delta\Phi_{i,Nerts}$	+59	+79	+59	−88	−88	−92	−36	−88	−69
$\Delta\Phi_{TM}$	−72,5	−90	−60	−72,5	−90	−60	−72,5	−90	−60
F_{EM}	−131,5	−169	−119	15,5	−2	32	−36,5	−2	9
Mnemônico	+	+	+	−	+	−	−	−	+
Tendência	**Entrar**	**Entrar**	**Entrar**	**Sair**	**Entrar**	**Sair**	**Sair**	**Sair**	**Entrar**

Fonte: elaborada pelo autor.

Representação elétrica da membrana

Antes de passarmos a estudar o potencial de ação, é prático termos visto como a membrana plasmática e seus arredores podem ser representados por meio de esquemas elétricos. Essa praticidade deve-se ao fato de que o potencial de ação é uma alteração de voltagem (potencial elétrico) que percorre a membrana. Com isso, há correntes elétricas tanto no sentido transversal à membrana (como todas as que vimos até o momento) quanto longitudinalmente a ela (as quais não vimos até o momento), e a representação elétrica facilita a visualização dos processos associados a essa propagação de potencial e cargas mais compactamente. Essa representação é ilustrada na Figura 20.

Corrente elétrica é o fluxo de cargas. Hoje, sabe-se que a corrente que percorre a fiação elétrica se associa ao deslocamento de elétrons, cuja carga é negativa. Contudo, no século XIX, quando os fenômenos elétricos tiveram um aprofundamento nos seus estudos, não se conhecia a composição da matéria e a corrente elétrica foi associada ao deslocamento de cargas positivas. Assim, na circuitaria elétrica, a representação do sentido da corrente é o oposto ao do fluxo de elétrons, por motivos históricos. Tendo isso em mente, vemos que um fluxo de cátions tem o mesmo sentido da corrente, mas um fluxo de ânions tem sentido oposto.

Equacionando a representação elétrica

Deste ponto em diante, consideraremos já estar entendido que, quando fazemos referência a um potencial, estamos sempre nos referindo a uma diferença de potencial entre dois pontos em um sistema. Além disso, quando nos referimos ao potencial elétrico de membrana, estamos nos referindo a essa diferença tendo o meio externo como referência. Assim, por simplificação de notação, passaremos a omitir o "Δ" e utilizaremos, diretamente, Φ_{TM} para nos referirmos ao potencial de membrana.

Correntes iônicas

Vamos considerar a Equação 11A, na qual se relaciona a corrente à diferença de potencial através da condutância. Para cada íon, a diferença de potencial é dada pela

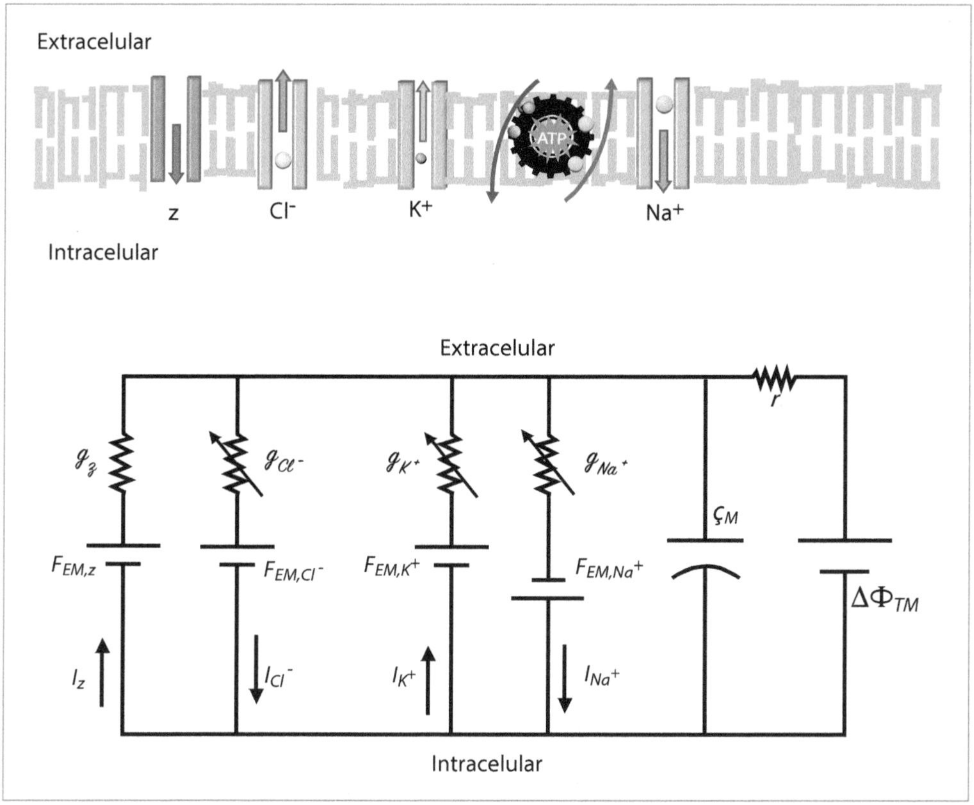

FIGURA 20 A: representação de um trecho da membrana plasmática com canais e bomba de sódio/potássio. Note que foi colocada uma quarta "passagem de íons", z, que representa todas as demais passagens que ocorrem pela membrana e que não estão representadas por serem, geralmente, de menor impacto no fenômeno. Coletivamente, essas passagens de íons são denominadas "vazamento". B: esquema elétrico da porção da membrana representada em A. $\Delta\Phi_{TM}$ é a diferença de potencial elétrico (voltagem) transmembrana instalada (observada), e ς_M é a capacitância elétrica da membrana. Essas duas grandezas dizem respeito ao conjunto das estruturas. $F_{EM,i}$ é a força elétrica movente para cada íon, como definido na Equação 21. As resistências oferecidas pelos canais foram indicadas por meio de seus inversos, as condutâncias g_i para cada íon. Dadas as forças elétricas moventes para cada íon, existe uma respectiva corrente I daquele íon. Note que as correntes de sódio e de potássio têm sentido igual ao fluxo dos respectivos íons, mas a corrente de cloro tem sentido inverso ao do fluxo do ânion – isso se deve ao que foi explicado, no texto, acerca da convenção para corrente elétrica. A corrente de vazamento I_Z é, como mencionado, de pequena monta na maior parte das situações de relevância para os objetivos do presente texto. Note, ainda, que colocamos uma pequena resistência em série com os demais elementos que acabamos de descrever, e representa as resistências às correntes que não são transmembrana. Essa resistência terá importância quando desenvolvermos as correntes capacitivas, no Box 2.
Fonte: elaborada pelo autor.

força elétrica movente correspondente àquele íon, e a condutância se relaciona aos canais para o íon. Claramente, canais abertos aumentam a condutância e canais fechados a diminuem. Assim, para uma espécie iônica i, temos:

$$I_i = gi \cdot F_{EM,i} \qquad \text{Equação 22}$$

Corrente capacitiva

Além das correntes que passam pelos resistores (ou pelas condutâncias, como se preferir), existem correntes ditas capacitivas. No caso da nossa representação de uma pequena região da membrana plasmática, falaremos em uma única corrente capacitiva na região.

As correntes capacitivas ocorrem durante transientes de mudança de voltagem, ou, em outras palavras, se a diferença de potencial elétrico é fixa e houve tempo para o capacitor ser carregado, não há corrente capacitiva (e o capacitor tem a mesma voltagem da fonte, com sinal invertido). Vamos obter esse resultado a partir da Equação 13A, reescrita para a carga no capacitor:

$$ç = \frac{dq}{d\Phi} \leftrightarrow dq = ç \cdot d\Phi$$

Agora, se fizermos a variação temporal da carga, temos a corrente. Por consequência, temos de fazer, também, a variação temporal da diferença de potencial (voltagem), considerando que a capacitância é fixa:

$$\frac{dq}{dt} = I_ç = ç \cdot \frac{d\Phi_{TM}}{dt} \qquad \text{Equação 23}$$

Na qual já deixamos indicado que se trata da corrente capacitiva, $I_ç$, e que, no caso que estamos estudando, a diferença de potencial é a diferença de potencial transmembrana. Note, assim, que, como foi citado, se a taxa de variação da voltagem é nula, ou seja, $\frac{d\Phi_{TM}}{dt} = 0$, não há corrente capacitiva ($I_ç = 0$). A importância das correntes capacitivas será abordada mais adiante.

Corrente total

A corrente total que cruza a membrana plasmática é, meramente, a soma das diversas correntes individuais. Assim:

$$I_{TOTAL} = ç \cdot \frac{d\Phi_{TM}}{dt} + g_{K^+} \cdot F_{EM,K^+} + g_{Na^+} \cdot F_{EM,Na^+} + \\ + g_{Cl^-} \cdot F_{EM,Cl^-} + g_z \cdot F_{EM,z} \qquad \text{Equação 24}$$

Na condição de repouso, a corrente total é nula, e não há variação de potencial de membrana (logo, não há corrente capacitiva). As concentrações iônicas também não se alteram no repouso e, assim, as forças elétricas moventes das diferentes espécies permanecem fixas (note que as F_{EM} não são iguais, apenas cada uma não varia).

$$I_{REPOUSO} = 0 \rightarrow g_{K^+} \cdot F_{EM,K^+} + g_z \cdot F_{EM,z} = -g_{Na^+} \cdot F_{EM,Na^+} - g_{Cl^-} \cdot F_{EM,Cl^-}$$

Potencial propagado graduado e de condutâncias fixas: o potencial eletrotônico

Antes de tratarmos do potencial de ação, precisamos entender o que ocorre nos arredores de uma região da membrana que sofre uma alteração de potencial elétrico. Para isso, vamos imaginar que possamos representar a membrana e seus arredores como um conjunto de trechos semelhantes ao apresentado na Figura 20B e interconectados aos seus vizinhos.

Inicialmente, todos os trechos (indicados pelas letras maiúsculas na figura) têm o mesmo valor de potencial transmembrana e, portanto, apesar do contato com os vizinhos, não há corrente entre os trechos, pois não há diferença de potencial entre eles.

Vamos supor, agora, que o trecho indicado por "A" na Figura 21 tenha, por algum motivo, seu potencial transmembrana alterado, por exemplo, de −60 mV para −40 mV (isso corresponde a uma despolarização parcial da membrana, pois o potencial se torna mais próximo de zero). Nessa situação, cria-se uma corrente externa e uma corrente interna à célula oriundas do trecho "B", pois, nesse momento, passa a haver uma diferença de potencial entre os trechos. Como explicado na legenda da Figura 21, a corrente no lado externo tem menor impacto no trecho "B" que a corrente gerada no lado interno.

No exemplo que estamos trabalhando, como o trecho "A" está, nesse momento, com um potencial transmembrana menos negativo que o trecho "B", há um deslocamento de ânions no sentido B → A e um deslocamento de cátions no sentido A → B, no lado interno. Como sabemos, os fluxos tendem a desfazer as diferenças de potencial que os geram. Assim, tanto o potencial de "A" tende a cair quanto o de "B" tende a subir em virtude da corrente gerada.

A título de exemplo simplificado, vamos supor que, em razão da corrente interna, o potencial de "B" suba para −50 mV e o de "A" caia para −50 mV. Agora, "B" está mais positivo que o trecho "C", e um processo semelhante ocorrerá entre esses trechos. Note, no entanto, que a diferença de potencial inicial entre "A" e "B" era de 20 mV (−40 mV − (−60 mV) = 20 mV), enquanto entre "B" e "C" é de 10 mV. Ou seja, a diferença de potencial que surgiu em "A" vai decaindo ao longo da distância na membrana.

Esse decaimento é ainda mais acentuado pelo que ocorre no lado externo da membrana. Na Figura 22, ilustramos a formação de correntes não paralelas à membrana que surgem no lado externo. Essas correntes contribuem de forma importante para o amortecimento da diferença de potencial transmembrana no trecho e, consequentemente, diminuem o impacto na transmissão ao trecho vizinho. Assim, de modo a prosseguirmos no exemplo, em vez de termos os trechos "A" e "B" em −50 mV, teremos em −58 mV, ou seja, já muito próximos ao potencial de repouso de −60 mV. Claramente, o impacto do que ocorreu no trecho "A" se torna muito pequeno no trecho "C" e praticamente nulo no trecho "D", nesse exemplo fictício que estamos desenvolvendo.

Podemos fazer um gráfico representando o processo dessa propagação de potencial elétrico ao longo da distância da membrana, e casos simples ou prototípicos são representados por um decaimento exponencial com essa distância. A Figura 23 apresenta um exemplo fictício desse tipo de decaimento que, à semelhança dos decaimentos temporais com suas constantes de tempo aos quais estamos mais habituados, tem uma chamada

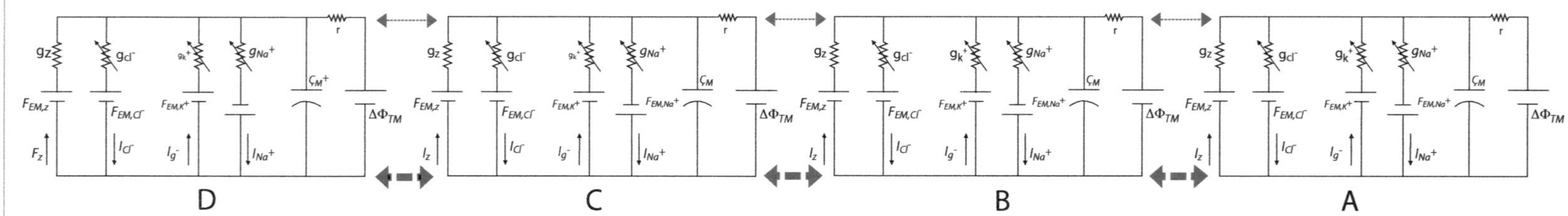

FIGURA 21 Representação de trechos semelhantes ao ilustrado na Figura 20 interconectados aos seus vizinhos. As setas tracejadas indicam o contato elétrico extra e intracelular, e a espessura das setas se relaciona ao impacto que esses contatos têm no potencial transmembrana do trecho. Diferentemente das resistências transmembrana (Figura 20), essas setas se relacionam ao que podemos denominar resistência longitudinal, pois decorrem da resistência elétrica paralelamente à membrana plasmática. Como se nota, o contato elétrico no lado externo tem um impacto menor que o do lado interno. Isso se deve a dois fatores: 1) comparativamente ao lado externo, o lado interno da membrana tem uma quantidade menor de íons, pois o volume celular é menor que o volume do entorno e, assim, o deslocamento de um íon no lado interno tem um impacto maior que o deslocamento no lado externo; 2) além do contato com a adjacência pelas laterais, o lado externo faz contato com os arredores mais afastados e, assim, existe um movimento de íons com direção não paralela à membrana plasmática e isso diminui o impacto de uma alteração de voltagem no lado externo. Essas correntes não paralelas à membrana formam, em última instância, a corrente capacitiva no trecho.
Fonte: elaborada pelo autor.

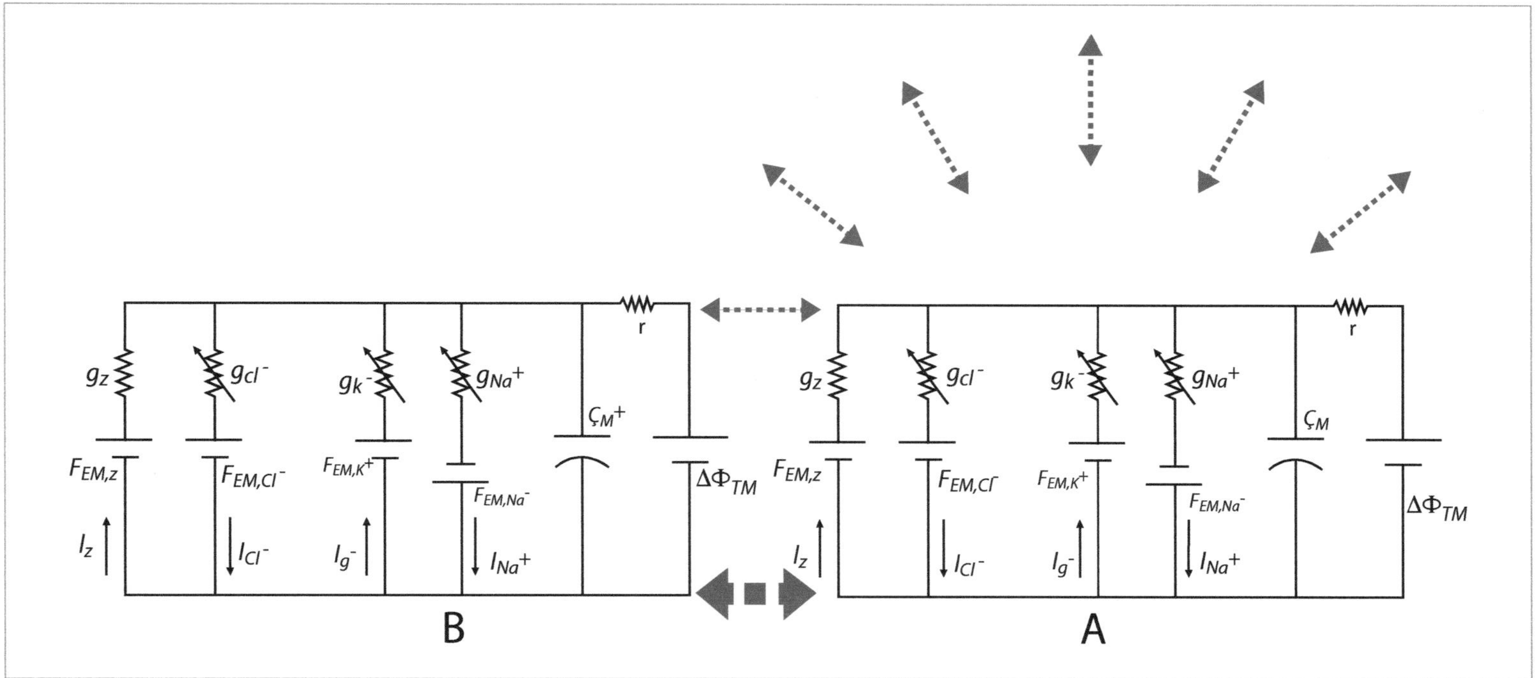

FIGURA 22 Representação elétrica de dois trechos (A e B) contíguos da membrana e correntes externas não paralelas (setas tracejadas) que causam amortecimento na propagação da diferença de potencial.
Fonte: elaborada pelo autor.

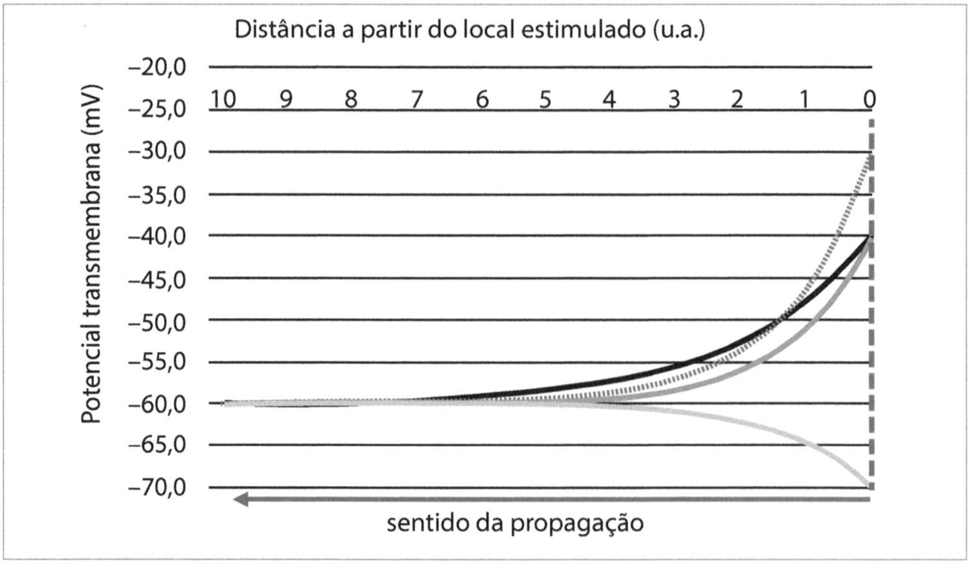

FIGURA 23 Decaimento do potencial de membrana ao longo da distância a partir de um local cujo Φ_{TM} foi levado a um certo valor diferente do de repouso (neste exemplo, o potencial de repouso é de –60 mV). O local estimulado está indicado pela linha vertical tracejada, e a seta indica o sentido da propagação do potencial eletrotônico ao longo da membrana. Note que o eixo X, propositalmente, tem os valores crescentes de distância da direita para a esquerda. Isso foi feito para que não se confunda esse eixo, que diz respeito à distância, com um eixo de tempo, ou seja, neste gráfico não estamos vendo a passagem do tempo. As linhas tracejada e cinza escuro representam uma membrana com a mesma constante de espaço (no caso, 1,25) e que sofre estímulos de diferentes amplitudes (–30 mV e –40 mV, respectivamente). Note que as dinâmicas da propagação ao longo da distância são as mesmas, apenas deslocadas em razão das amplitudes iniciais. A linha clara é um caso no qual o local do estímulo sofreu uma hiperpolarização em relação ao potencial de repouso, levando a membrana a um potencial ainda mais negativo. A constante de espaço da linha cinza claro é a mesma das linhas tracejada e cinza escuro. Já a linha preta representa uma membrana com constante de espaço maior que as das demais linhas (no caso, 2,00) e que teve um estímulo de mesma amplitude que a do caso em cinza escuro (–40 mV). Como a constante de espaço é maior, há uma distância maior para o decaimento do potencial. Assim, note que a linha preta, apesar de ter seu valor inicial igual ao da cinza escuro, tem um impacto maior ao longo da distância.
Fonte: elaborada pelo autor.

constante de espaço. Esse assunto diz respeito à teoria de cabos e vai muito além dos objetivos do presente texto. Assim, não iremos prosseguir muito nesse assunto.

A mensagem importante a ter em mente é que um potencial gerado em um ponto da membrana se propaga para as adjacências apresentando um decaimento ao longo da distância, e esse decaimento decorre, importantemente, em virtude das correntes externas que chamamos de não paralelas à membrana.

Esse potencial que se propaga com decaimento ao longo da distância é chamado de potencial eletrotônico. O potencial eletrotônico é dito, também, ser graduado, pois, quanto maior a diferença de potencial imposta entre as adjacências, maior a diferença propagada. Isso é ilustrado, também, na Figura 23. Apesar de havermos apresentado nossa discussão acima em termos de tendência à despolarização da membrana, nada impede que o local estimulado tenha seu potencial levado para valores ainda mais negativos, o que representa uma hiperpolarização em relação ao repouso. Essa hiperpolarização, do mesmo modo que a despolarização, se propaga na distância com a mesma constante de espaço da membrana em questão.

Potencial propagado tudo ou nada e de condutâncias variáveis: o potencial de ação

No potencial eletrotônico que acabamos de discutir, as condutâncias iônicas têm valores fixos, ou seja, os canais de membrana não alteram suas permeabilidades nem em decorrência do próprio potencial local da membrana nem em decorrência de alterações locais de concentrações iônicas. Com isso, um determinado estímulo se propaga localmente com a constante de espaço da membrana, e sua amplitude se relaciona à amplitude do estímulo recebido.

Vamos retomar o esquema apresentado na Figura 21 e considerar, como anteriormente, que o trecho "A" tem condutâncias fixas e que recebe, por alguma fonte que não nos interessa no momento, estímulos vindos da região ainda mais à nossa direita (não representada na figura). Contudo, os trechos "B", "C" e "D" têm condutâncias variáveis, como descreveremos e, por simplificação, consideraremos que há, apenas, as condutâncias ao sódio e ao potássio. Vamos utilizar os valores de concentrações e condutância que utilizamos no exemplo dado acerca do potencial GHK para uma célula da musculatura estriada esquelética (excluindo, agora, o cloro). No repouso, temos:

$$\Phi_{GHK} = 26 \cdot ln\left(\frac{0{,}1 \cdot 145 + 4{,}5 \cdot 4}{0{,}1 \cdot 7 + 4{,}5 \cdot 120}\right) = -73\ mV$$

Além disso, neste momento, omitiremos os fenômenos capacitivos. Assim, nessa nossa simplificação, as condutâncias (canais) obedecem às seguintes regras:

A. Condutância ao sódio: tem um valor fixo, mas, se o potencial local de membrana atinge um certo valor menos negativo que o de repouso, a condutância ao sódio aumenta 500 vezes – vamos chamar esse valor de potencial de membrana de **potencial limiar** (Φ_{LIM}).
B. Condutância ao potássio: tem um valor fixo, mas se o potencial local de membrana atinge valores positivos, a condutância ao potássio aumenta 400 vezes.

Dadas as nossas inúmeras simplificações, a corrente total nos trechos "B", "C" e "D" é dada por:

$$I_{TOTAL} = g_{K^+} \cdot F_{EM,K^+} + g_{Na^+} \cdot F_{EM,Na^+} \qquad \text{Equação 25}$$

Consideramos, agora, que o trecho "A" tenha seu potencial levado a um certo valor menos negativo que o de repouso. Para continuarmos com nosso exemplo, vamos supor que $\Phi_{LIM} = -40$ mV. A Figura 24 ilustra algumas possíveis situações de potencial ao longo da membrana dada a alteração provocada no trecho "A".

Observando a Figura 24, vemos que, para essa membrana com as características que supusemos, se o potencial em "A" é levado a −40 mV, o potencial em "B" atinge

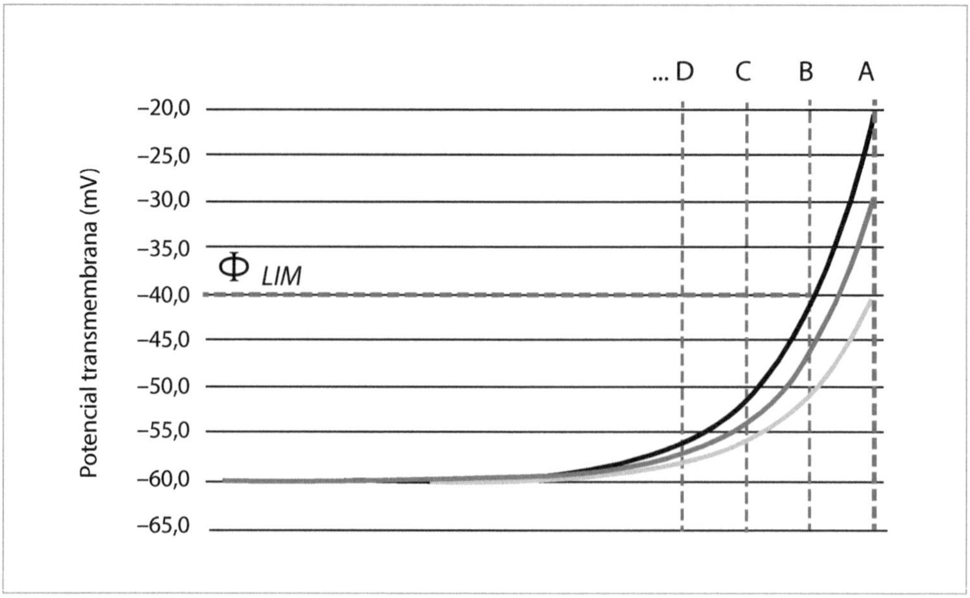

FIGURA 24 Exemplo de propagação eletrotônica a partir da despolarização parcial de um trecho de membrana. As linhas de diferentes cores representam os potenciais propagados aos diversos trechos adiante do trecho inicialmente despolarizado ("A"). No caso da linha preta, o potencial atingido no trecho "B" coincide com o do limiar Φ_{LIM}.
Fonte: elaborada pelo autor.

−51 mV. Se o potencial em "A" é levado a −30 mV, o potencial em "B" atinge −46 mV. É importante lembrar que a membrana no trecho "A" não tem as mesmas propriedades de alteração de condutâncias que há nos trechos "B", "C" etc. Agora, se o potencial em "A" é levado a −20 mV, o potencial em "B" atinge −40 mV, que é o valor do potencial limiar Φ_{LIM} nesse exemplo. O que ocorre, então?

Uma vez que o potencial em "B" atinge o potencial limiar Φ_{LIM}, temos de aplicar as regras (a) e (b) apresentadas anteriormente. Assim, pela regra (a), a condutância ao sódio aumenta 500 vezes. Nesse momento, com esse aumento de condutância ao sódio, a corrente total passa a ser dada quase que exclusivamente pela corrente de sódio:

$$I_{TOTAL} \cong g_{Na^+} \cdot F_{EM,Na^+} = I_{Na^+}$$

$$\Phi_{GHK} = 26 \cdot ln\left(\frac{50 \cdot 145 + 4{,}5 \cdot 4}{50 \cdot 7 + 4{,}5 \cdot 120}\right) = +55\ mV \cong \Phi_{Na^+,Nerst}$$

Ou seja, o potencial de membrana no trecho "B" se torna positivo, e, em virtude do intenso aumento na condutância ao sódio, tende a se aproximar do potencial de Nerst desse íon. Isso ocorre porque, uma vez que a corrente dominante é a do sódio, ela tende a anular a força elétrica movente desse íon, F_{EM,Na^+}. Como a força elétrica movente é dada pela diferença entre o potencial de membrana e o potencial de Nerst do íon, então o potencial de membrana tende ao potencial de equilíbrio eletroquímico do íon (no caso, o sódio).

Uma vez que o potencial de membrana se tornou positivo, isto é, uma depolarização com inversão de polaridade, a regra (b) se aplica, e a condutância ao potássio aumenta 400 vezes. Como a condutância ao potássio era, no repouso, significativamente mais elevada que a do sódio, com esse aumento, a corrente total passa a ser aproximadamente igual à corrente do potássio, exclusivamente:

$$I_{TOTAL} \cong g_{K^+} \cdot F_{EM,K^+} = I_{K^+}$$

$$\Phi_{GHK} = 26 \cdot ln\left(\frac{50 \cdot 145 + 1800 \cdot 4}{50 \cdot 7 + 1800 \cdot 120}\right) = -70\ mV \cong \Phi_{K^+,Nerst}$$

Ou seja, agora, o potencial de membrana volta a ficar negativo, aproximando-se do potencial de Nerst do potássio. Além disso, notamos que, nesse momento, o potencial é, inclusive, mais baixo que o de repouso, ou seja, a membrana se encontra hiperpolarizada. A Figura 25 ilustra o que acabamos de descrever sobre os eventos que se desenlaçam no trecho "B" da membrana do nosso exemplo.

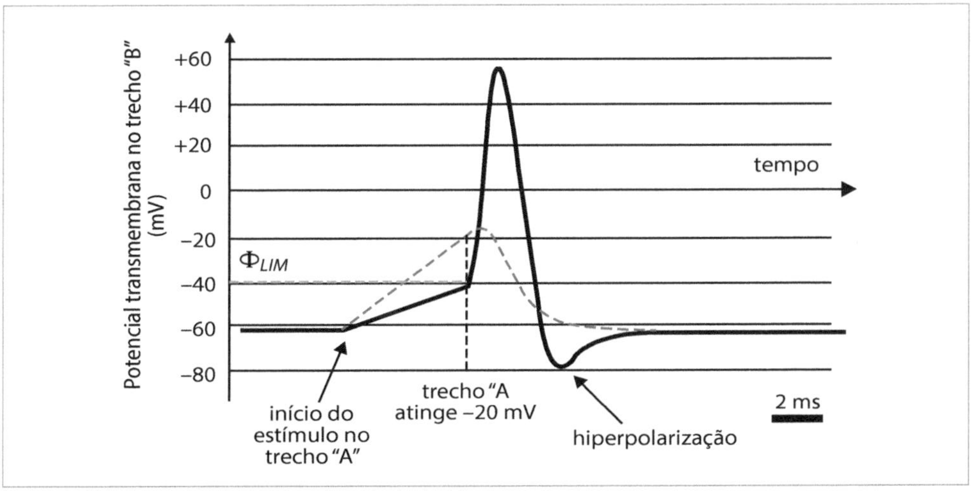

FIGURA 25 Evolução temporal do potencial de membrana no trecho "B" (linha preta) descrito no texto. A linha cinza escuro tracejada indica o potencial no trecho "A". Note que a transmissão eletrotônica entre "A" e "B" é muito rápida e, assim, quando "A" atinge um potencial que leva "B" ao limiar, o processo das alterações de condutância tem início nesse trecho.
Fonte: elaborada pelo autor.

Mas, uma vez que o potencial no trecho "B" se eleva, podemos nos perguntar o que ocorre no trecho "C", o qual também tem as mesmas regras de mudança de condutâncias que o trecho "B". Dado que o potencial eletrotônico tem uma condução muito rápida (ver Figura 25), o trecho "C" também é levado ao limiar Φ_{LIM} e o processo de mudanças de condutância voltagem-dependente tem início nesse trecho. Na sequência, isso ocorre no trecho "D", e assim por diante. O processo é ilustrado na Figura 26.

O resultado desse fenômeno é que um estímulo eletrotônico dado na região "A" gera um potencial de um tipo não eletrotônico na região "B" e, esse potencial, que não é mais do tipo eletrotônico, se propaga pela membrana atingindo regiões distantes com a mesma intensidade (isso é amplitude). Esse é o chamado potencial de ação: um potencial que se propaga pela membrana plasmática em decorrência das propriedades de mudança de condutâncias dos canais iônicos, em função da voltagem ou de concentrações, sem perda de amplitude. A Figura 27 procura colocar, em uma representação única, a propagação de um potencial de ação ao longo de uma célula.

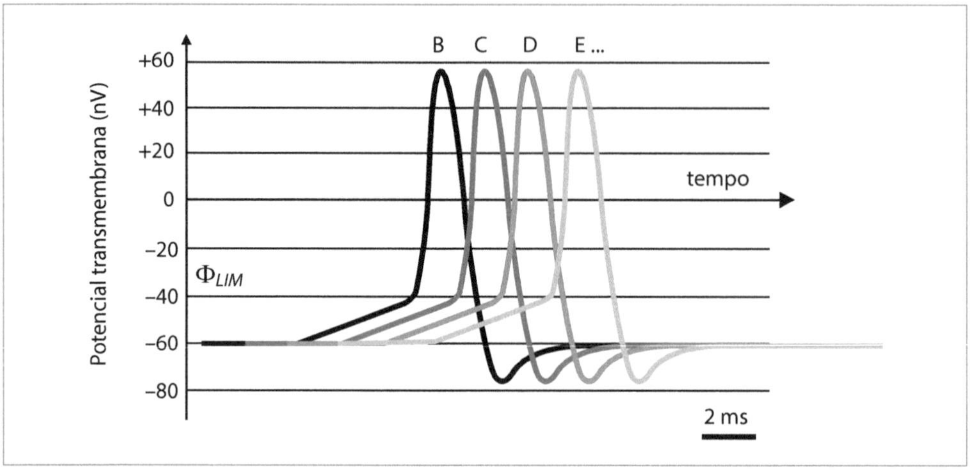

FIGURA 26 Propagação do sinal desencadeado no trecho "B" para trechos mais distantes (representados por diferentes tonalidades). Note que, diferentemente de um potencial eletrotônico, esse potencial que se propaga em decorrência das propriedades de mudança em condutâncias de membrana não perde a amplitude ao longo do trajeto (compare com a Figura 23). Esse é o chamado potencial de ação. O potencial no trecho "A" não foi representado para clareza da figura.
Fonte: elaborada pelo autor.

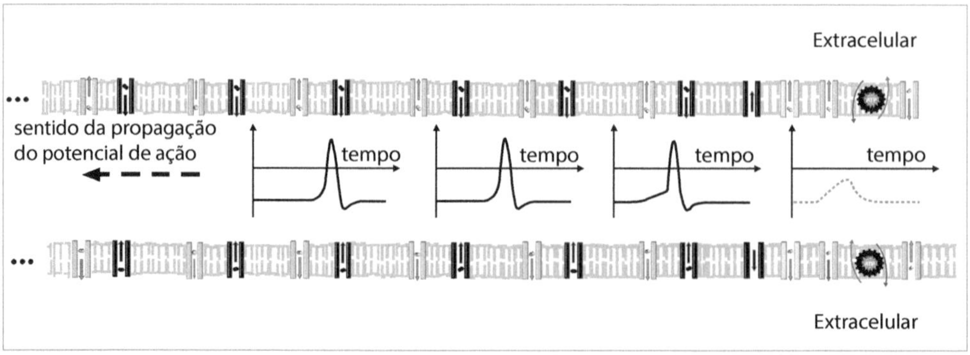

FIGURA 27 Representação da propagação do potencial de ação ao longo de uma célula. A membrana celular delimita o meio intracelular, e, na extremidade à direita, foram representados os componentes que vínhamos apresentando em figuras anteriores. Conforme vamos para a esquerda, a representação da membrana passa a ser a que descrevemos nesta seção, com os canais de sódio e de potássio voltagem-dependentes (representados em cinza e em preto, respectivamente). O estímulo dado na região da direita propaga-se eletrotonicamente para a região contígua e, nela, desencadeia um potencial de ação. Esse potencial gera, em uma próxima região contígua, um novo potencial de ação e assim por diante, indo para a esquerda. Dessa maneira, o potencial como que caminha ao longo da célula. Note que o tempo no qual cada trecho mais à esquerda tem seu potencial de ação é posterior ao trecho imediatamente mais à direita.
Fonte: elaborada pelo autor.

É essencial perceber que todo esse processo ocorre sem a participação de qualquer bomba iônica ou transportador. Todo o fenômeno decorre da alteração das condutâncias (permeabilidades) ao sódio e ao potássio em função da própria voltagem da membrana no local. Além disso, vale ressaltar que as mudanças de potencial ocorrem com variações muito pequenas da quantidade de íons cruzando a membrana. Assim, para alguns poucos potenciais de ação, não há mudanças significativas nas concentrações iônicas tanto internas quanto externas à célula (ver seção mais adiante).

Notamos, mais ainda, que a repolarização se dá pelo aumento da condutância ao potássio, que leva o potencial para próximo ao potencial de Nerst do K^+. Assim, a repolarização não é decorrente da ação da bomba de sódio/potássio. A constante de tempo da bomba é muito longa para esse fenômeno tão rápido. A ação da Na^+/K^+-ATPase se encontra, como discutimos anteriormente, na manutenção do potencial de repouso.

O axônio gigante da lula e o modelo de Hodgkin-Huxley

Axônios de alguns invertebrados têm diâmetro bastante grande, o que aumenta a velocidade de condução (ver seção mais adiante). Esses tipos de axônios são denominados "gigantes", pois podem ser vistos a olho nu, com diâmetros na ordem de 1 mm. Dessa maneira, a manipulação experimental é bastante facilitada. Isso permitiu a obtenção de resultados extremamente importantes para o entendimento da fisiologia de potenciais de ação de modo geral.

O modelo básico do potencial de ação foi desenvolvido em meados do século XX, e os principais cientistas envolvidos nessas pesquisas foram Alan Hodgkin e Andrew Huxley, pelas quais receberam o prêmio Nobel em 1963. Apesar de ser um modelo um tanto simplificado e interpretativo dos eventos nos canais iônicos, o modelo de Hodgkin-Huxley continua sendo útil e importante para o entendimento da dinâmica básica de um potencial de ação.

A essência do modelo em si é a que colocamos como as regras (a) e (b) citadas anteriormente, ou seja, alterações de condutâncias do sódio e do potássio em função do potencial de membrana. O modelo quantitativo é um sistema dinâmico que envolve várias equações diferenciais não lineares que criam essas alterações de condutâncias gerando, assim, o perfil temporal do potencial de membrana similar a um potencial de ação.

O modelo completo é bastante complicado e foge aos objetivos do presente texto. Contudo, por motivos de completude, apresentaremos a equação da corrente total (simplificada pela omissão da corrente de cloro) contendo as variáveis que entram no modelo de Hodgkin-Huxley, de modo a se ter uma ideia do que está envolvido nessa modelagem. Assim, como colocado na Equação 24, tem-se:

$$I_{TOTAL} = \text{ç} \cdot \frac{d\Phi_{TM}}{dt} + \hat{\mathscr{g}}_{K^+} \cdot n^4 \cdot F_{EM,K^+} + \hat{\mathscr{g}}_{Na^+} \cdot m^3 \cdot h \cdot F_{EM,Na^+} + \hat{\mathscr{g}}_z \cdot F_{EM,z}$$

Os termos "$\hat{\mathscr{g}}_i$" são as condutâncias máximas de cada espécie iônica. Os termos n, m e h são variáveis temporais do sistema, cujas variações, acopladas à variação da corrente, criam a dinâmica do potencial de ação.

Quantidade de íons que cruza a membrana em um potencial de ação

Citamos anteriormente que, em um potencial de ação, apesar das grandes variações de voltagem da membrana que ocorrem, a quantidade de íons trocada entre os meios intra e extracelulares é pequena. Vamos exemplificar essa afirmação.

Considerando o axônio gigante da lula com um raio de 0,5 mm e um comprimento de 5 cm, tem-se um volume, aproximado por um cilindro, de $\cong 4 \times 10^{-8}$ m^3 e uma área de $\cong 1{,}6 \times 10^{-4}$ m^2. Se a concentração intracelular de Na^+ é ao redor de 15 mM, encontraremos $\cong 6 \times 10^{-7}$ mols desse íon no axônio.

O trânsito de Na^+ durante um potencial de ação é da ordem de 4 picomol por centímetro quadrado (Plonsey e Barr, 2007),[21] o que resulta em $\cong 6{,}3 \times 10^{-12}$ mols de Na^+ cruzando a membrana durante o potencial de ação. Isso representa, aproximadamente, 1:100.000 do total de sódio presente no axônio. Ou seja, uma quantidade bastante pequena de Na^+ diante da já existente no axônio é trocada. Resultados similares ocorrem para o K^+.

Assim, essa quantificação nos permite entender por que a bomba de sódio/potássio é importante na manutenção a longo prazo das concentrações desses íons, mas sua ação é irrelevante em um potencial de ação e, consequentemente, vários potenciais de ação podem ocorrer independentemente do funcionamento desse transportador.

Neurônios e músculos

Em essência, há dois tipos celulares nos quais a propagação de potenciais de ação como os que acabamos de descrever se faz presente, e são essenciais para o funcionamento dos respectivos sistemas: neurônios e células da musculatura estriada (esquelética e cardíaca). Nas células da musculatura estriada, a despolarização causada por um potencial de ação está relacionada ao chamado acoplamento eletromecânico, isto é, a contração da musculatura decorre da alteração de voltagem da membrana das células (ver o capítulo "Músculos e movimento", no volume 4 desta coleção). Em neurônios, a transmissão de sinais tanto entre essas células quanto entre os neurônios e outros tipos celulares decorre da propagação de potenciais de ação ao longo dos axônios (ver capítulo "Sistema nervoso", no volume 4 desta coleção).

Notadamente, aqui pode existir uma confusão de nomenclatura, ou melhor, de denominação. O potencial de ação é um processo que ocorre em um determinado local da membrana. Como vimos, esse processo decorre de mudanças de condutâncias em um trecho da membrana, induzidas por alteração de voltagem e/ou de concentrações iônicas. Nessa perspectiva, falar em "propagação do potencial de ação" é um tanto sem sentido, pois estamos falando de um fenômeno restrito a um local da célula. Por outro lado, como o potencial de ação em um trecho induz o surgimento de um outro potencial de ação idêntico em um trecho mais distante, então, visto sob essa perspectiva, há a aparência de que é o próprio potencial que está caminhando pela membrana celular. Portanto, devemos estar atentos a esses dois usos, muitas vezes simultâneos, do que se entende por "potencial de ação" e "propagação do potencial de ação".

---

21 Capítulo 5 da referência citada.

A velocidade com que o potencial de ação se propaga pela membrana é muito importante, pois dela decorre quão rápido um sinal é levado entre dois pontos de um sistema ou, ainda, quão síncrona pode se tornar a atividade entre dois pontos de um sistema. No caso de células musculares, essa sincronização entre o estímulo ter se propagado pela célula como um todo é muito importante para que o evento mecânico possa, efetivamente, gerar movimento. Se um trecho da célula muscular se contrai (exerce força) enquanto outro está relaxado, em vez de se mover a articulação, estira-se a porção relaxada.

Contudo, músculos têm um tamanho pequeno se comparados ao tamanho do próprio animal. Por exemplo, por mais longo que seja o quadríceps de um cavalo, ele é curto em relação ao tamanho do cavalo. Assim, a velocidade de condução nas células musculares, que se encontra ao redor de 5 m s^{-1} (Broman et al., 1985), não é, ao menos em situações fora de fadiga periférica (ver o capítulo "Músculos e movimento", no volume 4 desta obra), um fator que comprometerá a contração de um músculo estriado. Por outro lado, uma vez que o tamanho do animal determina as distâncias que um sinal nervoso tem de percorrer para ir do sistema nervoso central a um órgão periférico, em muitos casos a velocidade de propagação do potencial de ação poderia se tornar o fator limitante em um determinado processo. Por exemplo, se um arco reflexo[22] de retirada, que depende da velocidade com que um estímulo é percebido e da contração muscular desencadeada, tiver um tempo longo, a lesão se torna maior. Assim, muitos neurônios têm adaptações para aumentar a velocidade de condução em seus axônios.

Bainha de mielina – a condução saltatória

O processo local do potencial de ação é rápido. Contudo, a velocidade com que o potencial se propaga pela membrana não é ditado pela rapidez local, mas sim por quão distante o potencial local se propaga de maneira eletrotônica. Isto é, quanto mais distante for a propagação eletrotônica, mais rápido o potencial de ação percorre a célula. Isso ocorre porque a propagação eletrotônica que se dá entre trechos adjacentes é muito mais rápida que o desencadeamento do processo local do potencial de ação. Portanto, quanto maior for a constante de espaço da membrana, maior a distância de propagação eletrotônica e, consequentemente, maior a velocidade de condução do potencial de ação.

No nosso exemplo, se o potencial de membrana em "B" atingisse o trecho "E" diretamente, o potencial de ação chegaria ao outro extremo da célula muito mais rapidamente do que tendo de ativar o trecho "C", depois o trecho "D", depois o trecho "E" etc.

A constante de espaço é relacionada às resistências interna e externa ao axônio (Hodgkin e Rushton, 1946), e medida experimentalmente por meio da aplicação de uma voltagem fixa em um determinado local do axônio. Isso sugere que o modo de aumentar a velocidade de propagação seja o de diminuir a resistência longitudinal, particularmente a interna, que é maior que a externa. Isso pode ser conseguido pelo aumento do diâmetro do axônio. Como a constante de espaço mantém uma relação com

22 Arcos reflexos são apresentados no capítulo "Sistema nervoso", no volume 4 desta coleção.

a raiz quadrada da resistência interna (ver Hodgkin e Rushton, 1946; Mommaerts et al., 1996), a velocidade de condução aumenta com a raiz quadrada do diâmetro axonal. Isso ocorre em axônios não mielinizados.

Contudo, dois problemas se impõem ao buscar aumentar a velocidade de condução pelo aumento do diâmetro dos axônios. O primeiro problema é, talvez, o mais óbvio: o aumento do diâmetro axonal implica um aumento da área de secção e, consequentemente, os nervos passam ser mais espessos, o que termina limitando a quantidade de neurônios que podem constituir um determinado nervo.

O segundo problema é bem menos óbvio, e ainda mais relevante, tanto para a velocidade de condução quanto para a frequência com que potenciais de ação podem transitar em um axônio. Esse é o problema relacionado às correntes capacitivas.

De modo resumido, quanto maior for a capacitância da membrana, maior é a corrente capacitiva durante as variações de potencial elétrico e, logo, menor a corrente iônica transmembrana e mais amortecido o potencial se torna. Como consequência, a distância de propagação eletrotônica se torna menor se a capacitância se torna maior (deixamos para aprofundar esse tópico no Box 2). Assim, de maneira invertida, uma diminuição da capacitância de membrana permite que o potencial eletrotônico se propague por uma distância maior ao longo do axônio e tal aumento de distância de propagação faz com que o impulso (potencial de ação) percorra o axônio mais rapidamente.

A mielinização de axônios se dá através das células de Schwann, que envolvem o "cabo" axonal, formando a chamada bainha de mielina. A mielina não é um bom condutor elétrico e a bainha de mielina aumenta a separação entre o meio interno do axônio e o meio externo. Esses dois fatores terminam por diminuir a capacitância no axônio, permitindo que um potencial se propague por uma distância maior, o que resulta, então, em um aumento da velocidade de condução do impulso ao longo do cabo.

Apesar de a diminuição da capacitância pela bainha de mielina permitir maior distância de propagação de potenciais eletrotônicos, essa distância não é, por assim dizer, infinita. Ou seja, há um decaimento do potencial e, a partir de uma certa distância, o potencial propagado não mais será capaz de desencadear um novo potencial de ação no local, pois o limiar não será atingido. Dessa maneira, a intervalos mais ou menos equidistantes ao longo de um axônio mielinizado, a bainha se interrompe, permitindo que um pequeno trecho de membrana tenha contato direto com o meio extracelular. Nessas regiões, denominadas nódulos de Ranvier, os canais iônicos de condutância variável são encontrados, e um novo potencial de ação é desencadeado e transmitido mais adiante para o próximo nódulo. Assim, dada a distância, o potencial de ação parece "saltar" entre os nódulos e a condução do impulso recebe a denominação de condução saltatória. O fenômeno é ilustrado na Figura 28.

Velocidade de condução e diâmetro axonal

A Figura 29 ilustra resultados experimentais da velocidade com que o impulso elétrico (o potencial de ação) percorre o comprimento axonal em nervos aferentes musculares e cutâneos. Com exceção das fibras de menor diâmetro (ao redor de 1 μm), o restante dos dados provém de axônios mielinizados.

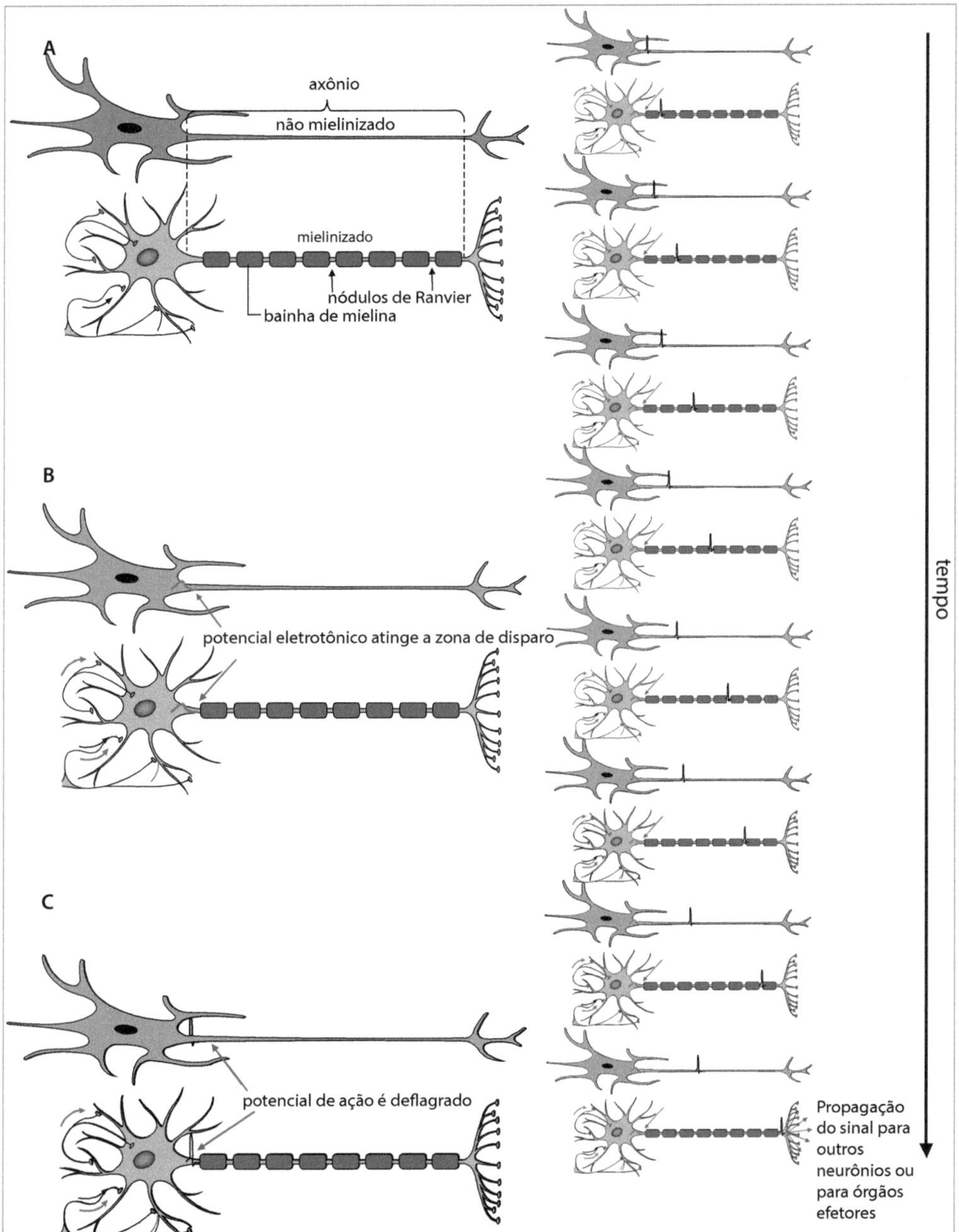

FIGURA 28 A, B e C: representação de neurônio mielinizado e não mielinizado e o disparo de um potencial de ação nos respectivos axônios. Painel à direita: potencial de ação percorrendo os axônios não mielinizado e mielinizado – note a aparência de "saltos" do potencial de ação entre os nódulos de Ranvier e a velocidade bem mais elevada da transmissão do impulso no axônio mielinizado.

Fonte: adaptada de http://2.bp.blogspot.com/-MxB_DNy6yVQ/T7Iash0k3zI/AAAAAAAAAZo/1_-jCVzzIBM/s1600/neur%C3%B-3nio.jpg e https://www.researchgate.net/profile/Martin-Burger-2/publication/329771974/figure/fig1/AS:705396213833730@1545190971787/Sketch-of-a-neuron-1-cell-nucleus-2-dendrite-and-3-axon.png.

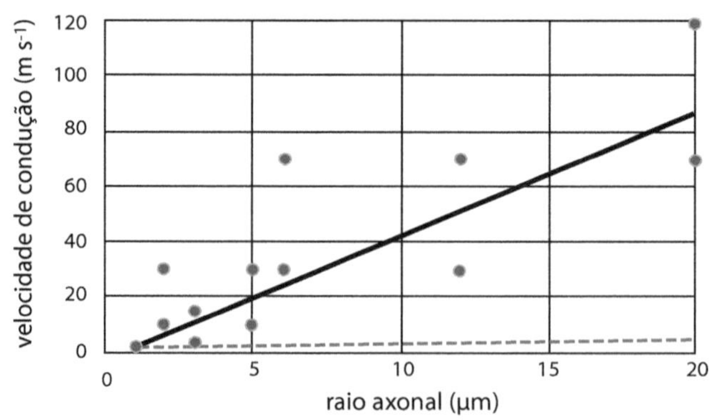

FIGURA 29 Velocidade de condução em função do raio axonal. Dados experimentais indicados por círculos. A linha cinza tracejada indica o que seria esperado se a velocidade mantivesse uma relação com a raiz quadrada do raio. A linha sólida preta indica o ajuste linear dos dados.
Fonte: adaptada de Mommaerts et al., 1996.

Em axônios não mielinizados (amielínicos), a velocidade de condução cresce com a raiz quadrada do raio do axônio, que é a mesma relação que a constante de espaço mantém com o raio (Hodgkin e Rushton, 1946). Por outro lado, como vemos no gráfico da Figura 29, axônios mielinizados têm uma relação praticamente linear entre a velocidade de condução e o raio. Isso ressalta que não é somente uma questão de mudança nas resistências que leva a um aumento de velocidade de condução pela mielinização. Nota-se, também, o importante ganho de velocidade em relação ao que seria esperado se o crescimento da velocidade fosse com a raiz quadrada do raio do axônio (compare as linhas cinza e preta na figura).

Terminamos, aqui, as questões relacionadas a aspectos biológicos do potencial elétrico. Para finalizar o capítulo, passaremos a questões relacionadas ao volume celular.

Box 2 – Como a capacitância de membrana interfere na propagação de potencial

Vamos analisar o circuito representado na Figura Box 2.1. Nela observamos um resistor de resistência *R* em paralelo a um capacitor de capacitância Ç, um resistor de resistência *r* em série com os outros elementos e uma fonte de tensão que estabelece uma diferença de potencial Φ entre os pontos "a" e "b". A resistência *R* representa a resistência transmembrana (o inverso das condutâncias dos canais iônicos), enquanto a resistência *r* representa o conjunto de resistências que não são transmembrana, ou seja, resistências ao movimento de íons no fluido intra e extracelular.

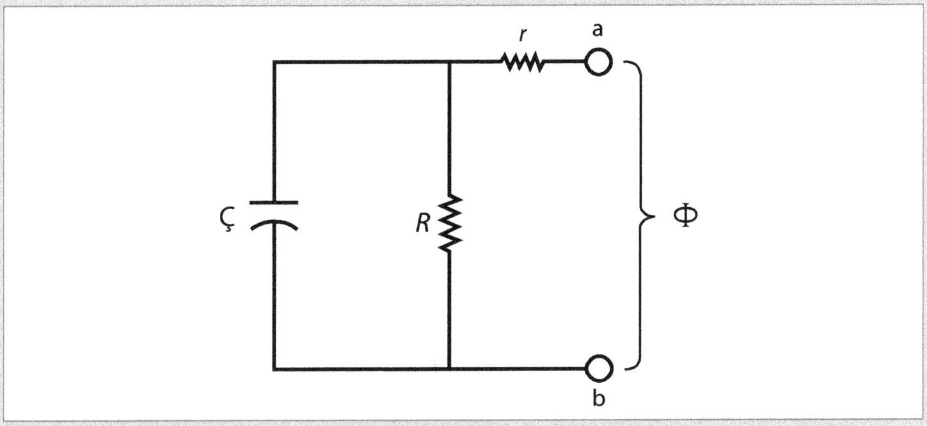

FIGURA BOX 2.1 Esquema do circuito elétrico a ser analisado.
Fonte: elaborada pelo autor.

Nosso primeiro problema a ser resolvido é entender como a capacitância de membrana afeta a diferença de potencial que se instala e, por consequência, o amortecimento que essa diferença de potencial sofre em decorrência do efeito capacitivo. Assim, vamos procurar descobrir quanto vale a corrente pela resistência *R*, I_R, de modo a podermos saber qual a carga *Q* de íons que cruza a membrana pelos canais em virtude do potencial que surge.

Pela Equação 23, obtida a partir da Equação 13B, que nos dá a carga, sabemos que a corrente no capacitor depende da taxa de variação do potencial:

$$q = Ç \cdot \Phi$$

$$\frac{dq}{dt} = I_Ç = Ç \cdot \frac{d\Phi_Ç}{dt}$$

A resistência *R* está em paralelo ao capacitor e, portanto, a tensão sobre ela é igual à tensão (diferença de potencial) no capacitor:

$$\Phi_R = \Phi_Ç$$

E a resistência *r*, estando em série com esses elementos, tem, sobre ela, a seguinte tensão:

$$\Phi_r = \Phi - \Phi_Ç$$

A corrente total pelo circuito, I_T, é a mesma que passa pela resistência *r*, e, portanto:

$$I_T = I_r = \frac{\Phi - \Phi_Ç}{r}$$

Dessa corrente total, parte vai para o capacitor e parte passa pela resistência *R*, de modo que:

$$I_R = I_T - I_Ç$$

E como a corrente pela resistência R é dada pela tensão nessa resistência, então:

$$I_R = \frac{\Phi_Ç}{R}$$

Agora, colocando todas as igualdades obtidas em uma única equação, temos:

$$\frac{\Phi_Ç}{R} = \frac{\Phi - \Phi_Ç}{r} - Ç \cdot \frac{d\Phi_Ç}{dt}$$

Da qual obtemos a seguinte equação diferencial para a tensão no capacitor:

$$\frac{d\Phi_Ç}{dt} = \frac{\Phi}{r \cdot Ç} - \frac{(R + r)}{R \cdot r \cdot Ç} \cdot \Phi_Ç$$

A solução dessa equação é (ver Capítulo 2 – "Modelos genéricos básicos"):

$$\Phi_Ç(t) = \frac{R \cdot \Phi}{R + r} \cdot \left(1 - e^{-\frac{R+r}{R \cdot r \cdot Ç} \cdot t}\right)$$

E, pela equação da corrente na resistência R,

$$\mathrm{I}_R(t) = \frac{\Phi}{R + r} \cdot \left(1 - e^{-\frac{R+r}{R \cdot r \cdot Ç} \cdot t}\right)$$

A Figura Box 2.2 ilustra o comportamento da corrente pela resistência R ao longo do tempo para três valores de capacitância de membrana (ver legenda).

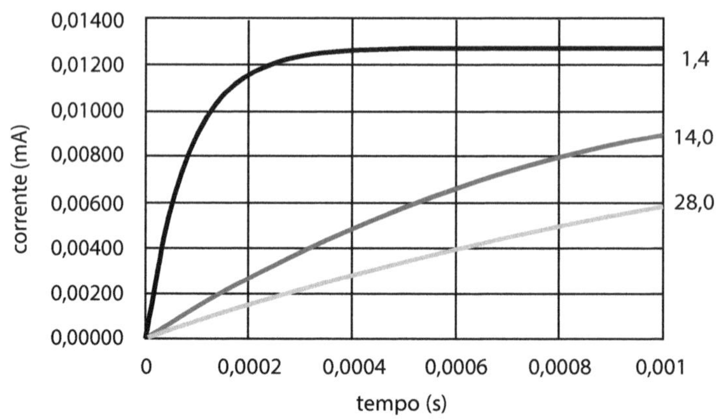

FIGURA BOX 2.2 Corrente que passa pela resistência R ao longo do tempo para três diferentes capacitâncias (valores em μF indicados ao lado de cada linha do gráfico). O tempo zero corresponde ao momento no qual a tensão (no caso, 30 mV) é aplicada ao sistema. R = 2.300 Ω, r = 60 Ω (Hodgkin e Rushton, 1946), e a capacitância de 1,4 μF é a descrita no artigo científico original. Note como o aumento da capacitância incorre em uma importante diminuição da corrente pelos canais de membrana nos momentos iniciais da mudança do valor de tensão.

Fonte: elaborada pelo autor.

Obtivemos, assim, a corrente pelo resistor transmembrana. Notamos que essa corrente vale zero no momento em que a diferença de potencial Φ é aplicada no sistema, apesar de que, nesse mesmo momento, a corrente pela resistência r não é nula. Notamos, também, que, quanto maior for a capacitância Ç, maior é o tempo para que essa corrente se torne significativamente maior que zero.

Qual a relevância de havermos calculado a corrente I_R? Essa pergunta é essencial, pois a resposta esclarece o primeiro fator relevante quanto à capacitância de membrana. Notamos que a carga de íons que cruzam, efetivamente, a membrana plasmática através de canais é o que gera a corrente I_R. Assim, quanto menor for a corrente pelos canais, menor é a carga e menor é a distância de propagação de potencial ao longo da membrana. Isso ocorre porque a corrente capacitiva amortece a tensão elétrica. Em outras palavras, quanto maitor a capacitância, maior a carga que se acumula no capacitor e menor a diferença de potencial que se instala no local, o que diminui a distância de propagação eletrotônica.

O segundo problema – a resposta à frequência

Nosso segundo problema é entender o que ocorre quando uma sequência de potenciais de ação é desencadeada no axônio. No primeiro problema, lidamos com um evento único ocorrendo no neurônio. Contudo, fisiologicamente, há muitos potenciais de ação que transitam pelo axônio, seguidamente. Vamos imaginar um conjunto desses potenciais de ação, como ilustrado na Figura Box 2.3, disparados em um dado local da membrana. Esses potenciais de ação têm, assim, uma frequência de ocorrência. A linha tracejada amarela na figura representa essa frequência.[23] A título de exemplo, na figura, estamos supondo que ocorram 100 potenciais de ação em 1 segundo, o que nos dá uma frequência de 100 Hz.

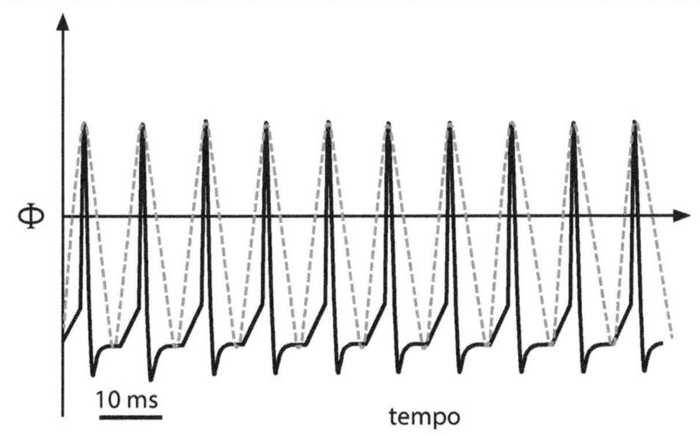

FIGURA BOX 2.3 Trem de disparos de potenciais de ação em um local do axônio. A linha tracejada representa uma senoide cuja frequência é a frequência com que os potenciais de ação são observados.
Fonte: elaborada pelo autor.

23 O problema real é bem mais complicado do que esse que iremos mostrar, pois o próprio potencial de ação deve ser decomposto nas frequências que o formam, mas não daremos esse detalhamento, que não alteraria o conceito que queremos ilustrar nesta seção.

A dificuldade imposta ao fluxo (no caso, corrente elétrica) em função de variação do potencial é chamada de impedância (ver Boylestad, 2003), e geralmente representada por *Z*. A impedância de resistências não sofre a ação da frequência e, assim, para uma resistência genérica *R*:

$$Z_R = R$$

Por outro lado, como acabamos de ver, a corrente no capacitor é dependente do tempo e, consequentemente, da frequência com que a tensão é alterada no circuito. A impedância de um capacitor é dada por:

$$Z_Ç = \frac{-i}{\omega \cdot Ç}$$

$$\omega = 2 \cdot \pi \cdot f$$

Sendo $i = \sqrt{-1}$ e *f* a frequência em Hertz (para a capacitância em Faraday). Combinando os elementos em paralelo e em série que vemos na Figura Box 2.1, temos a seguinte impedância total no sistema:

$$Z_T = \frac{1}{1 + R^2 \cdot \omega^2 \cdot Ç^2} \cdot \{ [R + r \cdot (1 + R^2 \cdot \omega^2 \cdot Ç^2)] - [i \cdot R^2 \cdot \omega \cdot Ç] \}$$

Note que deixamos a equação ressaltada em sua parte real e sua parte imaginária. A parte imaginária não nos interessa no presente contexto, pois é a diferença de fase entre a tensão aplicada e a corrente obtida. Apesar de importante, essa diferença não representa um amortecimento na tensão aplicada e não iremos analisá-la. A parte real da impedância é dada por:

$$Re(Z_T) = \frac{R}{1 + R^2 \cdot \omega^2 \cdot Ç^2} + r$$

De onde vemos que, se a frequência é zero (isto é, para uma única mudança de tensão), a impedância é dada pela soma $R + r$, exatamente como obtivemos no primeiro problema (ver equação da corrente I_R). Contudo, com o aumento da frequência, a parte real da impedância tende a *r*, ou seja, como obtivemos para o momento inicial da variação de tensão no primeiro problema, a corrente pela resistência *R* tende a zero com o aumento da frequência de disparos (ver Figura Box 2.4). Em outras palavras, em virtude da impedância do capacitor, o potencial de membrana tem uma dependência na frequência com que os eventos de mudança de tensão ocorrem, e o aumento da frequência tende a "roubar" a corrente que deveria passar pelos canais. Isso afeta, portanto, a distância que o potencial supralimiar percorre ao longo da membrana e, consequentemente, a velocidade de condução.

Portanto, além do problema imposto pelas correntes capacitivas para um único evento (problema 1), a capacitância de membrana cria um problema para o aumento da frequência de trânsito de potenciais de ação por um axônio, pois tenderá a diminuir a distância de propagação eletrotônica com o aumento da frequência.

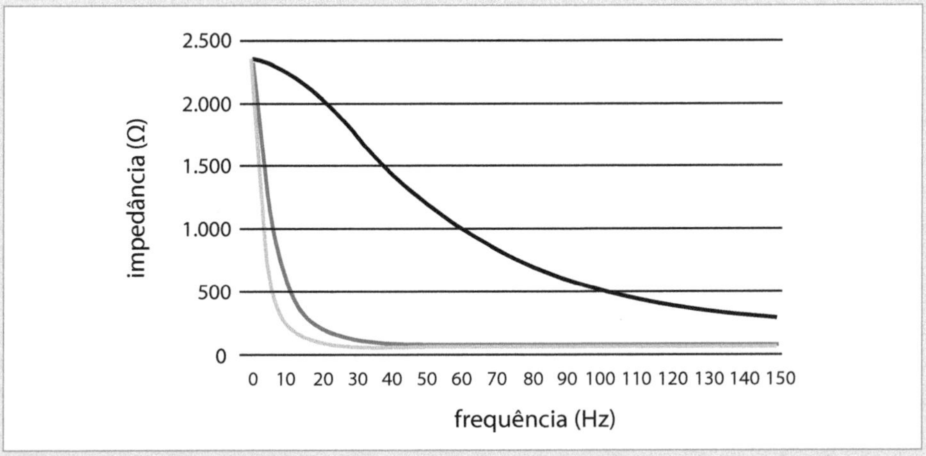

FIGURA BOX 2.4 Impedância (em Ω) como função da frequência da variação da tensão para o sistema representado na Figura Box 2.1 para diferentes valores de capacitância (segundo esquema de cores apresentado na Figura Box 2.2). Note como o aumento da capacitância (preto < cinza escuro < cinza claro) leva a impedância para próximo do valor da resistência *r*, roubando, assim, a corrente pela resistência *R*. Note ainda que, para uma frequência de 100 Hz, a membrana cuja capacitância é de 1,4 μF (linha preta) passa a ter uma impedância bastante inferior à resistência dos canais (aproximadamente 500 Ω contra 2.300 Ω).
Fonte: elaborada pelo autor.

Volume celular e o efeito Donnan-Gibbs

Diferentemente dos íons, os quais possuem canais específicos, as proteínas não são permeáveis pela membrana plasmática. Essa é a situação que está, simplificadamente, ilustrada na Figura 10, quando tratamos da formação do potencial eletroquímico. Em razão de cargas que não podem cruzar a membrana, ocorre uma redistribuição de íons. Esse efeito de redistribuição de íons é conhecido por efeito Donnan-Gibbs, ou, também, por equilíbrio de Donnan (Lang, 1996).

A diferença de concentração osmótica gera pressões muito elevadas (ver "Concentração osmótica"). Assim, se diferenças osmóticas da ordem de 10 mOsm ocorrem entre os meios intracelular e extracelular, teremos uma pressão osmótica da ordem de 190 torr, o que corresponde a ¼ de atmosfera. Consequentemente, haverá grande entrada ou saída de água da célula, a depender se estará mais ou menos concentrada que o entorno, respectivamente. No caso de entrada de água, a membrana plasmática não consegue contrabalancear pressões muito elevadas e, assim, existe a possibilidade de rompimento da célula. No caso de saída de água, a contração de volume e o concomitante aumento da concentração de solutos pode comprometer a viabilidade celular. Portanto, a regulação do volume celular se impõe.

Como vimos nas seções anteriores, a membrana celular tem, em repouso, uma permeabilidade maior ao potássio que ao sódio, o que leva o potencial de membrana para próximo do equilíbrio eletroquímico do K^+ (ver seção "Potencial de repouso da membrana: a Equação de Goldman-Hodgkin-Katz", Equação 20). Essa permeabilidade ao potássio permite que cátions K^+ saiam da célula, enquanto a permeabilidade ao sódio permite que cátions Na^+ adentrem, o que tende a desfazer os potenciais eletroquímicos desses íons. Assim, no longo prazo, a manutenção do potencial de membrana é obtida pela bomba eletrogênica de sódio/potássio, como já discutimos.

Uma vez que o potencial tende a ser negativo no lado interno, Cl^- tende a sair e, em termos elétricos, isso é contrabalanceado pela presença de proteínas no citoplasma, as quais têm carga líquida negativa na faixa de pH biológico (ver o capítulo "Regulação ácido-base", no volume 3 desta coleção). Esse é o efeito Donnan-Gibbs que descrevemos anteriormente.

O que nos interessa agora é perceber que a bomba de sódio/potássio cumpre outro papel que não somente o da manutenção do potencial elétrico de membrana a longo prazo. A saída do cloro diminui a osmolaridade intracelular, o que diminui a pressão osmótica interna e, portanto, a bomba de sódio/potássio é essencial para a regulação do volume celular. De fato, evolutivamente a bomba termina selecionada por seu papel em relação a essa regulação e, posteriormente, seu papel eletrogênico passa a ter relevância em certos tipos celulares (Cardozo, 2016).

Quando discutimos o potencial eletroquímico e a pressão osmótica nas respectivas seções em "Potenciais termodinâmicos", consideramos que a barreira era completamente impermeável a um dos compostos e que tinha diferentes concentrações entre os lados da barreira. No caso biológico, no entanto, a barreira é a membrana plasmática e ela não é completamente impermeável aos íons. Assim, apesar de as Equações 17 e 18 serem corretas do ponto de vista físico, precisamos adicionar a questão da permeabilidade aos compostos: um composto completamente permeável não gera diferença osmótica, enquanto um completamente impermeável gera uma pressão osmótica como a descrita nas Equações 17 ou 18. Dessa maneira, adiciona-se o chamado coeficiente de reflexão de membrana, σ, como fator de ponderação na importância que um determinado composto i tem na composição da pressão osmótica gerada (Greger, 1996b):

$$\pi_o = R \cdot T \cdot \sum \sigma_i \cdot \Delta C_i$$

A Tabela 7 ilustra os principais compostos osmoticamente ativos nos compartimentos intracelular (IC) e extracelular (EC). Procedendo à soma desses compostos, tem-se que o ambiente intracelular teria uma concentração osmótica negativa de −33 mOsm em relação ao extracelular, ou seja, a célula deveria perder água para o entorno. Isso não ocorre pois os compostos apresentados têm coeficientes de reflexão significativamente menores que 1 (ou seja, são permeáveis pela membrana), bem como coeficiente osmótico menor que 1 (ver Equação 18). Assim, a pressão osmótica é bem menor que a correspondente a uma diferença de 33 mOsm (646 torr). Além disso, existe a diferença entre a concentração proteica, para a qual 60 g por litro resultam em aproximadamente 28 torr (Koeppen e Stanton, 2007).

TABELA 7 Principais compostos osmoticamente ativos nos compartimentos intracelular (IC) e extracelular (EC)

	mM	
	IC	EC
Na^+	15	143
K^+	140	4
Ca^{2+}	0,0001	1,3
Mg^{2+}	15	0,7
Cl^-	8	115
HCO_3^-	15	28
HPO_4^-	60	1
SO_4^{2-}	10	0,5
Ácidos orgânicos	2	5
Soma parcial	265	299
Proteínas (g L^{-1})	60	0,1

Fonte: Lang, 1996.

Equação da osmolalidade plasmática

Em muitas situações clínicas, é importante ter uma estimativa da osmolalidade plasmática para o eventual diagnóstico e/ou tratamento. Essa estimativa é feita pela equação de osmolaridade plasmática, O^{plasma}, em mOsm (Rasouli, 2016):

$$O^{plasma} = 2 \cdot [Na^+] + \frac{[glicose]}{18} + \frac{[ureia]}{6}$$

Sendo a concentração de sódio em mEq litro^{-1} (ou mM), e as concentrações de glicose e ureia em mg por decilitro. O "2" que multiplica o sódio é em razão dos ânions presentes (basicamente cloro e bicarbonato), ou seja, a eletroneutralidade da solução. Os denominadores 18 e 6 são para transformar mg dL^{-1} em mM. **Atenção:** no Brasil se mede a ureia plasmática e em outros países o nitrogênio presente na ureia; assim, utilizam um denominador de 2,8 para a transformação em mM. O valor normal da osmolalidade plasmática é em torno de 290 mOsm. Note que os vários fatores de correção relacionados à atividade iônica e reflexão de membrana desaparecem, pois tendem a se anular no efeito final.

A MITOCÔNDRIA

As mitocôndrias são organelas citoplasmáticas descritas no fim do século XIX, e seu papel no metabolismo energético aeróbio[24] foi demonstrado nas décadas de 1950 e 1960 (Bernard et al., 2007). Curiosamente, apesar de já nas descrições iniciais dessas organelas haver a constatação de que elas formam uma rede que se intercomunica, o chamado reticulado mitocondrial, a visão que prevalece em uma grande parte dos textos

---

24 Ver o capítulo "Energética", no volume 3 desta coleção.

didáticos é a de organelas individuais que operam separadamente. Essa individualização pode ocorrer em células de baixo consumo energético pela via aeróbia ou em células com baixo consumo de energia em uma dada condição. Contudo, em tecidos de alta demanda aeróbia ou nessa condição, as mitocôndrias formam o retículo que acabamos de citar.

De fato, as mitocôndrias são organelas com grande grau de plasticidade, no sentido de formarem e desformarem os reticulados (fusão, fissão e migração) conforme as células alteram suas demandas energéticas aeróbias, na chamada dinâmica mitocondrial (Porat-Shliom et al., 2019; Willingham et al., 2019; Glancy, 2020). Além disso, subpopulações mitocondriais são identificadas. Dessa forma, devemos ter atenção ao papel que essas organelas exercem.

Para explorar esse papel, vamos utilizar a musculatura estriada esquelética[25] como sistema de estudo (Glancy e Balaban, 2021). Por que a escolha desse tecido? Porque um músculo esquelético operando aerobiamente pode ter seu consumo de oxigênio entre o repouso e a atividade máxima variando em mais de 100 vezes (Glancy et al., 2015). O que isso implica? Uma vez que estamos considerando o metabolismo aeróbio, isso significa que o consumo de oxigênio aumentará mais de 100 vezes nessas condições e, portanto, o interior da fibra muscular (a célula muscular) deve receber suprimento desse gás em condição de atender à demanda extremamente aumentada.

Como vimos no início deste capítulo, a difusão consegue suprir o que chamamos de "pequenas distâncias". Uma distância difusiva é pequena dependendo da relação entre a demanda e o coeficiente de difusibilidade da substância no meio. Assim, em uma condição de baixo consumo, a distância difusiva em uma célula muscular pode ser considerada "pequena" e a difusão de O_2 atinge regiões centrais em taxas adequadas. Porém, com o aumento do consumo de oxigênio, o interior da fibra muscular deixa de estar a uma "pequena distância" dos capilares sanguíneos que a suprem.

O papel do reticulado mitocondrial

Com o progressivo aumento do consumo de oxigênio, o interior das células vai se tornando menos adequadamente suprido pela difusão de oxigênio. Se, no interior, existe a necessidade de produção de ATP, como é o caso da contração muscular (ver o capítulo "Músculos e movimento", no volume 4 desta coleção), um problema passa a existir.

Desde que se identificou a mitocôndria como organela na qual ocorre a produção de ATP associada ao consumo de oxigênio, aventou-se a possibilidade de que o reticulado permitisse a transmissão de energia potencial para a produção de ATP (Amchenkova et al., 1988; Glancy et al., 2015). Em outras palavras, em locais próximos à membrana celular junto aos capilares sanguíneos, haveria o consumo de oxigênio com a produção de uma diferença de potencial, mas sem a formação de ATP. Essa diferença de potencial (força movente protônica), $\Delta\Psi$, é que seria propagada no interior do reticulado mitocondrial e, ao atingir zonas mais interiores à célula, seria utilizada, agora, para completar a produção de ATP nesses locais. O que mostram os resultados experimentais?

25 Os diferentes tipos musculares são estudados no capítulo "Músculos e movimento", no volume 4 desta coleção.

i. Os reticulados são, em suas regiões mais periféricas (isto é, próximas à membrana plasmática celular), mais globulares, denominados por segmentos mitocondriais periféricos, e contêm citocromo-oxidase IV, mas não V (Glancy et al., 2015).
ii. Os segmentos mais interiores se posicionam próximos aos locais nos quais há o consumo de ATP (locais de formação das pontes cruzadas actina-miosina [ver o capítulo "Músculos e movimento", no volume 4 desta obra]), não possuem citocromo oxidase IV, mas são ricos em citocromo oxidase V (Glancy et al., 2015).
iii. Há formação de uma diferença de potencial $\Delta\Psi$ entre os segmentos periféricos e os segmentos interiores, cuja propagação resulta na produção de ATP nos segmentos interiores, sem a necessidade de difusão de oxigênio até esses locais mais distantes.

O potencial propagado é de natureza elétrica. Inicialmente, supunha-se que a propagação poderia ser dada pela própria corrente de H^+ que seria gerada pelo citocromo IV (Amchenkova et al., 1988). Contudo, resultados teóricos mais recentes indicam que, possivelmente, a propagação se dá por correntes de Na^+ e K^+ no interior do reticulado (Patel et al., 2016). Porém, a exata natureza da propagação ainda não está completamente esclarecida (Glancy e Balaban, 2021). É importante notarmos como o reticulado mitocondrial resolve um problema difusivo que poderia restringir a produção de ATP pela incapacidade de a difusão poder suprir O_2 até pontos centrais da célula. Isso se dá pela geração de um movimento iônico associado a um campo elétrico dentro da célula, ou melhor, dentro do próprio reticulado mitocondrial. A Figura 30 ilustra esses conceitos.

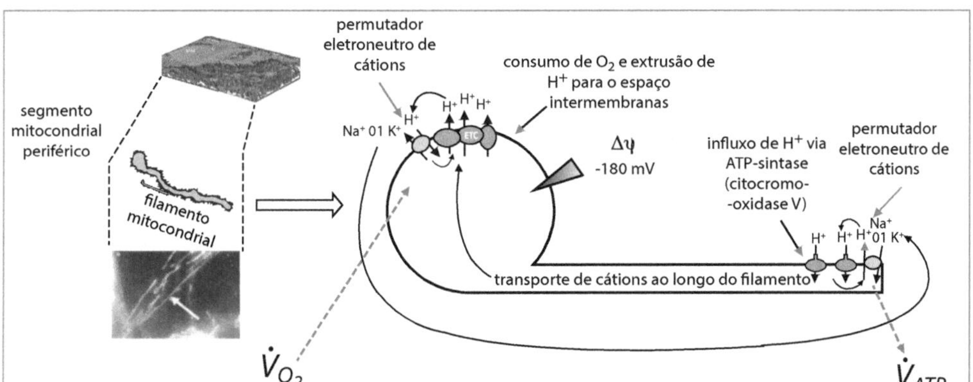

FIGURA 30 Esquema da propagação de potencial $\Delta\Psi$ entre os segmentos periféricos e os segmentos interiores do reticulado mitocondrial permitindo que a produção de ATP ($\dot{V}_{ATP}$) ocorra a distância do local onde o oxigênio é fornecido/consumido ($\dot{V}_{O_2}$). À esquerda vê-se, de cima para baixo: reconstrução 3D do reticulado mitocondrial em célula de músculo estriado esquelético (N: núcleo celular, V: vaso capilar com hemácia, PVM: segmento mitocondrial periférico); trecho isolado do reticulado; micrografia eletrônica mostrando a conectividade do reticulado através de estimulação a *laser* (local indicado pela seta).
Fonte: adaptada de Patel et al., 2016, the I-Band segments (IBS); Glancy et al., 2015; Amchenkova et al., 1988.

REFERÊNCIAS

1. Amchenkova AA, Bakeeva LE, Chentsov YS, Skulachev VP, Zorov DB. Coupling membranes as energy-transmitting cables. I. Filamentous mitochrondia in fibroblasts and mitochondrial clusters in cardiomyocytes. J Cell Biol. 1988;107:481-95.
2. Baierlein R. Thermal physics. Cambridge: Cambridge University Press; 2005.
3. Bernard G, Bellance N, James D, Parrone P, Fernandez H, Letellier T, Rossignol R. Mitochondrial bioenergetics and structural network organization. J Cell Sci. 2007;120:838-48.
4. Boylestad RL. Introductory circuit analysis. 10. ed. Upper Saddle River: Prentice Hall; 2003.
5. Broman H, Bilotto G, De Luca CJ. A note on the noninvasive estimation of muscle fiber conduction velocity. IEEE Trans Biomed Eng. 1985;32:341-4.
6. Cardozo D. An intuitive approach to understanding the resting membrane potential. Adv Physiol Educ. 2016;40:543-7.
7. Castellan GW. Physical chemistry. 2.ed. Reading: Addison-Wesley Publishing Company; 1971.
8. Feynman RP, Leighton RB, Sands M. The Feynman lectures on physics – I. Reading: Addison-Wesley Publishing Company; 1963.
9. Glancy B. Visualizing mitochondrial form and function within the cell. Trends Mol Med. 2020;26:58-70.
10. Glancy B, Balaban RS. Energy metabolism design of the striated muscle cell. Physiol Rev. 2021;101:1561-607.
11. Glancy B, Hartnell LM, Malide D, Yu, ZX, Combs CA, Connelly PS, et al. Mitochondrial reticulum for cellular energy distribution in muscle. Nature. 2015;523:617-20.
12. Greger R. Membrane voltage and preservation of the ionic distribution across the cell membrane. In: Greger R, Windhorst U, editors. Comprehensive human physiology. Berlin, Heidelberg: Springer-Verlag; 1996a. p.245-66.
13. Greger R. Units used in physiology and their definitions. In: Comprehensive human physiology. Berlin, Heidelberg: Springer; 1996b. p.2421-6.
14. Hodgkin AL, Rushton WAH. The electrical constants of a crustacean nerve fibre. Proc R Soc Med. 1946;133:444-79.
15. Koeppen BM, Stanton BA. Renal physiology. 4. ed. Philadelphia: Mosby-Elsevier; 2007.
16. Lang F. The body compartments and dynamics of water and electrolytes. In: Comprehensive human physiology. Berlin, Heidelberg: Springer; 1996. p.1545-56.
17. Mommaerts WFHM, Junge D, Jackson MB. Excitation and nerve conduction. In: Greger R, Windhorst U. editors. Comprehensive human physiology. Berlin, Heidelberg: Springer; 1996. p.283-94.
18. Patel KD, Glancy B, Balaban RS. The electrochemical transmission in I-Band segments of the mitochondrial reticulum. Biochim Biophys Acta. 2016;1857:1284-9.
19. Plonsey R, Barr R. Bioelectricity – a quantitative approach. 3. ed. New York: Springer; 2007.
20. Pollack GH. Cells, gels and the engines of life. Seul: Ebner & Sons; 2001.
21. Porat-Shliom N, Harding OJ, Malec L, Narayan K, Weigert R. Mitochondrial populations exhibit differential dynamic responses to increased energy demand during exocytosis in vivo. iScience. 2019;11:440-9.
22. Rasouli M. Basic concepts and practical equations on osmolality: biochemical approach. Clin Biochem. 2016;49:936-41.
23. Willingham TB, Zhang Y, Andreoni A, Knutson JR, Lee DY, Glancy B. MitoRACE: evaluating mitochondrial function in vivo and in single cells with subcellular resolution using multiphoton NADH autofluorescence. J Physiol. 2019;597:5411-28.

Índice remissivo

A

Acurácia 55
Ajustes 5
Alças de controle 3
Alostasia 4
Ambientes acíclicos 9
Ângulo de um vetor 108
Ânions 63
Antiderivadas 88
  aplicações 95
Antoine Lavoisier 1
Aproximações 55
Área sob uma curva 91
Arrastamento 9
Assíntotas 62
  horizontais 63
  oblíquas 63
  verticais 63
Axônio gigante da lula 205

B

Bainha de mielina 207
Base dos logaritmos naturais 53
Básico de cálculo diferencial 70
  derivadas 70
Bomba de sódio/potássio 185

C

Cálculo da norma 108
Camada limitante 156
Canais 130
  aquaporinas 132
  canais iônicos 130
  junções comunicantes 132
  junções gap 132
Capacitância de membrana 210
Cátions 63
Ciclos endógenos 15
Ciclo sono-vigília 16
Comportamento assintótico 63
Comprimentos de onda 15
Concentração 161
Concentração osmótica 180
Controle 115, 118
Corrente capacitiva 196
Correntes iônicas 194
Corrente total 196

D

Derivada(s) 70
  aplicações 95
Derivada da divisão 83
Derivada de funções aninhadas 82
Derivada de somas (ou subtrações) de funções 80
Derivada de uma constante 75
Derivada de uma função quadrática simples 77
Derivada de uma função que é multiplicada por uma constante 77
Derivada de uma reta de intercepto não nulo 76
Derivada de uma reta de intercepto nulo 76
Derivada de um polinômio de grau n 81

Derivada do produto 81
Despertar 19
Diâmetro axonal 208
    velocidade de condução 208
Difusão 147, 149

E
Efeito Donnan-Gibbs 215
    volume celular 215
Entrainement 9
Equação(ões) 25
    da osmolalidade plasmática 217
    de Goldman-Hodgkin-Katz 188
    de Nerst 178
Equilíbrio 5
Esquemas elétricos 177
    símbolos 177
Estabilidade 5
Estado de vigília 18
Estimativas 55
Extremantes 98

F
Finalismo 7
Fluxo difusivo 153
Força elétrica 192
Função(ões) 7, 25 28

G
Ganho 118
Genes-relógio 14
Gráficos 30

H
Homeostase 1, 2
Homeostasia 2, 4

I
Inércia de sono 19
Integrais 91
    aplicações 95

J
Jean-Baptiste-André Dumas 1

L
Logaritmos 43
Luz 9, 11

M
Macroscópico 161
Marca-passo circadiano 15
Melatonina 11, 12
Membrana celular 125
    permeabilidades 128
Metabolismo da glicose 141
Mitocôndria 217
Modelo de Hodgkin-Huxley 205
Modelos avançados 70
Modelos básicos 25
Modelos genéricos básicos 22
Multiplicação por escalar positivo 109
Músculos 206

N
Neurônios 206
Notação 26
Número de Euler 53

O
Ordem(ns) de grandeza 55, 58
Osciladores 99

P
Passeio aleatório das moléculas 149
Permeabilidades não nulas 182, 185
Permeabilidades nulas 183
Polinômios 35
Potenciação 43
Potenciais termodinâmicos 157, 167, 181
    aspectos biológicos 181
    aspectos probabilísticos 157
    formalização 167
    membrana semipermeável 181
    potencial elétrico de repouso 182
Potencial 147
Potencial da água 166
Potencial de ação 201
Potencial de condutâncias fixas 197
Potencial de condutâncias variáveis 201
Potencial de repouso da membrana 188
Potencial elétrico 148, 161, 172
    capacitância 176
    extinção 161
    resistência 174
Potencial eletroquímico 161, 177
    extinção 161

Potencial eletrotônico 197
Potencial propagado graduado 197
Potencial propagado tudo ou nada 201
Potencial químico 158, 168
  extinção 158
Precisão 55
Pressão osmótica 166, 167, 178
Processo difusivo 149
Propagação de potencial 210
Proteínas ligantes de trifosfato de guanosina 136
  diacilglicerol 139
  inositol-3-fosfato/Ca2+ 139
  monofosfato de adenosina cíclico 138
  proteínas G 136
  superfamília de proteínas Ras 138

R
Reações químicas 170
Receptores tirosina quinase 139
Regra do tombo 80
Regulação 118
Relação linear 32
Relógios internos 13
Representação elétrica da membrana 194
  equacionando 194
Resistência elétrica 176
Respostas fisiológicas 119
Reticulado mitocondrial 218
Ritmos 1, 8
  biológicos 8
  circadianos 9
  sazonais 8

S
Saturação 62
Segunda derivada 98
Segunda Lei da Termodinâmica 157
Sinal 117
Sinalização 136
  duas vias básicas de transdução de sinais celulares 136
  proteínas ligantes de trifosfato de guanosina 136
  receptores acoplados à proteína G 136
  receptores tirosina quinase 139
Soma de vetores 110
Sono 16
  NREM 18-19
  padrões eletroencefalográficos 18
  paradoxal 18-19
  REM 18-19
  seres humanos 17
Subtração de vetores 113

T
Temperatura 9
Transportadores 134
  ativo 135
  cotransportadores 134
  passivo 135
  permutadores 135
  uniportadores 134
Transporte 117
Triptofano 13

V
Valor estimado 55
Valor verdadeiro 55
Vetores 103
  maneira pragmática 104

W
Walter Cannon 2

Z
Zeitgeber 9